建筑工程定额与工程量
清单计价实训教程

（第2版）

主　编　莫南明

副主编　刘清雄

重庆大学出版社

内 容 提 要

本书依据建设工程工程量清单计价规范所规定的原则、条款、计价格式和地区消耗定额及地区特点的计价方式编写。全书从原来以定额计价模式计算单位建筑工程的工程造价,跳跃到以清单计价模式下计算工程造价作为主要讨论对象,拓展了工程量清单编制和现行国家标准、规范在计算工程量中的详细案例。

本书可供高职高专建筑工程等相关专业作教材之用,也可供相关技术人员特别是工程造价人员作参考书。

图书在版编目(CIP)数据

建筑工程定额与工程量清单计价实训教程/莫南明主编.—重庆:重庆大学出版社,2006.8(2020.8 重印)
(高职高专建筑工程系列教材)
ISBN 978-7-5624-2967-8

Ⅰ.建… Ⅱ.莫… Ⅲ.①建筑经济定额—高等学校:技术学校—教材②建筑工程—工程造价—高等学校:技术学校—教材 Ⅳ.TU723.3

中国版本图书馆 CIP 数据核字(2006)第 056791 号

建筑工程定额与工程量清单计价实训教程
(第 2 版)
主 编 莫南明
副主编 刘清雄
责任编辑:曾令维 李定群 版式设计:曾令维
责任校对:李小君 责任印制:张 策
*
重庆大学出版社出版发行
出版人:饶帮华
社址:重庆市沙坪坝区大学城西路 21 号
邮编:401331
电话:(023) 88617190 88617185(中小学)
传真:(023) 88617186 88617166
网址:http://www.cqup.com.cn
邮箱:fxk@cqup.com.cn(营销中心)
全国新华书店经销
POD:重庆新生代彩印技术有限公司
*
开本:787mm×1092mm 1/16 印张:18 字数:449 千
2016 年 8 月第 2 版 2020 年 8 月第 7 次印刷
ISBN 978-7-5624-2967-8 定价:45.00 元

前 言

　　随着国家标准 GB 50500—2003 建设工程工程量清单计价规范及相关法规的公布、实施,标志着我国建设工程计价模式从计价观念、体制、模式和方法的革命。这必将引领建设市场走向规范化、标准化,促进工程造价全过程管理的科学化、信息化,为提高工程建设投资综合效益,起到积极的促进作用。

　　但是,我国现有的大多数工程造价管理的教科书还停留在计划经济时代的理念,引用的规范、案例多数已被淘汰,现在的大学生毕业后面对社会和工作,不知道社会需求什么样的人才,不知道什么是正确的工作方法。这种在学校中学习的知识与社会工作需求状况差距大的现象成为我国高等教育一种流行病。现代的工程造价管理随着施工工艺、建筑材料和施工管理技术的不断发展,融资市场的建立,已经成为一个复杂、庞大的体系。本书结合现行的法规、规范和实际工作案例,为学生讲授工程造价管理中最基础的基本概念,练习最适用的计算方法和编制方法。

　　本书主要依据建设工程工程量清单计价规范所规定的原则、条款、计价格式和地区消耗量定额及地区特点的计价方式来编写的。为了适应建设工程计价的发展需要,在内容上已从原来以定额计价模式计算单位建筑工程的工程造价,跳跃到以清单计价模式下计算工程造价作为主要讨论对象,还拓展了工程量清单编制和现行国家标准(如 GB 50010—2002 混凝土结构设计规范、GB 50007—2002 建筑地基基础设计规范和 GB 50011—2001 建筑抗震设计规范)与行业标准(如 03G101-1~G101-4 混凝土结构施工图平面整体表示方法制图规则和构造详图等)在计算工程量中的详细案例,读者从中既可学到适用的新知识,适应社会建筑技术发展需求,又可为以后学习相关的建筑技术和工程造价管理知识打下良好的基础。

　　本书分为 10 章:

　　第 1 章主要阐述课程知识构成及相互之间关系,特别是清单工程量计价体系的构成关系,读者在学习本章内容后比较清楚工程预算的基本知识梗概,即我国目前采用的消耗量定额,工程量计算原理及方法,工程量清单计价费用等的构成关系,为以后各章内容梳理明确的脉络。

第2章主要介绍定额的构成概念,即人工、材料、机械数量及其单价的构成,消耗量定额(单位估价表)的组成及应用(含定额换算)和计算案例。

第3章主要介绍工程量计算的方法,本章以讲授工程量计算方法和实际工程量计算案例相结合,清单工程量计算规则与消耗量定额工程量计算规则相结合,国家建筑结构设计、验收规范和行业标准与实际工程图纸相结合,特别是简单案例与复杂案例相结合,由浅入深地计算工程量,让学生度过工程量计算难关。

第4章主要介绍工程量清单编制方法,因它涉及国家的建设工程工程量清单计价规范,因此教程中作了阐释和举例说明,帮助读者理解和应用工程量清单规范,按照当地的工程量清单编制规定,编制完整的工程量清单文件。

第5章主要介绍工程量清单综合单价分析,从理论、计算和表格填写方法。结合案例具体讲授定额单价与现行价计算工程量清单综合单价的方法,并将计算结果填入工程量清单综合单价分析表。

第6章主要介绍清单计价的基本知识,从单位工程造价的组成、计算到表格填写方法。将前面章节的案例内容,用于本章案例讲授,体现学科知识的继承性。

第7章主要介绍工料分析,从计算方法到表格填写,无论是第一次工料分析还是第二次工料分析均做了详细的讲解。

第8章主要介绍由建设部推荐与建设工程工程量清单计价规范配套,由云建神机软件开发有限公司推出的"神机妙算"系列软件,用软件编制一份工程量清单计价文件的操作过程和操作方法。

第9章主要介绍建筑工程结(决)算编制方法,业主与承包商从工程合同签订后到工程竣工期间发生工程款项来往的拨付计算方法,工程竣工结算和决算的计算方法和将计算结果填入相应表格的方法。

第10章主要介绍建筑工程造价综合实训,按照题目中的施工图纸、要求和步骤,在规定的时间内编制一份工程量清单计价文件和工程量清单文件,有表格的要填入相应的表格中。当然适当兼顾全国各地区的差异,读者可利用本章内容的训练,编制出一份系统的、科学的工程造价文件。

上述 10 章内容是一个整体,是工程造价实训体系构成的主要部分。建筑工程计价本身是一个系统工程,读者在学习完工程预算课程知识,或者有工程造价一定的基本知识后,特别是在学习了工程量清单计价的相关知识后,阅读本书的内容可以进一步理论联系实际,掌握课程的系统思维方法。特别是案例篇幅量多,计算步骤详细,便于读者自学和作为以后工作中参考资料,由于每个案例代表一类算例,解决工程预算中的一类问题,有一定的深度、难度和广度,读者只要仔细推敲,学会分析、解决问题的方法,会灵活运用,定能学有所成。即使将来地区的消耗量定额、计价规则、工程量计算规则、国家结构设计规范和行业标准有修订,甚至发生重大变化,读者也能用书中分析问题的方式解决工程造价中计价及工程量计算规则变化的问题。本书大部分是目前新的国家建设规范和行业标准与工程造价管理相结合的案例,特别是钢筋工程,本书以 03G101 系列图集为对象,结合目前地方的习惯做法,采用了多种方式讲解,抛砖引玉,便于读者适应以后工作中的各种变化情况。本书对于工程造价管理方面的基本概念、工程量计算规则的不同理解方面的偏差和争议不避讳,本着对读者负责的态度,本书对各种不同观点,采用展开其依据,讨论其优缺点的方法力图表述清楚各种观点的差别,体现本系列教材的主旨:"实用"、"专业"、"概念独特"。

本书注重教材本身的系统性,前后连贯,如教材案例前后一致性,如果从理论上而言,一系列案例贯穿起来就是一份完整的工程造价文件,只是没有按一套完整的施工图纸,列完整各个分部分项工程项目的预算文件而已,但读者能学到编制一份预算文件的全过程。当然,本书在最后内容中安排有一个小型土建工程的施工图纸作为课程编制土建单位工程预算文件的实训题目,让读者掌握编制一份完整预算文件的方法和步骤,并填写相应表格等工作过程,进一步让读者掌握在编制工程量清单时,必须全面理解《建设工程量清单计价规范》相关条款,工程施工图的设计意图,工程质量标准和质量要求,编制的施工方案文件,措施项目与分部分项工程项目相关性分析,根据工程实际需要约定的合同条款等,用系统与综合分析的方法来进行编制。从编制者的角度看,工程量清单计价文件的编制,要比以前传统的施工图预算文件的编制更加针对工程实际情况,但是难度大得多,原因是手工计算已经不适合工程量清单计价,主要由于计算数据多,数据间关系复杂,填写的表格较多,只能用计算机电算化软件计算,采用了现行的工程量清单计价软件之一的"神机妙算"软件作为教材讲解的蓝本,其他流行的计价软件大同小异,读者可根据自己使用的软件参考本书的思路进行学习。当然读者也不能走入另一个误区,只用计算机软件编制预算文件。作者认为,初学者采用手工计算的方式编制预算文件,才能实实在在学到真本领。

本书由莫南明主编,刘清雄副主编。莫南明编写第1,2,3,4,5,6,10章;刘清雄编写第9章;徐煌编写第8章;谢泽惠编写第7章。本书的出版,得到了马桂秋和杨伟奇的支持和帮助,还有其他对本书出版给予支持、帮助的单位和个人,作者在此表示诚挚的感谢。

由于工程量清单计价规范在我国推行不久,加上历史的原因及各方面技术的发展,本书在讨论和选择解决相关技术问题时难免存在错漏和失误之处,真诚欢迎广大专家和读者提出批评和建议,并向广大读者致以深切的谢意。

编　者

2016 年 5 月

4

目 录

目录

第 **1** 章
绪 论

  《建筑工程定额与工程量清单计价》课程涉及定额、价格、费用、招投标及承发包等内容,对业主、承包商、中介组织和管理部门而言,工程量清单招标方式和推行工程量清单计价方法是工程造价计价方法改革的一项具体措施,也是我国加入 WTO 与国际管理接轨的必然要求。预算人员必须提高认识、掌握工程造价方面的知识,适应社会发展的需要。

  工程量清单计价模式是对原有定额计价模式的改革,与原有定额计价模式相比,工程量清单计价采用综合单价计价,综合单价中综合了工程直接费、间接费、利润和税金等其他费用,有些还综合了技术措施费及施工单位降低的成本费(与现行国家颁布的定额及费用水平相比)。这种计价方式有利于施工企业编制自己的定额,加强企业内部管理,积极大胆创新,推行新工艺、新方法的应用,通过提高技术水平和企业内部定额水平,极大地提高其在招投标中的竞争力,从而推动整个建筑行业健康迅猛地发展。总体来说,工程量清单计价费用的构成关系如图1.1所示。

  由于课程内容繁杂,涉及课程知识面广泛,实训内容多,加之工程量清单计价本身知识丰富,为满足社会发展需要,本教材以工程量清单计价为主,适当兼顾传统计价方法讲授课程内容,课程构成关系如图1.2所示。

  在学习过程中,读者除了按照国家标准的清单工程量计算规则和清单计价格式相关规定外,还要结合本地区的消耗量定额工程量计算规则、计价格式和其他工程造价相关规定,认真进行计算清单工程量训练。虽然题目的数量和内容有限,但只要把握好内容的系统性和科学性,花时间学习和钻研,加强训练,将书本知识转化为自己的知识,融会贯通,一定能搞好工程造价的实训,提高实际动手能力。

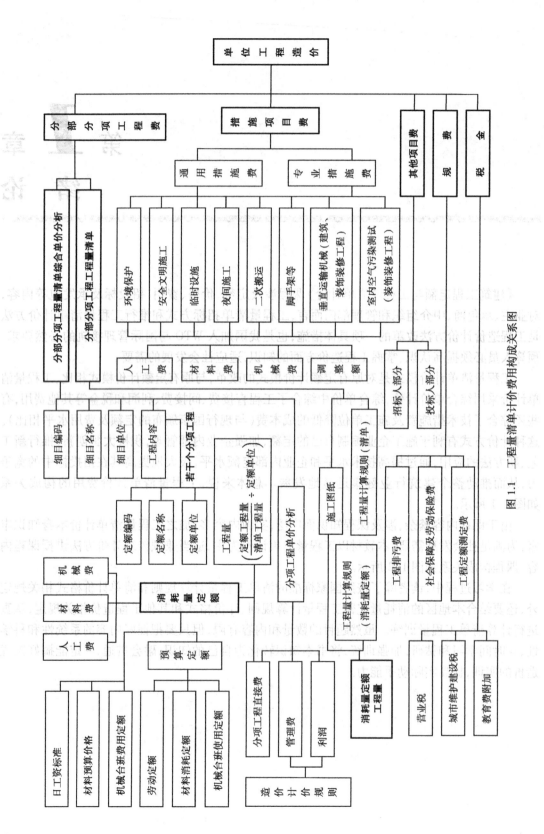

图 1.1 工程量清单计价费用构成关系图

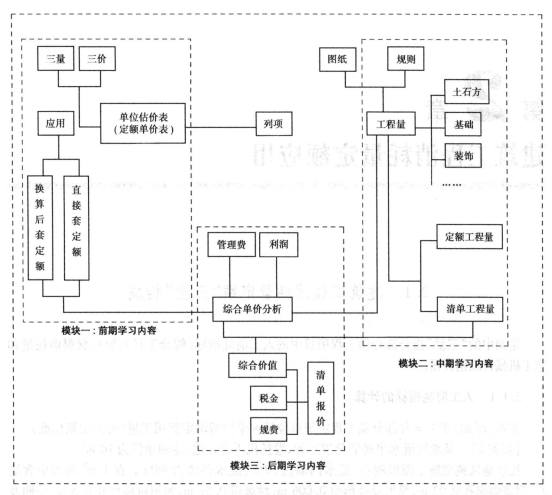

图 1.2 课程构成关系模块图

第 **2** 章
建筑工程消耗量定额应用

2.1 建筑工程消耗量定额"三量"构成

定额中的"三量"指分部分项工程项目中的人工消耗指标(综合工日数量)、材料消耗量和施工机械台班消耗量。

2.1.1 人工消耗指标的计算

基本(增加)用工 = 分部分项工程定额单位量×单位劳动定额用工量(时间定额标准)

【案例1】 某地区混水半砖墙分项工程,卷扬机垂直运输,定额单位为10 m³。

按该地区典型施工图纸测算:混水内墙占52%,混水外墙占48%。在1 m³砖墙中含墙心、附墙烟囱孔0.02 m,弧形及圆形礅0.006 m,垃圾道0.03 m,预留抗震柱孔0.3 m,壁橱及小阁楼各0.011 1个,人工筛(筛孔7 mm)砂0.195 m³。

人工幅度差系数取定10%。

解 (1)基本用工计算

查劳动定额中砖墙时间定额标准表(见表2.1)和砖墙加工时间定额标准表(见表2.2)计算下列项目的用工量:

混水内墙: $10 \times 52\% \times 1.59 = 8.268\ 0$(工日)

混水外墙: $10 \times 48\% \times 1.71 = 8.208\ 0$(工日)

墙心、附墙烟囱孔增加用工: $10 \times 0.02 \times 0.05 = 0.010\ 0$(工日)

弧形及圆形礅增加用工: $10 \times 0.006 \times 0.03 = 0.001\ 8$(工日)

垃圾道增加用工: $10 \times 0.03 \times 0.07 = 0.021\ 0$(工日)

抗震柱孔增加用工: $10 \times 0.3 \times 0.08 = 0.240\ 0$(工日)

壁橱增加用工: $10 \times 0.011\ 1 \times 0.4 = 0.044\ 4$(工日)

小阁楼增加用工: $10 \times 0.011\ 1 \times 0.2 = 0.022\ 2$(工日)

合计: $16.815\ 4$(工日)

表 2.1　砖墙时间定额标准表　　　　　　　　　　工日/m³

项　目		混　水　内　墙				混　水　外　墙					序号
		0.5 砖	0.75 砖	1 砖	≥1.5 砖	0.5 砖	0.75 砖	1 砖	1.5 砖	≥2.0 砖	
综合	塔吊	1.38	1.34	1.02	0.994	1.5	1.44	1.09	1.04	1.01	一
	机吊	1.59	1.55	1.24	1.21	1.71	1.65	1.3	1.25	1.22	二
砌　砖		0.865	0.815	0.482	0.448	0.98	0.915	0.549	0.491	0.458	三
运输	塔吊	0.434	0.437	0.44	0.44	0.434	0.437	0.44	0.44	0.44	四
	机吊	0.642	0.645	0.654	0.654	0.642	0.645	0.652	0.652	0.652	五
调制砂浆		0.085	0.089	0.101	0.106	0.085	0.089	0.101	0.106	0.107	六
编　号		12	13	14	15	16	17	18	19	20	

表 2.2　砖墙加工时间定额标准表

序号	项　目	说　明	计量单位	工日
1	外墙门窗洞口面积超过30%	$\dfrac{\text{门窗洞口的面积}}{\text{外墙总面积(不包括女儿墙)}} \times 100\%$	m³	0.07
2	封山	包括砍砖(不分厚度)、出檐	10 m	0.4
3	封檐	不分墙厚及出砖数	10 m	0.3
4	墙心烟囱孔、附墙烟囱及孔	包括运料、调泥,不分套瓦管或套泥及孔径大小,按单孔长度计算	10 m	0.5
5	明暗管槽	不分平放、立放和规格大小,按槽长度计算	10 m	0.15
6	弧形及圆形碹	不分跨度及墙厚,按碹中心线长度计算,不包括装碹模	10 m	0.3
7	弧形及圆形墙	按弧形及圆形的砌体部分计算	m³	0.13
8	垃圾道	不分内孔大小,包括调抹砂浆(不包括套管)	10 m	0.7
9	预留抗震柱孔	不分孔大小,按高度计算	10 m	0.8
10	砖墙抹找平层	包括调运砂浆、找平、修补缺口	10 m²	0.8
11	壁橱	不分大小	1 个	0.4
12	小阁楼、隔板、吊柜	包括转角处、搭接处、钢筋和抗震筋及全部运输	1 个	0.2
13	基础、墙安放钢筋	包括转角处、搭接处、钢筋和抗震筋及全都运输	100 kg	1.7
14	砌圆形及弧形砖基础	包括转角处、搭接处、钢筋和抗震筋及全部运输	m³	0.1

续表

序号	项 目	说 明	计量单位	工日
15	砌砖基础,其基础地槽深度超过1.5 m	按超过部分计算	m³	0.04
16	空斗墙砌筑加填充料	包括运料及填充材料	m³	0.2
17	框架预埋砖墙面探拉筋剔出	包括调直,按实砌单面高度	10 m	0.2

(2)超运距用工

超运距用工 = 分部分项工程定额单位量 × 时间定额标准

查材料半成品、半成品场内运输距离,如表2.3所示。

砖的超运距: $150 - 50 = 100$(m)

砂浆超运距: $150 - 50 = 100$(m)

查单、双轮车超运距时间定额标准表,如表2.4所示。

砖超运距用工量: $10 × 0.109 = 1.090\ 0$(工日)

砂浆超运距用工量: $10 × 0.040\ 8 = 0.408\ 0$(工日)

合计: $1.498\ 0$(工日)

表2.3 材料半成品、半成品场内运输距离表

材料名称	起止地点	预算定额(现场)运距	劳动定额运距
		取定/m	包括运距/m
水 泥	仓库—搅拌处	100	100
砂	仓库—搅拌处	50	50
砂 浆	堆放—使用地	150	50
标 砖	堆放—使用地	150	50

注:以上述现场运距减去劳动定额包括的运距,即为预算定额超运距。

表2.4 单、双轮车超运距时间定额标准表

项 目		超运距在(m以内)					
		20	40	60	80	100	120
		工日/m³ 砌体					
砖基础、墙、柱	标准砖	0.021 9	0.043 7	0.065 6	0.087	0.109	0.139
	砂 浆	0.008 16	0.016 3	0.024 5	0.032 7	0.040 8	0.051 6
空斗墙、花式墙	标准砖	0.016 5	0.033 1	0.049 6	0.066 1	0.082 6	0.105
	砂 浆	0.002 05	0.004 1	0.006 16	0.008 2	0.010 2	0.013

项目		超运距在(m 以内)					
		20	40	60	80	100	120
		工日/m³ 砌体					
空心砖墙(12×24×30)	砖	0.019 7	0.039 3	0.059	0.078 6	0.098 1	0.125
	砂浆	0.004 08	0.008 15	0.012 3	0.016 4	0.020 4	0.025 8
毛(乱)石基础、墙	毛(乱)石	0.028 4	0.056 8	0.085 2	0.114	0.143	0.18
	砂浆	0.011 2	0.022 4	0.033 6	0.044 8	0.056	0.067 2
砌块墙 加气混凝土块	块	0.017 5	0.035	0.052 5	0.069 9	0.087 2	0.111 2
	砂浆	0.002	0.004 1	0.006 1	0.008 2	0.010 2	0.012 9

(3)辅助用工

查材料加工时间定额标准表,如表 2.5 所示,辅助用工为

筛砂子:　　　　　　　　$10 \times 0.195 \times 0.230 = 0.448\ 5$(工日)

表 2.5　材料加工时间定额标准表　　　　　　　　工日/m³

项目	筛砂子				筛石子			
	筛孔在(mm 以内)							
	6		9		20		50	
	机械	人工	机械	人工	机械	人工	机械	人工
材料加工	0.111	0.294	0.087	0.230	0.167	0.408	0.133	0.308
编号	81	82	83	84	85	86	87	88

(4)人工幅度差用工

　　　　(基本用工 + 超运距用工 + 辅助用工)×人工幅度差系数

　　　　= (16.815 4 + 1.498 + 0.448 5)×10%

　　　　= 1.876 19 ≈ 1.876 2(工日)

(5)每 10 m³ 半砖混水墙分项工程的预算定额人工消耗指标为

　　　　16.815 4 + 1.498 0 + 0.448 5 + 1.876 2

　　　　= 20.638 1 ≈ 20.638(工日)

注:案例中的各构件所占权重(百分数值)的确定方法:在测算定额消耗量时,根据地区的若干套典型工程施工图纸,按定额确定的工程量计算规则,将分部分项工程规则中要计算(主要工艺)、不计算(次要工艺,后同)、不扣除和需增加的用量少且计算较复杂构件(如砖墙砌筑分项工程的内、外墙体砌筑属主要工艺;预留抗震柱孔、梁头及梁垫等属次要工艺)计算出来,计算各种构件在分部分项工程(主要工艺)的工程量中所占的比例数。这样,虽然工程量计算规则中要求计算、要扣除、不扣除、不增加和要增加的构件部分文字叙述比较复杂,但体现了定

额消耗量指标确定的严密性。与主要工艺相关的次要工艺在工程量计算规则中规定不扣除、不增加等,但在测算定额的消耗量指标时却增加或减少了次要工艺构配件的含量。说明定额是实事求是的,具有科学性和权威性,同时减少了预算人员的计算工作量,提高了工作效率。

我国幅员辽阔,各地区取定的典型工程施工图纸测算、综合的构件种类、增加用工的项目、材料运输距离、材料及构件的辅助用工、人工幅度差系数等有所不同,读者可参照案例的计算方式,灵活应用。

2.1.2　材料消耗量理论计算

材料消耗量常用的计算方法有理论计算法、实测法、统计分析法和试验室法等,本教材重点讲授理论计算法,使读者加深理解材料消耗量的确定方法,从而推广到其他材料的定额用量的确定。

(1)理论计算 1 m^3 砖砌体中砖的用量

提示:用标准砖(240 mm(砖长)×115 mm(砖宽)×53 mm(砖厚))砌砖墙时,在抹一层

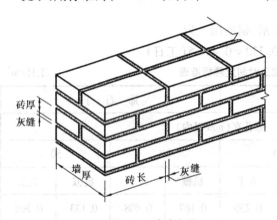

图 2.1　砖墙砌筑

10 mm厚的砂浆上,铺设一层砖,同一层相邻砖又用 10 mm 厚灰缝连结,重复直至同一层砖铺设完毕。又在砖层面上又抹一层 10 mm 厚的砂浆,用同样的方法铺设另一层砖,如此循环砌筑出某一墙厚的砖墙,如图 2.1 所示。

1)标准块取定

在墙体中取定最小单元体,即标准块。其长为(砖长 + 灰缝)、高为(砖厚 + 灰缝)和宽为墙厚所围成的范围。墙体就是由这些最小单元体(标准块)构成。

注:单元体长取定为(砖长 + 灰缝)后,在其中的砖块与其放置方式(横放、直放)对一个标准块中砖的块数无影响。

标准块的体积 = 墙厚×(砖长 + 灰缝)×(砖厚 + 灰缝)

2)计算 1 m^3 砖砌体中标准块数量

$$标准块数量 = \frac{1}{标准块的体积} = \frac{1}{墙厚×(砖长 + 灰缝)×(砖厚 + 灰缝)}$$

3)标准块中砖的块数

标准砖的尺寸为 240 mm(砖长)×115 mm(砖宽)×53 mm(砖厚)

即　砖长 =240(mm)

$$砖宽 = \frac{砖长 - 灰缝}{2} = \frac{240 - 10}{2} = 115(mm)$$

$$砖厚 = \frac{砖宽 - 灰缝}{2} = \frac{115 - 10}{2} = 52.5 ≈ 53(mm)$$

反之　砖宽 = 砖厚×2 + 灰缝

砖长 = 砖宽×2 + 灰缝

或　　砖长 = 砖厚×4 + 灰缝×3

所以，标准块中砖的块数 = 2 × 墙厚的砖数，如表2.6所示。

表2.6 标准砖砌体墙厚与砖数的关系

墙厚砖数	墙厚的构成	墙厚尺寸	标准块中砖的块数		结 论
			数 量	墙厚的砖数 ×2	
0.5	砖宽	115	1	0.5 ×2 = 1	一个标准块中砖的块数 = 2 × 墙厚的砖数
0.75	砖宽 + 灰缝 + 砖厚	180	1.5	0.75 ×2 = 1.5	
1.0	砖长	240	2	1.0 ×2 = 2	
1.5	砖长 + 灰缝 + 砖宽	365	3	1.5 ×2 = 3	
2.0	砖长 + 灰缝 + 砖长	490	4	2.0 ×2 = 4	

4）$1\ m^3$ 砖砌体中砖的净用量

= $1\ m^3$ 砖砌体中标准块数量 × 标准块中砖的块数

$$= \frac{1}{墙厚 × (砖长 + 灰缝) × (砖厚 + 灰缝)} × (2 × 墙厚的砖数)$$

$$= \frac{2 × 墙厚的砖数}{墙厚 × (砖长 + 灰缝) × (砖厚 + 灰缝)}$$

5）$1\ m^3$ 砖砌体中砂浆的净用量

= $1 - 1\ m^3$ 砖砌体中标准砖的净用量 × 1 块标准砖的体积

= $1 - 1\ m^3$ 砖砌体中标准砖的净用量 × 0.001 462 8

6）砖和砂浆的定额用量

砖或砂浆的定额用量 = ［内墙占的比例 × (1 + 内墙凸出线条的比例 −
内墙梁头、垫块的比例 − 0.3 m^2 以内孔洞所占比例) +
外墙占的比例 × (1 + 外墙凸出线条的比例 −
外墙梁头、垫块的比例 − 0.3 m^2 以内孔洞所占比例)］ ×
砖或砂浆的净用量 × (1 + 砖或砂浆的损耗率)

式中，损耗率，如表2.7所示。

表2.7 材料、成品、半成品损耗率表

材 料 名 称	工 程 项 目	损耗率/%
标 砖	基 础	0.5
	实砖墙	2.0
	方砖柱	3.0
砌筑砂浆	砖砌体	1.0
	硅酸盐砌块	2.0

（2）100 m^2 块料面层块料及砂浆用量理论计算

1）100 m^2 块料面层块料的净用量

$$100 \text{ m}^2 \text{ 块料面层块料的净用量} = \frac{100}{(块料长 + 灰缝) \times (块料宽 + 灰缝)}$$

2)100 m² 块料面层砂浆的净用量

①100 m² 块料面层结合层砂浆净用量 = 100 × 结合层的厚度

②100 m² 块料面层灰缝砂浆净用量 = (100 − 100 m² 块料面层块料的净用量 × 块料的长度 × 块料的宽度) × 灰缝的深度

注意:①灰缝的宽度:有块料长度方向和宽度方向缝宽相同、块料长度方向和宽度方向缝宽不同和密缝等差别。

②灰缝深度:有凸缝、凹缝和平缝等差别。

【案例2】 以半砖混水墙为例,经测算,墙体增减量及比重为:外墙壁凸出墙面线条占0.36%,内墙按52.3%,外墙按47.7%,则每10 m³墙体的砖及砂浆净用量计算如下:

解 (1)计算1 m³ 砖砌体的主材净用量为

$$砖的净用量 = \frac{2 \times 墙厚的砖数}{墙厚 \times (砖长 + 灰缝) \times (砖厚 + 灰缝)}$$

$$= \frac{2 \times 0.5}{0.115 \times (0.240 + 0.010) \times (0.053 + 0.010)}$$

$$= 552(块)$$

砂浆净用量 = 1 − 552 × 0.001 462 8 = 0.193(m³)

(2)考虑1 m³ 砖增减及比重,则

砖的定额净用量 = 552 × [52.3% × 1 + 47.7% × (1 + 0.36%)] = 553(块)

砂浆的定额净用量 = 0.193 × [52.3% × 1 + 47.7% × (1 + 0.36%)] = 0.193(m³)

(3)查表2.7,砖的损耗率为2%,砂浆的损耗率为1%,则

1 m³ 墙体中砖墙体的定额用量 = 553 × (1 + 2%) = 564.1(块)

1 m³ 墙体中砂浆的定额用量 = 0.193 × (1 + 1%) = 0.195(m³)

(4)定额单位(10 m³)的材料定额用量为

10 m³ 墙体中砖的定额用量 = 564.1 × 10 = 5.641(千块)

10 m³ 墙体中砂浆的定额用量 = 0.195 × 10 = 1.95(m³)

【案例3】 试计算用水泥地面砖250 mm × 250 mm × 40 mm 浆贴地面,找平层为1:3 水泥砂浆,厚度50 mm。结合层(厚度25 mm)及灰缝为1:2 水泥砂浆,块间灌平缝,宽度5 mm。请计算水泥砖的块数及水泥砂浆的净用量。

解 (1)100 m² 块料面层块料的净用量

$$100 \text{ m}^2 \text{ 块料面层块料的净用量} = \frac{100}{(块料长 + 灰缝) \times (块料宽 + 灰缝)}$$

$$= \frac{100}{(0.250 + 0.005) \times (0.250 + 0.005)}$$

$$= 1\ 538(块)$$

(2)100 m² 块料面层砂浆的净用量计算

1)100 m² 块料面层找平层1:3 砂浆净用量 = 100 × 结合层的厚度

$$= 100 \times 0.050 = 5.000(m³)$$

2)100 m^2 块料面层结合层 1∶2 砂浆净用量 = 100 × 结合层的厚度

$$= 100 \times 0.025 = 2.500(m^3)$$

3)100 m^2 块料面层灰缝 1∶2 砂浆净用量 = (100 − 100 m^2 块料面层块料的净用量 ×

块料的长度 × 块料的宽度) × 灰缝的深度

$$= (100 − 1\ 538 \times 0.250 \times 0.250) \times 0.040$$

$$= 0.155(m^3)$$

1∶2 砂浆净用量 = 2.500 + 0.155 = 2.655(m^3)

1∶3 砂浆净用量 = 5.000(m^3)

在学习理解上述案例后,请读者用理论计算法推算下列分项工程中材料用量的理论计算公式:

①计算 1 m^3 1.5 砖 × 1.5 砖砖柱中砖及砂浆的净用量。

②100 m^2 小青瓦屋面的小青瓦净用量。

已知瓦的长度方向的搭接长度和瓦的宽度方向的搭接长度。

③100 m^2 油毛毡防水屋面的净用量(m^2)。

已知油毛毡在长度方向的搭接长度和宽度方向的搭接长度,每卷油毛毡的面积为 20 m^2。

④计算某地区 1 砖厚砖墙 10 m^3 砖及砂浆的定额用量。

经典型工程图纸测算后,内、外墙各占 50%,内墙无凸出墙面砖线条,梁头、垫块 0.376%;而外墙凸出墙面砖线条 0.336%,梁头、垫块 0.058%,0.3 m^2 以内孔洞 0.01%。

2.1.3　预算定额中机械台班消耗指标的计算

1)用机械台班产量计算机械台班消耗量,另增机械幅度差系数

$$分项工程定额机械台班使用量 = \frac{定额单位}{机械台班产量} \times (1 + 机械幅度差系数)$$

机械幅度差系数规定为:挖土方机械 25%,夯击机械 25%,运土方、运碴机械 25%,挖掘机挖碴 33%,钻孔桩机械 33%,构件运输机械 35%,构件安装机械 25%。

【案例 4】　计算打孔灌注砼桩分项工程的机械台班消耗指标。

分项工程定额取定:

(1)施工机械:2.5 t 轨道式打桩机

(2)桩长:10 m 以内,其桩型组合比例,如表 2.8 所示

表 2.8　打孔灌注砼桩桩型组合比例

断　　面	桩长/m	单桩体积/m^3	比例/%
φ273	6	0.35	20
φ325	7	0.58	50
φ377	8	0.89	30

(3)土质类别:一级土

(4)劳动定额中机械台班产量为

$\phi273$ 机械台班产量:16.1 根

$\phi325$ 机械台班产量:14.0 根

$\phi377$ 机械台班产量:11.9 根

(5)机械使用系数均为 0.95

解 (1)机械工作时的台班

$$\phi273 \text{ 机械工作时的台班产量} = 16.1 \times 0.95 = 15.30 (\text{根/台班})$$

$$\phi325 \text{ 机械工作时的台班产量} = 14.0 \times 0.95 = 13.30 (\text{根/台班})$$

$$\phi377 \text{ 机械工作时的台班产量} = 11.9 \times 0.95 = 11.31 (\text{根/台班})$$

(2)定额综合机械台班产量 $= \sum (\text{单桩体积} \times \text{机械工作时的台班产量} \times \text{比例})$

$$= 0.35 \times 15.30 \times 20\% + 0.58 \times 13.30 \times 50\% + 0.89 \times 11.31 \times 30\%$$

$$= 7.95 (\text{m}^3/\text{台班})$$

(3)10 m³ 打孔灌注砼桩分项工程的机械台班用量 = 定额单位工程量/综合机械台班产量 $\times$

$$(1 + \text{机械幅度差系数})$$

$$= \frac{10}{7.95} \times (1 + 33\%)$$

$$= 1.26 \times 1.33$$

$$= 1.68 (\text{台班})$$

(4)人工工日数量指标计算

①配合打桩工序的小组人数为 13 人,人工消耗量为

$$13 \times 1.68 = 21.84 (\text{工日})$$

②混凝土搅拌、运输用工量(10 人完成):$10 \times 1.68 = 16.80 (\text{工日})$

③混凝土桩尖运输、安装(包括挖坑)的用工量为

$$\text{打桩量} = \frac{10}{0.35 \times 20\% + 0.58 \times 50\% + 0.89 \times 30\%} = 15.949\ 0 \approx 16 (\text{根})$$

按每根桩尖用工量 0.105 工日计算,则用工量为 $16 \times 0.105 = 1.68 (\text{工日})$

则定额人工工日的用量 $= 21.84 + 16.80 + 1.68 = 40.32 (\text{工日})$

2)按工人小组配用的机械应按工作小组日产量计算机械台班产量,不另增加机械幅度差系数。

计算公式:分项工程定额机械台班使用量 $= \dfrac{\text{定额单位}}{\text{小组总产量}}$

式中,小组总产量 $=$ 小组总人数 $\times \sum (\text{劳动定额每工综合产量} \times \text{相应计算比例})$

【案例 5】 砌半砖双面混水外墙,已知 200 L 内的灰浆搅拌机的台班产量为 6 m³,而定额单位工程量中消耗砂浆 1.95 m³,则

$$\text{分项工程定额机械台班使用量} = \frac{1.95}{6} = 0.325 \approx 0.33 (\text{台班})$$

2.2　建筑工程消耗量定额"三价"构成

定额中的"三价"指分部分项工程项目中的人工日工资标准、材料预算价格和施工机械台班费（单价）。

2.2.1　人工日工资标准

按劳动部每周工作时间为 40 h,年制度工作天数为

$365 - 52 \times 2 - 1$（元旦）$- 3$（春节）$- 3$（五·一劳动节）$- 3$（十·一国庆节）$= 251$（天）

每月制度工作天数为

$$\frac{251}{12} = 20.92（天）$$

【案例 6】　计算某省建筑安装工程预算定额日工资标准。

解　(1)基本工资由岗位工资和技能工资组成,岗位工资取定计算标准为 69.38 元/月,技能工资取定计算标准为 119.43 元/月,则

$$岗位日工资 = \frac{69.38}{20.92} = 3.32（元）$$

$$技能日工资 = \frac{119.43}{20.92} = 5.71（元）$$

即　日基本工资 = 岗位工资 + 技能日工资 = 3.32 + 5.71 = 9.03（元）

(2)工资性补贴:不分工资类区,统一取定为 4.73 元/工日。其中:

1)煤、燃气补贴：　0.47 元/工日

2)交通补贴：　　　0.28 元/工日

3)住房补贴：　　　0.48 元/工日

4)流动施工津贴：3.50 元/工日

(3)生产工人辅助工资:2.12 元/工日

(4)职工福利费:2.01 元/工日

(5)生产工人劳动保护费:0.53 元/工日

该省建筑工程预算定额日人工工资标准 = 9.03 + 4.73 + 2.12 + 2.01 + 0.53

　　　　　　　　　　　　　　　　 = 18.42（元）

随着我国社会进一步改革、开放,工资的组成项目可能会发生变化,除了职务工资、技能工资、岗位工资外,还包括其他因素的费用成分,体现社会劳动力商品的实际价值。

若考虑以后工资增资额的影响,工资涨落须分布于上述的各项目中,从而社会平均的现行定额日工资标准会发生改变。在根据投标人所确定的现行日工资额编制施工图预算时,如何将定额人工费转换成现行人工费?采用现行人工费的调差系数转换,即

$$现行人工费 = \frac{定额人工费}{定额日工资标准} \times 现行日工资额$$

$$= \frac{现行日工资额}{额定日工资标准} \times 定额人工费$$

式中,$\dfrac{现行日工资额}{定额日工资标准}$为现行人工费调差系数,即

$$现行人工费 = 现行人工费调差系数 \times 定额人工费$$

【案例7】 某地区的现行(市场)日工资为 28.00 元,该省基价区内的定额日工资标准为 18.42 元。某单位工程的定额人工费为 15 000.00 元,计算该单位工程现行人工费。

解 该单位工程现行人工费为

$$
\begin{aligned}
现行人工费 &= \frac{现行日工资额}{定额日工资标准} \times 定额人工费 \\
&= \frac{28.00}{18.42} \times 15\ 000.00 \\
&= 22\ 801.30(元)
\end{aligned}
$$

2.2.2 材料预算价格

【案例8】 计算某地自购矿渣硅酸盐水泥 P.S42.5 的预算价格。

已知供货地水泥厂的出厂价(含包装纸袋 2 元/个)为 315.00 元/t,水泥厂离施工现场 18 km,运输费率为 1.02 元/(t·km),装卸费 4.00 元/t,采购及保管费率 2%,包装品的回收量率 80%,回收折价率 20%。

解 (1)水泥的原价:315.00 元/t

(2)供销部门手续费:自购,无此项费用

(3)包装费

1)包装品原值:已含于水泥出厂价中,此处不再计算。

2)包装品的回收价值:

$$2.00 \times 20 \times 80\% \times 20\% = 6.40(元/t)$$

式中,20 为每吨水泥用 20 个纸袋。

(4)运杂费:18.36 + 4.00 = 22.36(元/t)

1)运输费:1.02 × 18 = 18.36(元/t)

2)装卸费:4.00(元/t)

(5)采购及保管费

(原价 + 供销部门手续费 + 包装费 + 运杂费)× 采购及保管费率

= (315.00 + 0.00 + 0.00 + 22.36)× 2% = 6.75(元/t)

(6)水泥的预算价格

水泥的预算价格 = 原价 + 供销部门手续费 + 包装费 + 运杂费 + 采购及保管费 −

包装品的回收价值

= 315.00 + 0.00 + 0.00 + 22.36 + 6.75 − 6.40

= 337.71(元/t)

【案例9】 计算如表 2.9 所示的地方材料红砖的预算价格。

表 2.9　红砖材料价格构成

供砖厂	供应量/千块	出厂价/(元·千块⁻¹)	运距/km	运输费率/[元·(t·km)⁻¹]	途中损耗/%	容重/(kg·块⁻¹)	装卸费/(元·t⁻¹)	采购及保管费率/%
甲砖厂	150	160	12	0.84				
乙砖厂	350	155	15	0.75	1	2.6	2.2	2
丙砖厂	500	176	5	1.05				

解　(1)计算各砖厂的砖预算价格

1)甲砖厂的砖预算价格:

　[出厂价×(1+途中损耗)+(运距×运输费率+装卸费)×砖容重]×

　(1+采购及保管费率)

=[160×(1+1%)+(12×0.84+2.2)×2.6]×(1+2%)

=197.40(元/千块)

2)乙砖厂的预算价格:

　[155×(1+1%)+(15×0.75+2.2)×2.6]×(1+2%)

=195.35(元/千块)

3)丙砖厂砖的预算价格:

　[176×(1+1%)+(5×1.05+2.2)×2.6]×(1+2%)

=201.07(元/千块)

(2)加权综合地方材料砖的预算价格为

$$\frac{197.40×150+195.35×350+201.07×500}{150+350+500}$$

=197.40×15%+195.35×35%+201.07×50%

=198.52(元/千块)

注:①本案例把地方材料各生产厂家的材料预算价格加权,亦可按材料预算价格构成各相关项目的费用加权以后,求材料的预算价格。

②本案例途中损耗费的计算基数是按材料综合原价取定的,也可按读者所在地区相关计算规定计算。

建筑材料,又特别是高级装饰装修材料,价值高,占工程造价的比重较大。因此,在材料用量一定的情况下,材料预算价格对工程造价的影响较大,除了材料预算价格组成内容不漏计以外,预算人员还要掌握用量多、价值大的材料的市场价格行情,多渠道、多形式地与供货商联系,了解市场,降低材料预算价格,最后达到建筑产品合理低价。

2.2.3　施工机械台班费的确定

(1)施工机械设备折旧费

施工机械设备在投入使用经受有形磨损和无形磨损后,其实物形态逐渐改变和损耗,其对应的价值逐渐转移到产品上去,构成产品的成本。在产品销售后,将转移到产品上的这部分价值收回,就是设备的折旧。用货币表示转移到产品中去的那一部分固定资产的价值称为折旧费。设备折旧的计算方法比较多,目前,我国广泛采用的折旧计算方法是使用直线法,对某些价值很大又不经常使用的大型设备及汽车等运输设备,也有采用工作小时法或工作量法。如:

1）使用年限法

使用年限法按固定资产的使用年限平均分摊,计算每年的折旧费。表达式为

$$d_N = \frac{P - (S - O)}{N}$$

式中　d_N——年折旧费;

　　　P——设备的原始价值;

　　　S——设备的残值;

　　　O——设备的清理费;

　　　N——设备的使用年限。

按该法计算的折旧费,在使用年限中各年都是相等的,累计费成直线上升,因此,通常也称为直线法。

2）工作小时法

按设备在使用年限中所提供的工作小时数平均分摊,以计算每年的折旧费。表达式为

$$d_H = \frac{P - (S - O)}{H}$$

式中　H——设备使用年限中提供的工作小时数。

3）工作量法（产量法）

工作量法与上述两种方法的不同是以设备所能提供的工作量作为计提折旧的单位。表达式为

$$d_Q = \frac{P - (S - O)}{Q}$$

式中　Q——设备使用年限中完成的工作量。

（2）施工机械台班费的确定

【案例10】　计算 5 t 载重汽车的台班费。

已知 5 t 载重汽车出厂原值为 75 870.88 元,按规定使用大修理期为 2 个周期,大修间隔台班为 960 台班,折旧年限为 8 年。年工作台班 240 台班,机械残值为 2%,一次大修理费经测算为 18 632.98 元,经常维修费系数 $K = 1.46$。

解　载重汽车的台班费组成如下

（1）预算价格 = 出厂原值 ×（1 + 5%）

　　　　　　　= 75 870.88 × 1.05

　　　　　　　= 79 664.42（元）

其中,5% 为机械设备从来源地到采购单位所在地之间发生的采购、运输等相关费用与机械设备出厂原值的比例。

（2）耐用总台班 = 大修理间隔台班 × 使用大修理周期

　　　　　　　　= 960 × 2 = 1 920（台班）

$$贷款利息系数 = 1 + \frac{1}{2} \times i \times (n + 1)$$

式中　n——国家有关文件规定的固定资产计提折旧的年限;

i——设备更新贷款年利率。

若贷款年利率为 8.64% ,则贷款利息系数 $= 1 + \dfrac{1}{2} \times 8.64\% \times (8 + 1) = 1.388\ 80$

1) 台班折旧费

$$
\begin{aligned}
台班折旧费 &= \frac{机械预算价格 \times (1 - 残值率) \times 贷款利息系数}{耐用总台班} \\
&= \frac{79\ 664.42 \times (1 - 2\%) \times 1.388\ 80}{1\ 920} \\
&= 56.47(元／台班)
\end{aligned}
$$

2) 大修理费

$$
大修理费 = \frac{一次大修理费 \times (大修理周期 - 1)}{耐用总台班} = \frac{18\ 632.98 \times (2 - 1)}{1\ 920}
$$
$$
= 9.70(元／台班)
$$

3) 经常维修费

$$
经常维修费 = \frac{一次大修理费 \times K}{耐用总台班} = \frac{18\ 632.98 \times 1.46}{1\ 920}
$$
$$
= 14.17(元／台班)
$$

4) 燃料动力费

若 5 t 载重汽车每台班耗柴油 33.2 kg,每 kg 柴油单价为 4.50 元,则燃料动力费为
$$
33.2 \times 4.50 = 149.40(元／台班)
$$

5) 机上人员人工费
$$
机上人工工日 = 机上人员工日 \times (1 + 增加工日系数)
$$
式中,增加工日系数一般取 25%。

一个台班的工日数 $= 1 \times (1 + 25\%) = 1.25(工日)$

若日工资标准为 18.42 元,则人工费为
$$
1.25 \times 18.42 = 23.03(元／台班)
$$

6) 养路费及车船使用税

按国家和地区的规定计算,该项年费用为 2 400.00 元,则养路费及车船使用税为
$$
\frac{2\ 400.00}{240} = 10.00(元／台班)
$$

7) 5 t 载重汽车的台班费为

折旧费 + 大修理费 + 经常维修费 + 燃料动力费 + 人工费 + 养路费及车船使用税
$$
= 56.47 + 9.70 + 14.17 + 149.40 + 23.03 + 10.00
$$
$$
= 262.77(元／台班)
$$

(3) 定额施工机械台班费的确定

由于有的分项工程在地区施工中机械的型号、规格不同,其相应的施工机械台班费定额也不同。因此,在确定该地区的施工机械台班费时,需对本地区的施工机械的型号、规格以及本地区现有机械配备情况进行实际调查和研究,并综合测算出相应施工机械台班费。

【案例 11】　计算某地区定额载重汽车台班费。

经调查测算,目前该地区的载重汽车使用情况如下:

5 t 载重汽车占 35%,其台班费为:262.77 元

8 t 载重汽车占 40%,其台班费为:313.44 元

10 t 载重汽车占 25%,其台班费为:379.72 元

求定额载重汽车台班费。

解 定额载重汽车的台班费 $= \sum$(各型机械台班费 × 相应机械比例)

$$= 262.77 \times 35\% + 313.44 \times 40\% + 379.72 \times 25\%$$

$$= 312.28(元/台班)$$

(4)影响机械台班单价变动因素

机械的折旧费占机械台班费的比重较大,它与施工企业收益有关。施工企业在财务方面考虑税收相关政策后,采用一种适当的设备折旧计算方法计算折旧费。同时,充分提高机械的使用率,在机械的使用期间创造更多的价值,相应地降低工程成本,为合理的低投标报价留下一定的空间。

总体而言,影响机械台班单价的主要变动因素如下:

1)施工机械预算价格。主要影响折旧费,它是影响机械台班单价的重要因素。

2)机械使用年限。它既影响折旧费的提取,也影响大修理费和经常维修费的开支。

3)机械的使用效率、管理和维护水平。

4)政府征收税费规定和银行贷款年利率等。

2.3 建筑工程消耗量定额(单位估价表)构成

预算定额(单位估价表)是由分项工程的工作内容、定额单位、定额编号、人工、材料、机械定额消耗用量及其单价和费用、附注等组成。

2.3.1 半成品砼基价的查法

基价是指基价区内的单价,如××材料基价或××定额基价等,它是指××材料或××定额在基价区内的单价。

查圈梁砼定额子目(见表 2.12)中"C20 现浇砼 碎石 20(最大粒径 20 mm)细砂 P.S42.5"基价的方法如下:

1)确定定额的分项工程项目:"圈梁砼"分项工程。

2)确定是现浇或预制砼:圈梁砼分项工程工艺要求,应为"现浇砼"。

3)确定掺入砂的种类:砂的种类根据各地区的实际情况来确定,如山砂(细砂)、人工砂及河沙等。例如,某地区盛产山砂,砼和砂浆半成品中砂选定为"细砂"。

4)确定砼中碎石的粒径:砼中的碎石粒径与砼构件种类相关,一般由分项工程项目的砼半成品材料中列出,有的定额在附录中集中规定。如本例定额规定为:"碎石粒径 20",意为"碎石最大粒径是 20 mm"。

5)按照砼强度等级确定水泥的种类和强度等级:砼中的水泥种类和强度等级已由分项工

程项目的砼半成品材料中列出,有的定额在附录中集中规定。某地区定额规定 C20 砼的水泥采用"矿渣硅酸盐水泥 P. S42. 5"等。

6)查出半成品砼基价:现浇圈梁砼用碎石的粒径为 20 mm,现浇 C20 砼,C20 砼采用 P. S42.5水泥,砂为细砂,则在定额附录(见表 2.10)中查"C20 现浇砼 碎石(最大粒径 20 mm)细砂 P. S42.5"的单价为 169.80 元/m³。

同样,查预制砼梁分项工程中的砼("C20 预制砼 碎石(最大粒径 40 mm)细砂 P. S42.5")基价,步骤类似,预制砼梁用碎石的粒径为 40 mm,预制 C20 砼,C20 砼采用 P. S42.5 水泥,砂为细砂,则在定额附录(见表 2.11)中查"C20 预制砼 碎石(最大粒径 40 mm)细砂 P. S42.5"的单价为 166.98 元/m³。

查出半成品砼基价用到的定额半成品材料配合比表,其主要用途如下:

1)查半成品材料的定额单价

2)第二次工料分析时,计算半成品中的各种材料的用量(见后述第 7 章工料分析)

如表 2.10 所示,查"C20 现浇砼 碎石(最大粒径 20 mm)细砂 P. S42.5"的现浇砼配合比每 m³ 中的各种材料用量为:水泥 P. S42.5:0.273 t,细砂:0.700 m³,碎石(最大粒径 20 mm):0.870 m³,水:0.210 m³。

3)计算半成品材料的现行单价

详见案例 12。

表 2.10　现浇砼配合比表　　　　　　单位:m³

定　额　编　号			15-93	15-94	15-95	15-96
项　　目			碎石(最大粒径 20 mm)细砂			
			C20		C25	
材料费/元			158.15	169.80	181.29	188.60
材料	矿渣硅酸盐水泥 P. S32.5	t　245.00	0.345	—	—	—
	矿渣硅酸盐水泥 P. S42.5	t　334.00	—	0.273	0.318	—
	普通硅酸盐水泥 P. O52.5	t　395.00	—	—	—	0.280
	细砂	m³　62.00	0.600	0.700	0.630	0.690
	碎石 20 mm	m³　40.00	0.900	0.870	0.890	0.870
	水	m³　2.00	0.210	0.210	0.210	0.210

表 2.11　预制砼配合比表　　　　　　单位:m³

定　额　编　号	15-93	15-94	15-195	15-196
项　　目	碎石(最大粒径 20 mm)细砂		碎石(最大粒径 40 mm)细砂	
	C20		C20	

续表

材料费/元			150.64	167.44	143.65	166.98
材料	矿渣硅酸盐水泥 P.S32.5	t	245.00	0.303	—	0.278	—
	矿渣硅酸盐水泥 P.S42.5	t	334.00	—	0.260	—	0.260
	细砂	m³	62.00	0.620	0.720	0.600	0.700
	碎石 20 mm	m³	40.00	0.940	0.890	—	—
	碎石 40 mm	m³	40.00	—	—	0.950	0.910
	水	m³	2.00	0.180	0.180	0.170	0.170

2.3.2 建筑工程消耗量定额(单位估价表)构成

【案例12】 某省圈梁砼的单位估价表,如表2.12所示。试计算表中的定额人工费、材料费、机械费和定额基价。

表2.12 圈梁

工作内容:混凝土搅拌、浇捣及养护等全部操作过程。 单位:10 m³

定 额 编 号				01040036	
项 目				圈 梁	
基 价/元				2 546.50	
其中	人 工 费			630.63	
	材 料 费			1 779.64	
	机 械 费			136.23	
名 称		单位	单价/元	数 量	
人工	综合人工	工日	24.75	25.480	
材料	C20 现浇砼 碎石 20 细砂 P.S42.5	m²	169.80	10.150	
	草席	m²	1.40	13.990	
	水	m³	2.00	18.290	
机械	滚筒式砼搅拌机(电动)出料容量 400 L	台班	82.79	0.625	
	混凝土振捣器(插入式)	台班	5.48	1.250	
	机动翻斗车(装载质量 1 t)	台班	60.18	1.290	

解 从表2.10中查"C20 现浇砼 碎石(最大粒径20 mm)细砂 P.S42.5"的单价为169.80元/m³,得

定额人工费 = 25.480 × 24.75 = 630.63(元)

定额材料费 = 10.150 × 169.80 + 13.990 × 1.40 + 18.290 × 2.00 = 1 779.64(元)

定额机械费 = 0.625 × 82.79 + 1.250 × 5.48 + 1.290 × 60.18 = 136.23(元)

定额基价 = 人工费 + 材料费 + 机械费 = 630.63 + 1 779.64 + 136.23 = 2 546.50(元)

若半成品配合比中各种材料现行预算价格(市场价格)是:水泥 P.S42.5:0.380 元/kg;砂:65.00 元/m³;碎石(最大粒径 20 mm):45.00 元/m³;水:2.50 元/m³,则

"C20 现浇砼 碎石 20 细砂 P.S42.5"的现浇砼每 m³ 的现行价格

$$= 0.273 \times 380.00 + 0.700 \times 65.00 + 0.870 \times 45.00 + 0.210 \times 2.50$$

$$= 188.915$$

$$\approx 188.92(元)$$

若将"C20 现浇砼 碎石 20 细砂 P.S42.5"的现行单价 188.92 元/m³ 及水的现行单价 2.50 元/m³ 代替上述某地区圈梁分项工程单位估价表中相应材料栏的单价,其他条件不变,则

圈梁分项工程现行材料费 = 10.150 × 188.92 + 13.990 × 1.40 + 18.290 × 2.50

$$= 1 982.85(元)$$

圈梁分项工程现行定额基价 = 630.63 + 1 982.85 + 136.23

$$= 2 749.71(元)$$

【案例 13】 根据某地区的消耗量定额(单位估价表),如表 2.13 所示,在空的横线上填写相关内容。

表 2.13　金属条

工作内容:包括定位、弹线、下料、加锲、刷胶、安装、固定等全部操作过程。　　　　　　　　单位:m

定　额　编　号			02060067
项　　目			金属装饰条
			铜嵌条
			2×15
基　价/元			7.96
其中	人　工　费		1.44
	材　料　费		6.52
	机　械　费		—
名　　称	单位	单价/元	数　量
人工	综合人工	工日	24.75	0.058 0
材料	铜条 2×15	m	6.32	1.030 0
	202 胶 FSC-2	kg	14.10	0.000 6

解　(1)分项工程名称:金属装饰条(铜嵌条)

(2)工作内容:"包括定位、弹线、下料、加锲、刷胶、安装、固定等全部操作过程"。

(3)定额单位:1 m,一般位于分项工程项目表的右上角。

(4)定额编号:02060067

(5)人工消耗:0.058 0 工日,日工资标准24.75 元/____,则人工费为0.058 0 × 24.75 = 1.44(元)

（6）材料消耗：

1）铜条 2×15：用量1.030 0 m，材料单价：6.32 元/____。

2）202 胶 FSC-2：用量0.000 6 kg，材料单价：14.10 元/____。

则材料费为1.030 0 ×6.32 +0.000 6 ×14.10 =6.52 元

（7）机械消耗：不用机械，则机械费为：0.00 元

（8）分项工程的定额基价：

人工费 + 材料费 + 机械费 = 1.44 + 6.52 + 0.00 = 7.96（元/m）

其中，m 的单位名称叫：____单位。

请读者认真剖析本地区消耗量定额一个分项工程项目，弄清文字、数字的组成内容及其相互的内在关系，即可掌握定额项目表的精髓，理解消耗量定额所有分项工程项目表的内涵。

定额附录表一般列在预算定额的最后，如砼、砂浆配合比表（有的定额含有基价）；材料预算价格表；材料损耗率表；施工机械台班费用表等，用于定额换算时使用，它是预算定额的重要补充资料。

2.4 建筑工程消耗量定额（单位估价表）应用

2.4.1 预算定额的直接套用

1）施工图的设计要求与定额中的工作内容相一致时，可以直接套用定额基价及人、材、机费用，并计算定额直接费及分析其中的人、材、机的用量。

【案例 14】 某建筑工程一砖内墙（双面混水），其长为 4.2 m，高为 3.3 m（中间无孔洞，墙面无突出线角等），试计算内墙：

（1）定额直接费、人工费；

（2）水、混合砂浆 M5.0 细砂 P.S32.5 和砖的用量；

（3）机械用量。

表 2.14 砖基础、砖墙

工作内容：砖基础：调运砂浆、铺砂浆、运砖、清理基槽坑、砌砖等；砌墙：调运砂浆、

铺砂浆、运砖、砌砖包括窗台虎头砖、腰线、门窗套，安放木砖、铁件等。 单位：10 m³

定 额 编 号		01030001	01030009
项 目		砖基础	混水砖墙1砖
基 价/元		1 498.50	1 624.79
其中	人 工 费	301.46	397.98
	材 料 费	1 176.10	1 206.41
	机 械 费	20.94	20.40

续表

名　称		单位	单价/元	数　量	
人工	综合人工	工日	24.75	12.180	16.080
材料	水泥砂浆 M5.0 细砂 P.S32.5	m³	134.78	2.490	—
	普通粘土砖	千块	160.00	5.240	5.300
	水	m³	2.00	1.050	1.060
	混合砂浆 M5.0 细砂 P.S32.5	m³	148.70	—	2.396
机械	灰浆搅拌机 200 L	台班	53.69	0.390	0.380

解 (1)确定定额编号:01030009(见表2.14)

计算分项工程的工程量:

$$墙体工程量 = 长 × 宽 × 高$$
$$= 4.2 × 0.24 × 3.3$$
$$= 3.326 ≈ 3.33(m^3)$$
$$= 0.33 × 10(m^3)$$

注:①汇总工程量时,其准确度取值:立方米、平方米、米、千克以下取两位小数;吨以下取3位小数;个、项、件取整数。若读者所在地定额小数取位另有规定的,按当地规定取小数位数。

②把工程量转换成定额单位(本例为10 m³)的数量(定额单位的工程量,本例为0.33)。

(2)计算分项工程的定额直接费

定额单位的工程量 × 定额基价 = 0.33 × 1 624.79 = 536.18(元)

其中　人工费 = 定额单位的工程量 × 定额人工费

$$= 0.33 × 397.98 = 131.33(元)$$

(3)计算材料用量

材料用量 = 定额单位的工程量 × 相应材料的定额用量

水用量 = 0.33 × 1.060 = 0.350(m³)

混合砂浆 M5.0 细砂 P.S32.5 的用量 = 0.33 × 2.396 = 0.791(m³)

普通粘土砖用量 = 0.33 × 5.300 = 1.749(千块)

(4)机械用量

机械用量 = 定额单位的工程量 × 机械台班的定额用量

灰浆搅拌机的用量 = 0.33 × 0.380 = 0.125(台班)

2)当施工图设计要求与定额中的工作内容不一致,但定额不允许换算时,也直接套用定额基价及其相应的人、材、机的需用量。

如某省在装饰工程说明第一条第4项"抹灰厚度,如设计与定额取定不同时,除定额项目有注明可以换算外,其他一律不作调整。"当然此类情况还比较多。

从以上看出,直接套用定额的分项工程项目在造价计算中占多数。

2.4.2　预算定额的换算

（1）定额换算的原因

当施工图的设计要求与定额中的工作内容不一致,且预算定额允许换算时,先将预算定额基价及其中相应的人工、材料、机械的用量、价格按规定进行调整,满足施工图设计的要求。

（2）定额换算的依据

以设计技术文件及预算定额中的总说明、章说明、附注规定、合同或协议书和国家与地区的其他计价规定等为换算依据。

（3）定额基价换算的原理公式

预算定额换算时,无论是人工、材料、机械中的一个变化或多个变化,只要在原来定额基价中扣去变化量在定额基价中的价值(即换出的价值),再加上变化量变化后新价值(即换入的价值),即得变化(换算)后的预算定额基价。其公式为

换算后的定额基价 = 原定额基价 + 换入的价值 − 换出的价值

式中,原定额基价就是换算前的定额基价或者不存在换算时的定额基价。

换入(出)的价值 = $\sum$［换入(出)的用量 × 相应换入(出)的单价］

（4）换算类型

1）砂浆的换算;

2）砼的换算;

3）乘系数的换算;

4）定额增、减量换算;

5）主、辅定额换算;

6）木材材积的换算;

7）其他换算。

（5）换算的原则

1）按工艺最相近的原则;

2）按就高不就低的原则。

（6）定额基价的换算示例

1）砂浆的换算

砂浆换算包括砌筑砂浆和抹灰砂浆换算。它有强度等级、配合比(抹灰砂浆)和抹灰砂浆的厚度换算。其中,抹灰砂浆的厚度换算放在后面的主、辅定额换算中讲解。

换算公式为

换算后的定额基价 = 原定额基价 + 砂浆定额用量 ×(换入砂浆的单价 − 换出砂浆的单价)

【案例15】　某工程设计用凸凹假麻石块(浆贴)1 000 m² 墙面,结合层水泥砂浆配合比为1∶1,求其定额直接费。

解　(1)选定定额　02020125(见表 2.15)

(2)换算依据

1)装饰定额第二分部墙柱面工程说明第一条:"本分部定额凡注明了砂浆种类、配合比、……与设计不同时,可按设计调整,但人工、机械消耗量不变。"

表 2.15　凸凹假麻面层

工作内容:1. 清理基层、拌制砂浆。2. 选料、贴凸凹面砖、擦缝。　　　　　　单位:m²

定　额　编　号				02020125	02020126
项　　目				凸凹假麻石块(水泥砂浆粘贴)	
				墙面	柱面
基　价/元				39.71	46.96
其中	人　工　费			9.65	15.82
	材　料　费			29.98	31.06
	机　械　费			0.08	0.08
名　称		单位	单价/元	数　　量	
人工	综合人工	工日	24.75	0.389 7	0.639 0
材料	白水泥	kg	0.497	0.155 0	0.155 0
	凸凹假麻石墙面砖(仿石面砖)	m²	27.00	1.020 0	1.060 0
	棉纱头	kg	10.60	0.010 0	0.010 0
	水	m³	2.00	0.012 7	0.014 1
	水泥砂浆1:2	m³	207.39	0.008 2	0.008 2
	素水泥浆	m³	264.42	0.002 0	0.002 0
机械	灰浆搅拌机 200 L	台班	53.69	0.001 5	0.001 5

2)根据 02020125 定额项目,结合层为水泥砂浆 1:2,砂浆定额用量为 0.008 2 m³,其半成品定额单价为 207.39 元/m³。

3)查定额附录表,如表 2.16 所示,得

1:1 水泥砂浆半成品的基价:248.66 元/m³

表 2.16　水泥砂浆配合比表　　　　　　　　　　　　　　　单位:m³

定　额　编　号			15-103	15-104	15-105	15-106	15-107
项　　目			1:1	1:1.5	1:2	1:2.5	1:3
单　价/元			248.66	217.50	207.39	186.69	176.80
材料名称	单位	单价	数　　量				
矿渣硅酸盐水泥 P. S32.5	t	245.00	0.808	0.655	0.571	0.467	0.416
细　砂	m³	62.00	0.808	0.910	1.079	1.156	1.198
水	m³	2.00	0.300	0.300	0.300	0.300	0.300

(3)换算定额基价

换算后的定额基价 = 原定额基价 + 砂浆定额用量×

（换入水泥砂浆 1:1 的单价 - 换出水泥砂浆 1:2 的单价）

= 39.71 + 0.008 2×(248.66 - 207.39)

= 40.05(元/m²)

(4)写出换后的定额编号

$$02020125_{换} = 40.05 \ 元/m^2$$

(5)该工程的凸凹假麻石块(浆贴)墙面的定额直接费

$$1\ 000 \times 40.05 = 40\ 050.00(元)$$

其中　人工费:$1\ 000 \times 9.65 = 9\ 650.00(元)$

　　　　机械费:$1\ 000 \times 0.08 = 80.00(元)$

2)砼强度等级换算

砼强度等级换算方法与砂浆强度等级或配合比的换算方法类似,其公式为

换算后的定额基价 = 原定额基价 + 砼定额用量 ×(换入砼的单价 - 换出砼的单价)

此处不举例(读者结合本地区的定额子目训练)。

3)乘系数的换算

在换算中,乘系数换算出现较多,它是按定额总说明、分部(章、节)说明或附注中规定的乘系数,在原定额基价的基础上考虑一个增、减价值量(即计算基数 ×(乘系数 - 1))的换算。计算基数由分部分项工程决定,一般是"定额基价"或"人工、材料、机械中的一个或两个量"。计算公式为

换算后的定额基价 = 原定额基价 + 计算基数 ×(乘系数 - 1)

有的地区造价计价规定,在计算造价时以单位工程的人工费或机械费或人工费 + 机械费或直接费作为计算相关计价费用的依据。因此,在定额换算过程中,要将变化的人工费、材料费和机械费随同定额基价换算时重新计算。这也适用于第 5 章工程量清单综合单价分析。对初学者而言,这一点掌握好特别重要。

【案例 16】　某工程人工挖三类湿土的地槽,沟深 1.5 m,求其定额基价。

解　(1)选定定额:01010004(见表 2.17)

表 2.17　人工挖坑槽土方、淤泥、流沙

工作内容:1.挖土、装土、把土抛于坑槽边自然堆放。2.沟槽基坑底夯实。　　　　　　　单位:100 m³

定 额 编 号				01010004	01010005
项　　目				人工挖沟槽、基坑	
				三类土	
				深度(m 以内)	
				2	4
基　价/元				1 429.71	1 714.67
其中	人 工 费			1 424.36	1 712.16
	材 料 费			—	—
	机 械 费			5.35	2.51
名　称		单位	单价/元	数 量	
人工	综合人工	工日	24.75	57.550	69.178
机械	夯实机(电动夯击能力 20~62 N·m)	台班	16.93	0.316	0.148

（2）换算依据

土建定额第一分部土、石方工程说明第一条第 2 款："人工土方定额是按干土编制的,如挖湿土时,人工定额量乘以系数 1.18"。

分析:这里人工定额量乘系数 1.18 的计算基数,可理解为 01010004 定额项目中的人工费。

（3）换算定额基价

$$换算后定额基价 = 原定额基价 + 乘系数的计算基数 \times (乘系数 - 1)$$
$$= 原定额基价 + 定额人工费 \times (乘系数 - 1)$$
$$= 1\ 429.71 + 1\ 424.36 \times (1.18 - 1)$$
$$= 1\ 686.10 (元/100\ m^3)$$

其中　人工费 $= 1424.36 \times 1.18$
$$= 1\ 680.74(元/100\ m^3)$$

（4）写出换算后的定额编号

$$01010004_换 = 1\ 686.10\ 元/100\ m^3$$

4）定额增、减量换算

定额项目需在人工、材料、机械的定额用量因素中,增加某个因素的数量或者其价值,使定额应用范围更广泛。

【案例 17】　某工程设计制作装饰板门扇的饰面板面层,其门扇侧口用红榉木面层材料(0.5 mm 厚)蒙面,求其定额基价。

已知红榉木面层材料(0.5 mm 厚)的价格:38.00 元/m²。

解　（1）选定定额:02040130（见表 2.18）

表 2.18　装饰门框、门扇制作安装

工作内容:门框、门扇制作安装等全部操作过程。　　　　　　　　　　　　　　单位:m²

定　额　编　号			02040129	02040130
项　目				装饰板门扇
				制　作
			基层	装饰面层
基　价/元			67.53	75.64
其中	人　工　费		6.19	12.62
	材　料　费		61.34	63.02
	机　械　费		—	—

续表

名　称		单位	单价/元	数　量	
人工	综合人工	工日	24.75	0.250 0	0.510 0
材料	大芯板(细木工板)δ=18	m²	28.89	2.040 0	—
	红榉木夹板δ=3	m²	23.52	—	2.130 0
	收口线	m	3.00	—	3.490 0
	白乳胶	kg	5.10	0.120 0	0.120 0
	其他材料费	元	1.00	1.790 0	1.840 0

(2)换算依据

第四分部门窗工程说明第五条"……装饰板门扇的装饰面层制作不包括门扇侧口蒙面,当门扇侧口需蒙面时,每 m² 门扇外围面积增加人工 0.05 工日、蒙面材料 0.19 m²、白乳胶 0.016 kg。"

(3)换算定额基价

换算后的定额基价 = 原定额基价 + ∑(增、减的工料机的定额用量 × 相应工料机的价格)
$$= 75.64 + 0.05 \times 24.75 + 0.19 \times 38.00 + 0.016 \times 5.10$$
$$= 84.18(元/m^2)$$

其中　人工费 $= 12.62 + 0.05 \times 24.75$
$$= 13.86(元/m^2)$$

(4)写出换算后的定额编号

$$02040130_换 = 84.18 元/m^2$$

5)主、辅助定额的换算

在土建定额项目表中,常遇到诸如土方运输问题时,在主定额的运输距离以外,还要增加若干个辅助定额运距,才能达到土方的运输距离。这样的定额换算由一个主定额与若干个辅助定额进行加、减的代数和。同样,在装饰工程定额项目中,抹灰砂浆主定额项目的抹灰厚度以外,增加或减少若干个辅助定额抹灰厚度的定额换算等。计算公式为

换算后的定额基价 = 主定额基价 + 辅助定额基价 ×

$$\left[\frac{实际的运距(或厚度) - 主定额的运距(或厚度)}{辅助定额的运距(或厚度)} 的商取整数 + 1 \right]$$

或　换算后的定额基价 = 主定额基价 + 辅助定额基价 ×

$$\left[\frac{实际的运距(或厚度) - 主定额的运距(或厚度)}{辅助定额的运距(或厚度)} 的商向上取整 \right]$$

注:①向上取整:计算式的商值若小数点后有非零数字者,将商值取整数后,再加1,作为计算式的商值。例如,定额换算、钢筋根数和箍筋个数等计算时,采用向上取整。如数字12.344,向上取整的值为 12 + 1 = 13。若商值小数点后全为零,则向上取整的结果为商值。

②向下取整:计算式的商值若小数点后有非零数字者,将商值取整数,作为计算式的商值。

如市场购买的钢筋单根长度不足砼构件中钢筋的设计长度而将钢筋搭接时,计算接头个数采用向下取整。数字 12.344,向下取整的值为 12。若商值小数点后全为零,则向下取整的结果为商值 −1。

　　③四舍五入:中国的传统习惯,将计算式的商值按规定保留小数位数的后一位数字,当小于 5(不含 5)时,舍去保留小数位数的后一位数字及其以后的所有数字;当保留小数位数的后一位数字大于或等于 5 时,向规定保留小数位数最后数字上进 1 后,舍去保留小数位数的后一位数字及其以后的所有数字的做法。如按两位小数将 12.344 进行四舍五入,则结果为12.34。如按两位小数将 12.345 4 进行四舍五入,则结果为 12.35。预算中计算工程量和费用,均要采用四舍五入法。如以"元"为单位,保留 2 位小数等。

【案例 18】　某工程施工组织设计,需用双轮车运余土 380 m,求人工运土方的定额基价。
解　(1)选定定额
01010013(主定额)和 01010014(辅助定额),如表 2.19 所示。

表 2.19　土方、淤泥运输

工作内容:人工运土方、淤泥,包括装、运卸土、淤泥及平整。　　　　　　　　　　　　单位:100 m³

定　额　编　号				01010013	01010014
项　　目				双轮车运土方	
				运　距	
				100 m 以内	每增 50 m
基　价/元				472.23	65.34
其中	人 工 费			472.23	65.34
	材 料 费			—	—
	机 械 费			—	—
名　　称		单位	单价/元	数　量	
人工	综合人工	工日	24.75	19.080	2.640

(2)换算依据

主定额 01010013 双轮车运土方运距为 100 m 以内,即运距 ≤100 m(换算时,通常取最大值 100 m);

辅助定额 01010014 双轮车运土方运距为 50 m。

(3)换算定额基价

换算后的定额基价 = 主定额基价 + 辅助定额基价 ×

$$\left[\frac{\text{实际的运距} - \text{主定额的运距}}{\text{辅助定额的运距}} \text{的商向上取整} \right]$$

$$= 472.23 + 65.34 \times \left[\frac{380 - 100}{50} \text{的商向上取整} \right]$$

$$= 472.23 + 65.34 \times (5 + 1)$$
$$= 864.27(元/100 \text{ m}^3)$$

其中 人工费 $= 472.23 + 65.34 \times (5 + 1)$
$$= 864.27(元/100 \text{ m}^3)$$

（4）写出换算后的定额编号

$$01010013 + 01010014 \times 6 = 864.27(元/100 \text{ m}^3)$$

【案例19】 砖墙面用水泥砂浆 1∶3 抹底 15 mm 厚,面层水泥砂浆 1∶2.5 抹 9 mm 厚,求其定额基价。

解 （1）选定定额

02020012（主定额）和 02020046（辅助定额）,如表 2.20 和表 2.21 所示。

表 2.20 水泥砂浆

工作内容:1. 清理、修补、湿润基层表面、堵墙眼、调运砂浆、清扫落地灰;2. 分层抹灰
找平、刷浆、洒水湿润、罩面压光(包括门窗洞口侧壁及护脚线抹灰)。 单位:100 m²

定 额 编 号			02020012	02020013
项 目			墙面、墙裙抹水泥砂浆	
			14 + 6	12 + 8
			砖墙	混凝土墙
基 价/元			800.30	863.10
其中	人 工 费		358.63	387.09
	材 料 费		420.73	455.07
	机 械 费		20.94	20.94
名 称	单位	单价/元	数 量	
人工	综合人工	工日	24.75	14.490 0	15.640 0
材料	水泥砂浆 1∶2.5	m³	186.69	0.690 0	0.920 0
	水泥砂浆 1∶3	m³	176.80	1.620 0	1.390 0
	素水泥浆	m³	264.42	—	0.110 0
	其他材料费	元	1.00	5.500 0	8.480 0
机械	灰浆搅拌机 200 L	台班	53.69	0.390 0	0.390 0

（2）换算依据

1）装饰定额第二分部墙柱面工程说明第一条:"本分部定额凡注明了砂浆种类、配合比、饰面材料及型材的型号规格与设计不同时,可按设计调整,但人工、机械消耗量不变。"

2）主定额 02020012 注明水泥砂浆 1∶3(打底)的厚度为 14 mm,注明水泥砂浆 1∶2.5(面

层)的厚度为 6 mm;辅助定额 02020046 注明水泥砂浆 1:2.5 抹灰层每增减厚度为 1 mm。

3)查水泥砂浆定额基价,如表 2.16 所示。

水泥砂浆 1:2.5 的定额基价:186.69 元/m³;

表 2.21　一般抹灰砂浆厚度调整

工作内容:调运砂浆。

单位:100 m²

定 额 编 号				02020045	02020046
项　　目				抹灰层每增减 1 mm	
				石灰砂浆	水泥砂浆
基　价/元				22.73	32.89
其中	人 工 费			8.66	9.41
	材 料 费			13.00	22.41
	机 械 费			1.07	1.07
名　称		单位	单价/元	数　量	
人工	综合人工	工日	24.75	0.350 0	0.380 0
材料	石灰砂浆 1:3	m³	118.06	0.110 0	—
	水泥砂浆 1:2.5	m³	186.69	—	0.120 0
	其他材料费	元	1.00	0.010 0	0.010 0
机械	灰浆搅拌机 200 L	台班	53.69	0.020 0	0.020 0

水泥砂浆 1:3 的定额基价:176.80 元/m³。

(3)换算定额基价

1)辅助定额 02020046(水泥砂浆 1:3)的基价换算:

$$02020046_{换} = 32.89 + 0.120\ 0 \times (176.80 - 186.69)$$
$$= 31.70(元/100\ m^2)$$

2)主、辅助定额抹灰厚度的换算:

换算后的定额基价 = 主定额基价 + 辅助定额(水泥砂浆 1:3)基价 ×

$$\left[\frac{1:3\ 水泥砂浆实际厚度 - 主定额 1:3\ 水泥砂浆厚度}{辅助定额 1:3\ 水泥砂浆厚度}\ 的商四舍五入\right] +$$

辅助定额(水泥砂浆 1:2.5)的基价 ×

$$\left[\frac{1:2.5\ 水泥砂浆实际厚度 - 主定额 1:2.5\ 水泥砂浆厚度}{辅助定额 1:2.5\ 水泥砂浆厚度}\ 的商四舍五入\right]$$

$$= 800.30 + 31.70 \times \frac{15-14}{1} + 32.89 \times \frac{9-6}{1}$$
$$= 800.30 + 31.70 \times 1 + 32.89 \times 3$$
$$= 930.67(元/100\ m^2)$$

其中　人工费 = 358.63 + 9.41 × (1 + 3) = 396.27(元/100 m²)

$$水泥砂浆\,1:3\,的用量 = 1.620\,0 + 0.120\,0 \times \frac{15-14}{1}$$

$$= 1.740\,0\,(\mathrm{m}^3/100\,\mathrm{m}^2)$$

$$水泥砂浆\,1:2.5\,的用量 = 0.690\,0 + 0.120\,0 \times \frac{9-6}{1}$$

$$= 1.050\,0\,(\mathrm{m}^3/100\,\mathrm{m}^2)$$

$$机械费 = 20.94 + 1.07 \times (1+3) = 25.22\,(元/100\,\mathrm{m}^2)$$

（4）写出换算后的定额编号

$$02020012 + 02020046_{换} + 02020046 \times 3 = 930.67\,元/100\,\mathrm{m}^2$$

6）木材断面的换算

木门窗框料、扇料立梃的设计断面（加刨光损耗）大小与定额取定断面（毛断面）大小不一致，从而实用木材材积与定额木材材积会发生增减变化，产生定额木材量增减的换算。除此之外，另有木龙骨等断面大小不同，产生木材材积换算。

设计断面是净料断面或净断面，而定额断面是毛料断面或毛断面。因此，要将设计断面转换成毛料断面，其方法是：如果设计断面左右或前后方向的两对面有一面刨光（称为单面刨光），则在此左右或前后方向的断面尺寸上加 3 mm 长度（单面刨光损耗）后，使得该方向长度成了毛料尺寸的长度。同样，如果设计断面两对面都刨光（称为双面刨光），则在此左右或前后方向的断面尺寸上加 5 mm 长度（双面刨光损耗），使得该方向长度成了毛料尺寸长度。增加了刨光损耗的断面，称为毛断面。它以矩形断面为准，忽略凿槽或孔眼的断面面积。

计算公式为

$$实用材积 = \frac{设计断面（加刨光损耗）}{定额断面} \times 定额材积$$

【案例20】　某工程用一批单扇带亮无纱镶板木门，木门框的设计断面如图 2.2 所示，双面刨光，设定额框断面（毛断面）:60 mm × 120 mm，定额材积为 3.434 m^3，求定额基价。

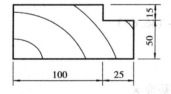

图 2.2　木材断面

解　（1）选定定额:02040005（见表 2.22）

（2）换算依据

门窗工程分部说明第六条:"如遇特殊设计，定额材积与设计材积不同时，可用设计实用材积代换定额材积，其他不变。"

（3）换算定额材积

$$实用材积 = \frac{(100 + 25 + 5) \times (15 + 50 + 5)}{60 \times 120} \times 3.434$$

$$= 4.340\,(\mathrm{m}^3/100\,\mathrm{m}^2)$$

（4）定额基价换算

换算后的定额基价 = 原定额基价 + （门框的实用材积 - 门框的定额材积） × 门窗用特殊锯材价格

$$= 9\,361.61 + (4.340 - 3.434) \times 1\,060.00$$

$$= 10\,321.97\,(元/100\,\mathrm{m}^2)$$

（5）写出换算后的定额编号

$$02040005_{换} = 10\ 321.97\ 元/100\ m^2$$

表 2.22 普通木门

镶板门

工作内容:制作安装门框门扇及腰扇,刷防腐油。装配亮子玻璃及小五金。　　　　　　单位:100 m^2

定 额 编 号			02040005	02040006
项　　　目			镶板门	
			有腰单扇	
			装木板	装层板
基　价/元			9 361.61	9 631.99
其中	人　工　费		1 727.30	1 558.01
	材　料　费		7 485.25	7 967.80
	机　械　费		149.06	106.18
名　　　称		单位	单价/元	数　　量
人工	综合人工	工日	24.75	69.790 0	62.950 0
材料	门窗用特殊锯材	m^3	1 060.00	6.137 0	5.344 0
	木砖 240 mm×120 mm×60 mm	块	1.25	292.000 0	292.000 0
	防腐油	kg	2.50	28.380 0	28.380 0
	小五金费	元	1.00	247.770 0	247.770 0
	玻璃压条 10 mm×10 mm	m	0.21	103.000 0	103.000 0
	普通平板玻璃 厚 3 mm	m^2	13.00	10.980 0	10.980 0
	胶合板 δ=5 (1 220 mm× 2 440 mm×5 mm)	m^2	13.77	—	95.514 0
	其他材料费	元	1.00	131.940 0	139.840 0
机械	木工圆锯机 直径 500 mm	台班	14.78	1.140 0	0.550 0
	木工压刨机 600 mm	台班	22.94	2.220 0	1.230 0
	木工开眼机 MK 211	台班	8.23	2.020 0	2.150 0
	木工开榫机 (榫头长度 100 mm)	台班	17.62	2.230 0	2.090 0
	木工裁口机 宽度(多面)400 mm	台班	22.85	1.110 0	0.670 0

7)块料面层的换算

【案例21】 设计用 108 mm×108 mm×5 mm 瓷砖(预算单价为 0.28 元/块)浆贴墙面,密缝。若其余条件均不变化,请换算定额基价。

解 (1)选定定额:02020137(见表 2.23)

(2)换算依据

墙柱面工程分部说明第一条:"本分部定额凡注明了砂浆种类、配合比、饰面材料及型材的型号规格与设计不同时,可按设计调整,但人工、机械消耗量不变。"

表2.23 瓷 板

工作内容:1.清理修补基层、调运砂浆。2.选料、贴瓷板、擦缝、清洁表面。　　　　　　　　单位:m²

定 额 编 号				02020137	02020138
项　　目				瓷板 152 mm×152 mm	
				水泥砂浆粘贴	
				墙　面	方柱(梁)面
基 价/元				32.15	34.00
其中	人 工 费			13.23	14.51
	材 料 费			18.78	19.35
	机 械 费			0.14	0.14
名　　称		单位	单价/元	数　　量	
人工	综合人工	工日	24.75	0.534 5	0.586 2
材料	水泥砂浆 1∶2.5	m³	186.69	0.008 2	—
	水泥砂浆 1∶2	m³	207.39	—	0.008 2
	瓷板 152 mm×152 mm	m²	16.00	1.035 0	1.060 0
	石料切割锯片	片	21.70	0.009 6	0.009 6
	素水泥浆	m³	264.42	0.001 0	0.001 0
	107 胶	kg	0.80	0.022 1	0.022 1
	白水泥	kg	0.497	0.155 0	0.155 0
	棉纱头	kg	10.60	0.010 0	0.010 0
	水	m³	2.00	0.008 1	0.008 1
机械	灰浆搅拌机 200 L	台班	53.69	0.001 5	0.001 5
	石料切割机	台班	4.00	0.014 8	0.014 8

$$100 \text{ m}^2 \text{ 块料面层块料的用量} = \frac{100 \times (1 + 损耗率)}{(块料长 + 灰缝) \times (块料宽 + 灰缝)}$$

$$= \frac{100 \times (1 + 3.5\%)}{(0.108 + 0) \times (0.108 + 0)}$$

$$= 8\ 873(块 /100 \text{ m}^2)$$

(3)换算定额基价

换算后定额基价 = 原定额基价 + 换入块料的用量 × 换入块料的单价 −

换出块料的用量 × 换出块料的单价

$$= 32.15 + 8\ 873/100 \times 0.28 - 16.00 \times 1.035$$

$$= 40.43(元 /\text{m}^2)$$

(4)写出换算后的定额编号

$$02020137_{换} = 40.43 \text{ 元 } / \text{m}^2$$

8)其他换算

上述换算以外的换算。如墙基防潮层定额中防水粉掺入量的换算。

【案例22】 某工程墙基防潮层(平面)设计要求防水粉的掺入量为8%,求定额基价的换算。

注:此例换算的关键是防水粉掺入量的计算基数为防水砂浆中水泥用量。

解 (1)选定定额:01090127(平面)(见表2.24)

表 2.24　涂膜防水

工作内容:清理基层、调制砂浆、涂水泥砂浆。　　　　　　　　　　　　　　单位:100 m²

定　额　编　号				01090127	01090128
项　　　目				防水砂浆	
				平　面	立　面
基　价/元				705.73	823.04
其中	人　工　费			228.20	345.51
	材　料　费			459.28	459.28
	机　械　费			18.25	18.25
名　　称		单位	单价/元	数　　量	
人工	综合人工	工日	24.75	9.220	13.960
材料	水泥砂浆1:2	m³	207.39	2.040	2.040
	防水粉	kg	0.52	55.000	55.000
	水	m³	2.00	3.800	3.800
机械	灰浆搅拌机 200 L	台班	53.69	0.340	0.340

(2)换算依据

1)土建定额第八分部楼地面、天棚工程说明第一条:"本分部定额中各种水泥砂浆、水泥石子浆、混凝土等的配合比,如设计规定与定额不同时,可以换算。"

2)查定额附录 砼、砂浆半成品配合比表中水泥砂浆1:2中水泥的用量 =571 kg/m³。

(3)定额换算

防水粉的实际用量 =分项工程水泥砂浆1:2 的定额用量 ×

每 m³ 水泥砂浆1:2 中的水泥用量 × 设计防水粉的掺入比例

$$= 2.040 \times 571 \times 8\% = 93.187 (\text{kg})$$

换算后的定额基价 =原定额基价 + (换入防水粉的实际用量 - 换出防水粉的定额用量) ×

换入防水粉的预算单价

$$= 705.73 + (93.187 - 55.000) \times 0.52$$

$$= 725.59 (\text{元}/100 \text{ m}^2)$$

(4)写出换算后的定额编号

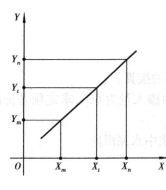

图 2.3　线性插值

$$01090127_{换} = 725.59 \ 元/100 \ m^2$$

9)内插法换算

采用数学线性插值方法,如图 2.3 所示。已知 X_m,X_n,Y_m,Y_n,X_t,计算 Y_t 的公式为

$$Y_t = Y_m + \frac{Y_n - Y_m}{X_n - X_m} \times (X_t - X_m)$$

【案例 23】　已知砼墙 300 mm 和 200 mm 的定额基价分别为 A 和 B,求一砖厚砼墙的定额基价。

解　按墙厚用内插法换算。其换算公式为

一砖厚砼墙的定额基价 = 200 mm 厚砼墙的定额基价 +

$$\frac{300 \ mm \ 定额基价 - 200 \ mm \ 定额基价}{300 \ mm - 200 \ mm} \times (240 \ mm - 200 \ mm)$$

$$= B + \frac{A - B}{300 \ mm - 200 \ mm} \times (240 \ mm - 200 \ mm)$$

$$= B + (A - B) \times 0.4$$

$$= 0.4A + 0.6B$$

同理,用内插法计算本案例中的人工费、材料费、机械费和材料用量,其计算式中的比例系数相同。还可用内插法计算工资等级系数等。

(7)定额含量的换算

1)龙骨含量的换算

①龙骨设计断面、间距与定额规定不同,木材材积换算

设计断面、间距与定额不同时:

A.间距换算公式:

$$换算间距材积 = \frac{设计间距}{定额间距} \times 定额材积$$

B.断面换算公式:

$$换算断面材积 = \frac{设计断面}{定额取定断面} \times 定额材积$$

【案例 24】　某隔墙木龙骨,施工图的设计断面尺寸 50 mm ×60 mm,间距 450 mm。当地装饰定额木龙骨断面尺寸取定为 50 mm ×55 mm,纵、横向间距取定为 420 mm。请换算定额基价,并计算该隔墙工程量为 40 m² 时的定额直接费。

解　(1)选定定额:02020221(见表 2.25)

(2)换算依据

装饰定额墙柱面工程分部说明第一条:"本分部定额凡注明了砂浆种类、配合比、饰面材料及型材的型号规格与设计不同时,可按设计调整,但人工、机械消耗量不变。"

1)换算断面材积

$$\frac{50 \times 60}{50 \times 55} \times 0.019 \ 1 = 0.020 \ 8(m^3/m^2)$$

第一次换算定额基价 $= 29.04 + 1\ 060 \times (0.020\ 8 - 0.019\ 1) = 30.84 (元/m^2)$

表 2.25　龙骨基层

工作内容:定位下料、打眼、安膨胀螺栓、安装龙骨、刷防腐油等。　　　　　　　　　　　　单位:m^2

定　额　编　号			02020220	02020221	02020222
项　　目			断面 30 cm^2 内		
			木龙骨平均中距(cm)以内		
			40	45	50
基　价/元			31.11	29.04	26.71
其中	人　工　费		3.61	3.56	3.14
	材　料　费		27.38	25.37	23.47
	机　械　费		0.12	0.11	0.10
名　　称		单位	单价/元	数　量	
人工	综合人工	工日	24.75	0.146 0	0.144 0	0.127 0
材料	膨胀螺栓 M12	套	1.63	2.819 9	2.787 6	2.448 2
	铁钉	kg	5.30	0.028 3	0.019 4	0.016 8
	合金钢钻头 $\phi10$	个	6.28	0.069 8	0.069 0	0.060 6
	杉木锯材(50 mm×55 mm)	m^3	1 060.00	0.020 9	0.019 1	0.017 9
	防腐油	kg	2.50	0.018 2	0.016 3	0.016 3
机械	木工圆锯机 直径 500 mm	台班	14.78	0.002 1	0.001 8	0.001 8
	电锤 520 W	台班	2.46	0.034 9	0.034 5	0.030 3

2)换算间距材积

$$\frac{450}{420} \times 0.020\ 8 = 0.022\ 3 (m^3/m^2)$$

第二次换算定额基价 $= 30.84 + 1\ 060 \times (0.022\ 3 - 0.020\ 8) = 32.43 (元/m^2)$

3)定额直接费

$$32.43 \times 40 = 1\ 297.20 (元)$$

②隔墙木龙骨材积计算

木龙骨计算时,熟悉隔墙木龙骨由上槛、下槛、纵横木筋构成,按龙骨的断面面积和间距用下式计算木龙骨实用材积:

每100 m^2 木龙骨实用材积 =

$\dfrac{竖向龙骨长 \times 竖向龙骨根数 \times 竖向龙骨断面积 + 横向龙骨长 \times 横向龙骨根数 \times 横向龙骨断面积}{定额取定面积} \times$

$100\ m^2 \times (1 + 损耗率)$

【案例 25】　某工程房间龙骨隔墙高 2.8 m,长 7.8 m。试计算龙骨断面为 50 mm × 70 mm、竖向龙骨间距为 300 mm、横向龙骨间距为 400 mm 的隔墙木龙骨的实用材积。木材损耗率按5%计算。

解 (1)竖向龙骨

龙骨长:2.8 m

断面积:0.05 m × 0.07 m

根数为:$\dfrac{横向长度}{竖向间距}+1=\dfrac{7.8}{0.3}+1=27$（根）

(2)横向龙骨

龙骨长:7.8 − 27 × 0.05 = 6.45(m)　　（提示:横向龙骨不穿过竖向龙骨）

断面积:0.05 m × 0.07 m

根数为:$\dfrac{竖向长度}{横向间距}+1=\dfrac{2.8}{0.4}+1=8$（根）

(3)龙骨材积

$$每100\ m^2隔墙木龙骨实用材积=\frac{(2.8\times27+6.45\times8)\times0.05\times0.07}{7.8\times2.8}\times100\times(1+5\%)$$
$$=2.140\ 38\approx2.140\ m^3$$

2)砼构件中砼含量换算

有的定额规定砼构件,如整体楼梯、台阶、雨篷、拦板、栏杆的砼设计用量与定额取定的砼用量不同,可以换算砼含量。

【案例26】 某工程施工图设计雨篷1个,如图2.4所示。试换算定额砼含量,并计算该雨篷的定额直接费。

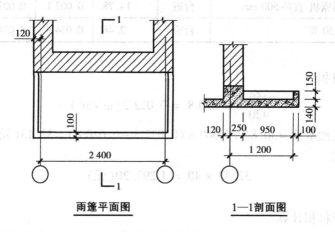

雨篷平面图　　　　　1—1剖面图

图2.4 雨篷

解 (1)计算雨篷砼体积

底板砼体积 = (1.2 + 0.1 − 0.25) × (2.4 + 0.12 × 2) × 0.14

= 0.388 08(m³)

反沿砼的体积 = [(0.95 + 0.1) × 2 + (2.4 + 0.12 × 2 − 0.1 × 2)] × 0.15 × 0.1

= 0.068 10(m³)

合计:0.456 18 m³

（2）计算雨篷工程量

板式雨篷按伸出墙外的水平投影面积计算。即

$$(2.4 + 0.12 \times 2) \times (1.2 + 0.1 - 0.25) = 2.772(\text{m}^2)$$

（3）设计雨篷定额单位砼净用量

$$\frac{0.456\ 18}{2.772} \times 10(\text{定额单位}) = 1.645\ 671$$

$$\approx 1.646(\text{m}^3/10\ \text{m}^2)$$

（4）换算增加砼半成品的数量

$$\text{设计雨篷定额单位砼净用量} - \frac{\text{定额砼用量}}{1 + \text{砼损耗率}} = 1.646 - \frac{0.75}{1.015}$$

$$= 0.907(\text{m}^3/10\ \text{m}^2)$$

（5）雨篷（板式）定额换算

1）选定定额：01040056，如表2.26所示。

表2.26 其他

工作内容：混凝土搅拌、浇捣、养护等全部操作过程。 单位：10 m²

定　额　编　号			01040056	01040057
项　　　目			雨篷（板式）	拦板
				10 m
基　价/元			192.59	107.26
其中	人　工　费		45.05	16.09
	材　料　费		134.89	86.59
	机　械　费		12.65	4.58
名　　称		单位	单价/元	数　量
人工	综合人工	工日	24.75	1.820	0.650
材料	C20现浇砼 碎石20 细砂 P.S42.5	m³	169.80	0.750	0.490
	草席	m²	1.40	2.200	0.180
	水	m³	2.00	2.230	1.570
机械	滚筒式砼搅拌机（电动）出料容量400 L	台班	82.79	0.074	0.027
	混凝土振捣器（插入式）	台班	5.48	0.148	0.054
	机动翻斗车（装载质量1 t）	台班	60.18	0.095	0.034

2）换算依据

消耗量定额砼及钢筋砼工程分部说明："整体楼梯、台阶、雨篷、拦板、栏杆的砼设计用量与定额取定的砼用量不同时，砼每增减1立方米，按以下规定另行计算：人工：2.61工日；材料：砼1.015 m³；机械：搅拌机0.1台班，插入式振捣器0.2台班。"

3）定额计价基价换算

换算后的定额基价 $= 192.59 + (2.61 \times 24.75 + 1.015 \times 169.80 + 0.1 \times 82.79 +$

$$0.2 \times 5.48) \times 0.907$$

$$= 192.59 + 246.3195 \times 0.907$$

$$= 416.00(元/10 \ m^2)$$

其中　人工费 $= 45.05 + (2.61 \times 24.75) \times 0.907$

$$= 103.64(元/10 \ m^2)$$

机械费 $= 12.65 + (0.1 \times 82.79 + 0.2 \times 5.48) \times 0.907$

$$= 21.15(元/10 \ m^2)$$

4)写出换算后的定额编号

$$01040056_{换} = 416.00(元/10 \ m^2)$$

(6)定额直接费

$$0.2772 \times 416.00 = 115.32(元)$$

第 **3** 章
工程量计算

3.1 工程量计算概述

计算工程量时,主要以工程量计算规则为标准在施工图纸上找出计算范围(即长、宽、高等)的尺度,再顾及增、减部分,即可列出计算公式。应注意数学方法计算构件体积与工程量计算规则计算构件体积的区别,如计算预制方桩的工程量时,规则规定:"按桩顶到桩尖长度以体积计算";以体积计算,则要知道长、宽、高或长×断面面积。按图纸来说,公式"长度×断面面积"适合桩的工程量计算,其中长度的计算,桩顶、桩尖是起、止点,把它们之间的长度计算出来,再乘以断面面积(施工图纸上桩构件的断面图形一般可读出,或直接计算出来)作为桩的砼工程量,这样,桩尖部分多计算了一部分砼的体积(即虚体积),按数学方法计算要扣除这部分体积,而按工程量计算规则规定多计算此处体积不予扣除,其原因是这部分虚体积在测算分项工程定额含量时,已予以扣除。最后还要考虑砼预制构件的制作损耗率,如表 3.5 所示。

工程量计算规则理解为工程图纸尺寸的数学计算公式的方法:

以"长度"计算的工程量,按相应分项工程的工程量计算规则,找出施工图纸上计算的起止点后计算出长度,再考虑应扣除部分、不扣除部分以及增加部分的长度,列出计算公式。对于有一定宽度的分项工程,在计算长度时,一般应沿其长度方向计算中心线长度。

以"面积"计算的工程量,按相应分项工程的工程量计算规则,找出施工图纸上计算的范围(即长度与宽度或长度与高度),再考虑应扣除部分、不扣除部分以及增加部分的面积,列出计算公式,如墙面抹灰面积。

以"体积"计算的工程量,按相应分项工程的工程量计算规则,找出施工图纸上结构构件(或配件)的计算空间区域(即长度、宽度和高度;或长度和断面面积;或底面积和高(厚)度),再考虑应扣除部分、不扣除部分以及增加部分的体积,列出计算公式,如:

挖地槽土、砼垫层、柱梁砼工程量计算式:长度×断面面积;

板的砼工程量计算式:底面积×厚度;

砌块墙体工程量计算式:墙厚×(长度×高度-门窗洞口面积)+增加构件的体积-应扣除构件体积;

矩形台阶式杯基砼工程量计算式:$\sum$(长度×宽度×高度)-杯口的体积。

以"质量"计算的工程量,按相应分项工程工程量计算规则,将其在施工图纸上计算的起止点找出来,计算出长度,再考虑应扣除部分、不扣除部分以及增加部分的长度(如钢筋保护层、半圆弯钩、锚固长度、弯起钢筋在弯起段的增加长度、8 m(φ12 以上)和 12 m(φ12 以下)长度以上的钢筋计算的若干个搭接长度)或钢板面积(长度×宽度),并分别与其钢材单米理论质量或每 m² 的理论质量的乘积,列出计算公式。

以"个"、"套"等自然单位计算的工程量,按相应分项工程的工程量计算规则,按施工图纸计算出数量。

上列式子中有重复多个构件,则在其单个构件(配件)工程量的基础上,再乘以构件总数。

如果工程量计算时,需增加或扣除已计算出的其他分项工程工程量,可直接抄录其计算结果数据进行加减,不必重复列式计算。如挖土方计算回填土工程量,除了算出挖土的体积外,还要计算出在室外地坪以下埋设砌筑物体积(如垫层、砖基础、毛石基础、砼或钢筋砼基础体积),这些埋设在室外地坪以下砌筑物体积,在其他分部的工程量计算过程中已经计算,可以直接抄录过来扣减。门窗洞口的面积在计算墙体、墙面抹灰和墙面贴块料等工程量时,即可从门窗分部的工程量中,直接抄录过来扣除其面积。

3.2 清单工程量与定额工程量计算规则

清单工程量与某省定额工程量计算规则,部分摘录如表 3.1 所示。

表 3.1 清单工程量与某省定额工程量计算规则

项目编码	项目名称	清单规则		某省消耗量定额规则	
		计量单位	计算规则	计量单位	计算规则
010101001	平整场地	m²	按设计图示尺寸以建筑物首层面积计算	m²	按建筑物外墙外边线,或构筑物底面积外边线每边各加 2 m,以平方米计算
010101002 010102002	挖土(石)方	m³	按设计图示尺寸以体积计算	m³	同左
010101003	挖基础土方	m³	按设计图示尺寸以基础垫层底面积乘以挖土深度计算	m³	按设计图示尺寸增加工作面宽及放坡宽度或挡土板宽度以体积计算
010101006 010102003	管沟土(石)方	m	按设计图示以管道中心线长度计算	m³	按图示中心线长度乘以沟底取定宽度、挖土深度以体积计算

续表

项目编码	项目名称	清单规则		某省消耗量定额规则	
		计量单位	计算规则	计量单位	计算规则
010103001	土(石)方回填	m³	按设计图示尺寸以体积计算 1. 场地回填:回填面积乘平均回填厚度 2. 室内回填:主墙间面积乘回填厚度 3. 基础回填:挖方体积减去设计室外地坪以下埋设的基础体积(包括基础垫层及其他构筑物)	m³	1. 基础回填土体积＝挖土体积－场地平整后的地表标高以下埋设的实物体积(包括地下室的外形体积) 2. 室内回填土,按室内填土面积乘以图示回填土厚度以立方米计算
010301004	砖基础	m³	按设计图示尺寸以体积计算,包括附墙垛基础宽出部分体积,扣除地梁(圈梁)、构造柱所占体积,不扣除基础大放脚T形接头处的重叠部分及嵌入基础内的钢筋、铁件、管道、基础砂浆防潮层和单个面积0.3 m²以内的孔洞所占体积,靠墙暖气沟的挑檐不增加体积。基础长度:外墙按中心线,内墙按净长线计算	m³	1. 基础与墙(柱)身使用同一种材料时,以设计室内地坪为界(有地下室者,以地下室室内设计地面为界),以下为基础,以上为墙(柱)身 2. 基础与墙(柱)身使用不同材料时,分界线位于设计室内地面±30 cm以内的,以不同材料自然分界;超过±30 cm时,以设计室内地面分界 3. 砖、石围墙,以设计室外地坪为界,以下为基础,以上为墙身 4. 基础长度:外墙墙基按外墙基础中心线长度计算;内墙墙基按内墙基顶面净长线计算。基础大放脚T形接头处的重叠部分以及嵌入基础的钢筋、铁件、管道、基础防潮层及单个面积在0.3 m²以内孔洞所占体积不予扣除,但靠墙暖气沟的挑檐亦不增加
010305001	石基础	m³	按设计图示尺寸以体积计算,包括附墙垛基础宽出部分的体积,不扣除基础砂浆防潮层及单个面积0.3 m²以内的孔洞所占体积,靠墙暖气沟的挑檐不增加体积。基础长度:外墙按中心线,内墙按净长计算	m³	按设计图示尺寸以体积计算。基础长度:外墙墙基按外墙中心线长度计算;内墙墙基按内墙基顶面净长计算。基础大放脚T形接头处的重叠部分以及嵌入基础的钢筋、铁件、管道、基础防潮层及单个面积在0.3 m²以内的孔洞所占体积不予扣除,靠墙暖气沟的挑檐亦不增加

续表

| 项目编码 | 项目名称 | 清单规则 | | 某省消耗量定额规则 | |
		计量单位	计算规则	计量单位	计算规则
010401001	带形基础	m³	按设计图示尺寸以体积计算。不扣除构件内钢筋、预埋铁件和伸入承台基础的桩头所占体积	m³	现浇、预制混凝土除注明者外，均按图示尺寸以体积计算，不扣除钢筋、铁件、螺栓所占体积
010302001	实心砖墙	m³	1.按设计图示尺寸以体积计算。扣除门窗洞口、过人洞、空圈、嵌入墙内的钢筋混凝土柱、梁、圈梁、挑梁、过梁及凹进墙内的壁龛、管槽、暖气槽、消火栓箱所占体积，不扣除梁头、板头、檩头、垫木、木楞头、沿缘木、木砖、门窗走头、砖墙内加固钢筋、木筋、铁件、钢管及单个面积0.3 m²以内的孔洞所占体积，凸出墙面的腰线、挑檐、压顶、窗台线、虎头砖、门窗套不增加体积，凸出墙面的砖垛并入墙体体积内 2.墙高度：(1)外墙：平屋面算至钢筋混凝土板底(2)内墙：有钢筋混凝土楼板隔层者算至楼板底；有框架梁时算至梁底 3.墙长度：外墙按中心线，内墙按净长计算	m³	1.计算墙体时，应扣除门窗洞口、过人洞、空圈、嵌入墙身的钢筋混凝土柱、梁(包括过梁、圈梁、挑梁)砖平砌、平砌砖过梁和暖气包壁龛及内墙板头的体积，不扣除梁头、外墙板头、檩头、垫木、木楞头、沿椽木、木砖、门窗走头、砖墙内的加固钢筋、木筋、铁件、钢管及每个面积在0.3 m²以下的孔洞等所占的体积，突出墙面的窗台虎头砖、压顶线、山墙泛水、门窗套及三块砖以内的腰线和挑檐等体积亦不增加 2.墙身高度按下列规定计算：(1)外墙墙身高度：平屋面算至钢筋混凝土板底(2)内墙墙身高度：有钢筋混凝土楼板隔层者算至板底；有框架梁时算至梁底面(3)内、外山墙墙身高度按平均高度计算 3.框架间砌体，不分内外墙以框架间的净面积乘以墙厚计算，框架外表镶贴砖部分亦并入框架间砌体工程量内计算 4.墙的长度：外墙长度按外墙中心线长度计算，内墙长度按内墙净长线长度计算

3.3　主要工程量计算

3.3.1　土石方工程

(1)概述

土石方工程量计算是学习的重点和难点,涉及多个分部内容,需要前后联系学习,才能完整计算工程量,重点提示:

1)清单工程量的计算规则与各地区消耗量定额工程量的计算规则基本相同,只有少数计算规则不同,因此,计算工程量时要熟练掌握。

2)基础材料,如砖基础、毛石基础、砼(含钢筋砼、毛石砼和素砼)、基础立面做防潮层等带来基础挖土工作面的宽度不同,如表3.2所示。当在基础土方开挖中基础材料不同,需要多个工作面时,选择最宽的工作面作为基础挖土的工作面,如某省消耗量定额规定如下:

基础施工需增工作面,按表3.2的规定计算。

表3.2　基础施工所需工作面宽度计算表

基 础 材 料	每边增加工作面宽度 /cm
砖基础	20
浆砌毛石条石基础	15
混凝土基础垫层支模板	30
混凝土基础支模板	30
基础垂直面做防水层	80

①工作面从基础下表面起增加。

②在同一基础断面内,具备多种增加工作面条件时,只能按表3.2中最大尺寸计算。

③挖沟槽、基坑土方需支挡土板时,其宽度按图示底宽,单面加10 cm,双面加20 cm计算。支挡土板后,不得再计算放坡。

3)基础材料不同,计算基础工程量的计算规则不同,从而计算结果不同。

4)正确区别基础和垫层在计算工程量中其含义完全与结构课程的含义不同,即在结构上基础和垫层含义都视为基础,而在预算计算工程量时基础和垫层是两个不同的分项工程,在计算工程量和套用定额时应区别对待。

5)内墙在计算挖土、垫层、基础的工程量时,其计算长度一般不同,应按照计算规则规定计算,即计算内墙长度除了考虑内墙轴线长度外,还要顾及内墙两端搭接基础的材料及其断面形式和尺寸,再结合工程量计算规则,才能准确计算长度。

6)根据基础材料不同,按工程量计算规则正确划分基础与墙(柱)身的具体位置线,有的定额规定,当墙身与基础材料不同时划分位置,±300 mm高以内的墙体或基础,可按不同的材料位置分界,并入相应的墙体或基础的高度或体积内;±300 mm高以外,以室内地坪为界。这样就找出了基础顶面位置,从而确定了基础的高度。

7)基础回填土与房心回填土的计算位置线是室外地坪位置线。

8)余土外运(或取土回填)体积的计算结果,如果数值为正数,为余土外运量;如果数值为负数,为取土回填量。

9)余土外运(或取土回填)的体积的计算公式中,如果基础和房心回填考虑夯填时,则室外地坪以下基础回填土体积和房心回填土体积均应乘以夯实系数(即夯实土与自然密实土之间的比例系数,如1.15)。

10)主墙是指砖砌体墙厚大于120 mm以上或钢筋砼墙厚度在100 mm及其以上的墙。

11)正确计算砼条形(带形)基础放大脚搭接处的工程量(即按图示尺寸计算砼的体积)。

12)基础挖土在考虑土质状况、挖土深度、施工方案(是否支挡土板或放坡)后,即确定了地槽的断面形状(如矩形或梯形)、大小尺寸和断面面积的计算公式。方法是:将施工图上的基础详图抄绘下来,注上断面尺寸,再将室内外地坪和基础(或垫层)底面标高位置标注上去,再将基础各材料所需工作面的位置线画出来,根据土质及挖土深度或施工方案确定是否放坡或是否支挡土板,这样就可将地槽的断面(矩形或梯形(考虑放坡系数,如表3.3所示)或支挡土板的矩形)绘于图上,从而确定出了地槽挖土的断面形状、大小尺寸,也就确定了挖土的断面面积,如某省消耗量定额放坡系数规定如下:

计算挖沟槽、基坑、土方工程量需放坡时,应根据施工组织设计规定,如无明确规定,放坡系数按表3.3的规定计算。

表3.3 放坡系数表

土 壤 类 别	放坡起点/m (包含起点数本身)	人工挖土(机械挖土)
一、二类土	1.20	1:0.5
三类土	1.50	1:0.33
四类土	2.00	1:0.25

①沟槽、基坑中土壤类别不同时,分别按其放坡起点、放坡系数,依不同土壤厚度加权平均计算。

②计算放坡时,在交接处的重复工程量不予扣除,放坡起点为沟槽、基坑底(有垫层的为垫层底面)。

(2)**内容归纳**

课程内容归纳如图3.1~图3.3所示。

(3)**计算步骤**

如果根据施工图设计、施工现场情况和施工组织设计(施工方案)的要求计算土方工程量(如场地平整、挖土工程量、基础工程量、垫层工程量、基础回填工程量、房心回填土工程量、余土工程量),其步骤如下:

1)基数计算:

外墙中心线长度:$L_{中}$ =

外墙外边线 $L_{外}$ =

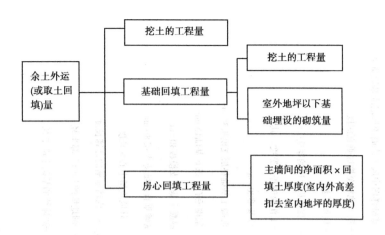

图3.1　余土外运量

底层建筑面积 $S_{底}$ =

内墙 $L_{内}$ =

2）平整场地工程量

平整场地工程量 = $S_{底}$ + 2$L_{外}$ + 16 =

3）地沟挖土

①挖土槽底宽度的确定：

因为基础为浆砌毛石（砼）基础，工作面 C =

而砼基础垫层支模板，工作面 C =

砖基础砌筑，工作面 C =

基础竖直面做防潮层，工作面 C =

故槽底宽度应按　　　　　　　取定工作面，其 C =

外墙槽底宽度 =

内墙槽底宽度 =

②地槽挖土深度 H =

H 是（否）达到普通土放坡起点深度，即挖地沟土时，需放坡系数 k =

③挖槽断面面积 $S_{断}$ =

④外墙挖土体积 =

⑤内墙挖土体积 =

合计：挖土体积 =

4）垫层工程量

外墙垫层体积 =

内墙垫层体积 =

合计：垫层体积 =

5）浆砌毛石基础工程量

外墙浆砌毛石基础体积 =

内墙浆砌毛石基础体积 =

合计：室外地坪以下浆砌毛石基础体积 =

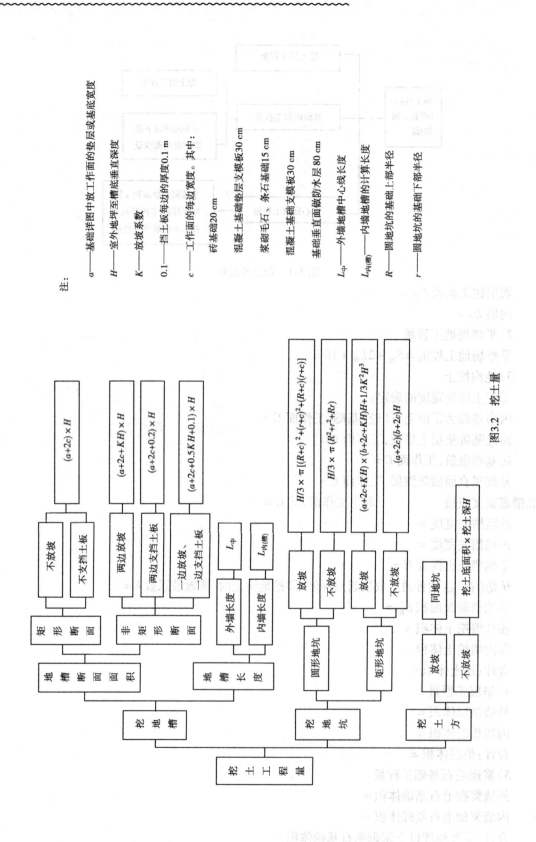

注:

a——基础详图中放工作面的垫层底或基底宽度

H——室外地坪至槽底垂直深度

K——放坡系数

0.1——挡土板每边的厚度0.1 m

c——工作面的每边宽度。其中:

砖基础20 cm

混凝土基础垫层支模板30 cm

浆砌毛石、条石基础15 cm

混凝土基础支模板30 cm

基础垂直面做防水层80 cm

$L_{中}$——外墙地槽中心线长度

$L_{内(槽)}$——内墙地槽的计算长度

R——圆地坑的基础上部半径

r——圆地坑的基础下部半径

图3.2 挖土量

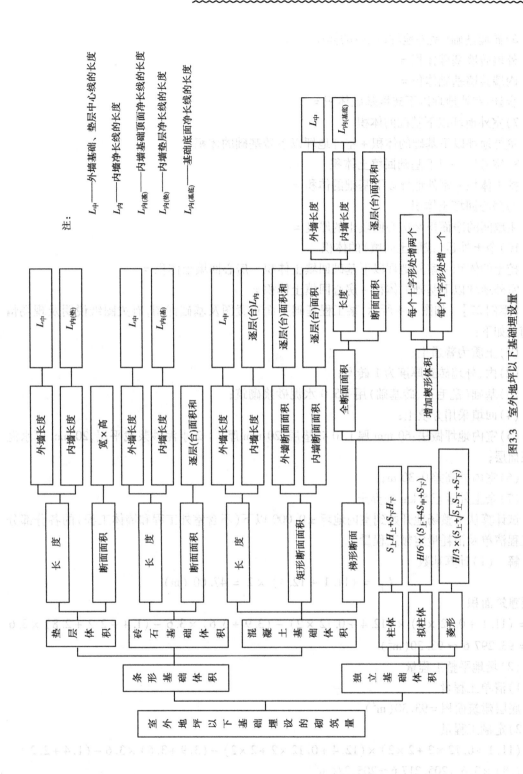

图3.3 室外地坪以下基础埋设量

注:

$L_{中}$——外墙基础、垫层中心线的长度

$L_{内}$——内墙净长线的长度

$L_{内(基)}$——内墙基础顶面净长线的长度

$L_{内(垫)}$——内墙垫层净长线的长度

$L_{内(基底)}$——基础底面净长线的长度

6）砖墙基础（室外地坪以下）的体积

外墙砖墙基础体积 =

内墙砖墙基础体积 =

合计:室外地坪以下砖墙基础体积 =

7）室外地坪以下基础的体积

室外地坪以下基础的体积 + 室外地坪以下砖基础的体积 =

8）室外地坪以下基础回填土体积

挖土体积 − 室外地坪以下基础的体积 =

9）房心回填土体积

主墙间的净面积 × 房心回填土的厚度 =

10）余土外运（或取土回填）的体积

挖土的体积 − 室外地坪以下基础回填土体积 − 房心回填土体积 =

或 室外地坪以下基础的体积 − 房心回填土体积 =

【案例 27】 如图 3.4 所示,某工程基础平面布置图及基础详图,有关图纸说明及现场情况摘录如下:

（1）土质为普通土;

（2）内、外墙砖砌厚度为 1 砖厚;

（3）基础（乱毛石、砖基础）用 M5.0 水泥砂浆砌筑;

（4）回填采用夯填土;

（5）室内地坪做法:60 mm 厚 C10 砼垫层,20 mm 厚 1∶2 水泥砂浆找平层,20 mm 厚水泥砂浆面层;

（6）室内外高差 0.30 m;

（7）余土外运至 5 km 处弃土。

试计算从平整场地开始到室内地坪 ±0.000 以下（不含室外工程和墙体工程）的各分部分项工程清单及消耗量定额工程量。

解 （1）计算基数

$$L_{中} = (11.1 + 12.4) \times 2 = 47.00 \ (m)$$

底层建筑面积

$$S_{底} = (11.1 + 0.12 \times 2) \times (12.4 + 0.12 \times 2) - (3.9 + 3.6) \times 3.6 - (1.4 + 2.2 + 2.8) \times 3.6$$
$$= 93.297 6 \approx 93.30 (m^2)$$

（2）场地平整工程量

1）清单工程量

底层建筑面积 = 93.30（m²）

2）定额工程量

$(11.1 + 0.12 \times 2 + 2 \times 2) \times (12.4 + 0.12 \times 2 + 2 \times 2) - (3.9 + 3.6) \times 3.6 - (1.4 + 2.2 + 2.8) \times 3.6 = 205.217 6 \approx 205.22（m^2）$

（3）挖地槽的工程量

1）清单工程量

外墙:$L_{中} \times (0.8 + 0.1 \times 2) \times (1.3 - 0.3)$

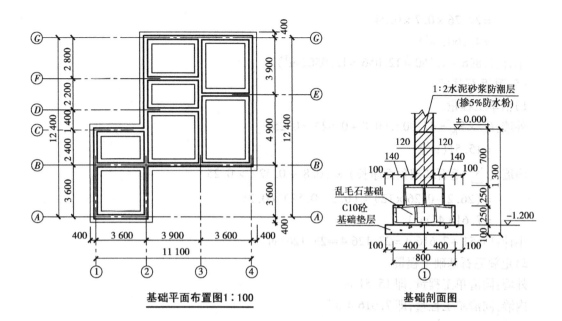

图 3.4 基础图

$$=47.00 \times 1.0 \times 1.0$$
$$=47.00(\text{m}^3)$$

内墙：$\{[3.9-(0.4+0.1)\times 2]\times 2+[3.6-(0.4+0.1)\times 2]\times 2+[2.4-(0.4+0.1)\times 2]+[(4.9+3.9)-(0.4+0.1)\times 2]\}\times(0.8+0.1\times 2)\times(1.3-0.3)$

$\quad=\{[3.9\times 2+3.6\times 2+2.4+(4.9+3.9)]-(0.4+0.1)\times 12\}\times(0.8+0.1\times 2)\times(1.3-0.3)$

（注：认真、正确、全面地理解此式的简化意义，后面亦采用此式方法。）

$\quad=(26.2-0.5\times 12)\times 1.0\times 1.0$
$\quad=20.20(\text{m}^3)$

挖地槽清单工程量小计:$47.0+20.20=67.20(\text{m}^3)$

2)定额工程量

外墙:$L_{中}\times(0.8+0.15\times 2)\times(1.3-0.3)$
$\quad=47.00\times 1.10\times 1.00$
$\quad=51.70(\text{m}^3)$

内墙:$[26.2-(0.4+0.15)\times 12]\times 1.1\times 1.0$
$\quad=21.56(\text{m}^3)$

定额挖地槽小计:$51.70+21.56=73.26(\text{m}^3)$

(4)砖基础工程量

清单和定额工程量

外墙:$L_{中}\times 0.7\times 0.24$
$\quad=47.00\times 0.7\times 0.24$
$\quad=7.896(\text{m}^3)$

内墙:$(26.2-0.12\times 12)\times 0.7\times 0.24$

$$= 24.76 \times 0.7 \times 0.24$$
$$= 4.160 (\text{m}^3)$$

小计：$7.896 + 4.160 = 12.056 \approx 12.056 (\text{m}^3)$

（5）乱毛石基础

1）清单工程量

外墙：$L_{\text{中}} \times S_{\text{断}} = 47.00 \times (0.8 + 0.52) \times 0.25$
$$= 15.51 (\text{m}^3)$$

内墙：$(\sum \text{毛石基础顶面净长}) \times (0.8 + 0.52) \times 0.25$
$$= (26.2 - 0.26 \times 12) \times (0.8 + 0.52) \times 0.25$$
$$= 7.616\,4 (\text{m}^3)$$

小计：$15.51 + 7.616\,4 = 23.126\,4 \approx 23.126 (\text{m}^3)$

2）定额毛石基础工程量

外墙：同清单工程量，即 15.51 m³

内墙：同清单工程量，即 7.616 4 m³

小计：23.126 m³

（6）基础垫层砼工程量

定额工程量：

外墙：$L_{\text{中}} \times S_{\text{断}}' = 47.00 \times (0.8 + 0.1 \times 2) \times 0.1$
$$= 4.700 (\text{m}^3)$$

内墙：$(26.2 - 0.5 \times 12) \times (0.8 + 0.1 \times 2) \times 0.1$
$$= 2.020 (\text{m}^3)$$

小计：$4.700 + 2.020 = 6.720 (\text{m}^3)$

（7）室外地坪以下（−0.30 m 以下）埋设砖基础的体积

清单和定额工程量：

外墙：$L_{\text{中}} \times 0.4 \times 0.24$
$$= 47.00 \times 0.4 \times 0.24$$
$$= 4.512 (\text{m}^3)$$

内墙：$(26.2 - 0.12 \times 12) \times 0.4 \times 0.24$
$$= 2.377 (\text{m}^3)$$

小计：$4.512 + 2.377 = 6.889 (\text{m}^3)$

（8）基础回填土（夯填）的工程量

1）清单基础回填土的工程量

$V_{\text{挖}} - (V_{\text{垫层}} + V_{\text{毛石基础}} + V_{\text{室外地坪以下砖基础}})$
$$= 67.20 - (6.720 + 23.126 + 6.889)$$
$$= 30.465 (\text{m}^3)$$

2）定额基础回填土的工程量

$73.26 - (6.72 + 23.126 + 6.889)$
$$= 36.525 (\text{m}^3)$$

(9)室内回填土(夯填)工程量

清单与定额工程量

主墙间的净面积×回填土的厚度

$= [S_底 - L_中 × 0.24 - L_内 × 0.24] × [0.3 - (0.02 × 2 + 0.060)]$

$= (93.2976 - 47.00 × 0.24 - (26.2 - 0.12 × 12) × 0.24) × 0.2$

$= 76.0752 × 0.2$

$= 15.215 (m^3)$

(10)余土外运工程量

$$定额余土外运工程量 = 73.26 - (36.525 + 15.215) × 1.15 (夯实系数)$$
$$= 13.7596 ≈ 13.76 (m^3)$$

(11)水泥砂浆面层工程量

清单与定额工程量:

$S_底 - L_中 × 0.24 - L_内 × 0.24$

$= 76.08 (m^2)$

(12)找平层工程量

同面层:76.08 m²

即找平层的清单与定额工程量 = 76.08 m²

(13)地坪垫层砼工程量

$$定额工程量 = 76.0752 × 0.060$$
$$= 4.5645 ≈ 4.565 (m^3)$$

(14)墙基防潮层

$$墙基防潮层定额工程量 = [L_中 + (26.2 - 0.12 × 12)] × 0.24$$
$$= 17.2224$$
$$≈ 17.22 (m^2)$$

【案例28】 新建小型工程的施工平面图和有关详图,如图3.5所示。已知:

(1)土壤级别:Ⅱ类土;

(2)场地开阔、平坦、施工方案要求不支挡土板;

(3)基础用 M5.0 水泥砂浆砌筑(乱毛石、砖基础);

(4)墙体厚度:外墙 1.5 砖厚,内墙 1 砖厚;

(5)回填为夯填土;

(6)室内地坪采用 120 厚碎石垫层,60 厚 C10 砼垫层,25 厚 1∶2 水泥砂浆找平层,30 厚水磨石块料面层;

(7)余土外运 8 km。

求:从平整场地开始到余土外运的各分部分项工程清单及消耗量定额工程量。

提示:清单规范规定:"挖基础土方包括带形基础、……。带形基础应按不同底宽和深度,……分别编码列项。"

解 (1)基数计算

1)$L_中 = (14.7 + 10.8) × 2 + 0.9 × 2 + (0.370/2 - 0.12) × 8 = 53.320 (m)$

2)$S_底 = (14.7 + 0.25 × 2) × (10.8 + 0.25 × 2) - (3.6 × 2) × 1.2 - (3.6 - 0.25 × 2) ×$

$$0.9 - 3.9 \times (1.2 + 0.9 + 1.5)$$
$$= 146.290\,(\mathrm{m}^2)$$

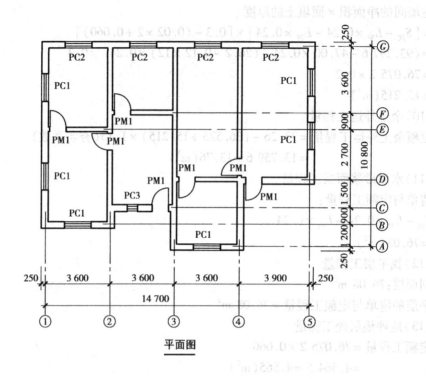

平面图

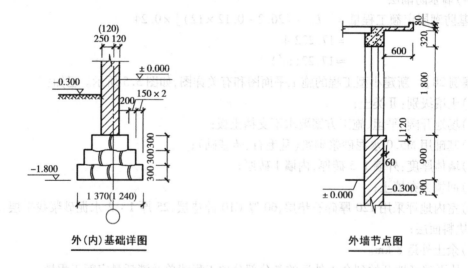

外(内)基础详图　　　　　　　　　　　外墙节点图

图 3.5　建筑施工图

3) $L_{内(轴)} = 3.6 \times 3 + (2.7 + 0.9 + 3.6) \times 1 + (1.5 + 2.7 + 0.9 + 3.6) \times 2 = 35.400\,(\mathrm{m})$

4) 由于内墙与外墙、内墙与内墙的 T 形搭接数量分别为 8 个和 4 个接头,共计 12 个。

故　　　　　　$L_内 = L_{内(轴)} - 0.12 \times 12(个) = 35.400 - 0.12 \times 12 = 33.96\,(\mathrm{m})$

②内墙：

$L_{内(基)} \times 0.24 \times 0.9 = 33.96 \times 0.24 \times 0.9 = 7.335\,36 \approx 7.34(m^3)$（此例$L_{内(基)} = L_内$）

合计：$17.52 + 7.34 = 24.86(m^3)$

2）消耗量定额工程量

①外墙：同外墙清单工程量，即 17.52 m^3

②内墙：同内墙清单工程量，即 7.34 m^3

合计：24.86 m^3

（6）室外地坪以下埋设砖砌体的体积：（注意：本项结果不套消耗量定额，即不用于计价。）

高度 $H = 1.8 - 0.3 \times 3 - 0.3 = 0.6(m)$

1）清单工程量

①外墙：$L_中 \times 0.365 \times 0.6 = 53.320 \times 0.365 \times 0.6 = 11.677\,08 \approx 11.68(m^3)$

②内墙：$L_内 \times 0.24 \times 0.6 = 33.96 \times 0.24 \times 0.6 = 4.890\,24 \approx 4.89(m^3)$

2）消耗定额工程量

①外墙：同外墙清单工程量，即 11.68 m^3

②内墙：同内墙清单工程量，即 4.89 m^3

（7）土石方回填

1）基础土石方回填土（夯填）

①清单工程量

A. 外墙：$V_挖 - V_{设计室外地坪以下埋设的基础体积} = 109.57 - (51.35 + 11.68) = 46.54(m^3)$

B. 内墙：$V_挖 - V_{设计室外地坪以下埋设的基础体积} = 52.01 - (26.70 + 4.89) = 20.42(m^3)$

②消耗量定额

A. 外墙：$V_挖 - V_{设计室外地坪以下埋设的基础体积} = 193.55 - (51.35 + 11.68) = 130.52(m^3)$

注：设计室外地坪以下埋设的基础体积，包括基础垫层及其他构筑物。

B. 内墙：$V_挖 - V_{设计室外地坪以下埋设的基础体积} = 89.86 - (26.70 + 4.89) = 58.27(m^3)$

2）室内土石方回填（夯填）

①清单工程量

主墙间净面积 × 回填土厚度 $= (S_底 - L_中 \times 0.370 - L_内 \times 0.24) \times [0.3 - (0.080 + 0.100 + 0.025 + 0.030)]$

$= (146.290 - 53.32 \times 0.370 - 33.96 \times 0.24) \times 0.065$

$= 118.411\,2 \times 0.065 = 7.696\,728 \approx 7.70(m^3)$

②消耗定额工程量

同清单工程量，即 7.70 m^3

（8）余土外运（或取土回填）工程量

1）清单工程量

注意：计算公式：$V_挖 - V_{基础回填} \times 1.15$

①外墙余土：$109.57 - 46.54 \times 1.15 = 56.049 \approx 56.05(m^3)$

②内墙余土：$52.01 - 20.42 \times 1.15 = 28.527 \approx 28.53(m^3)$

③房心回填土：$7.70 \times 1.15 = 8.86(m^3)$

故 余土外运工程量 $= 56.05 + 28.53 - 8.86 = 75.72(m^3)$

表 3.4 工程量计算表

序号	项目名称	单位	清单工程量	定额工程量	备注
1	基数计算		$L_{中} = (14.7+10.8) \times 2 + 0.9 \times 2 + (0.370/2 - 0.12) \times 8 = 53.320(m)$ $S_{底} = (14.7+0.25 \times 2) \times (10.8+0.25 \times 2) - (3.6 \times 2) \times 1.2 - (3.6 - 0.25 \times 2) \times 0.9 - 3.9 \times (1.2 + 0.9 + 1.5) = 146.290(m^2)$ $L_{内(轴)} = 3.6 \times 3 + (2.7 + 0.9 + 3.6) \times 1 + (1.5 + 2.7 + 0.9 + 3.6) \times 2 = 35.400(m)$ 由于内墙与外墙、内墙与内墙的搭接数量分别为 8 和 4 个接头,共计 12 个。 故 $L_{内} = L_{内(轴)} - 0.12 \times 12(个) = 35.400 - 0.12 \times 12 = 33.96(m)$ $L_{外} = L_{中} + \dfrac{0.370}{2} \times 8 = 53.320 + 0.37 \times 4 = 54.800(m)$ 砌筑毛石工作面 $C = 0.150$ m 挖土深度 $H = 1.80 - 0.30 = 1.50(m)$,放坡系数 $K = 0.50$。		
2	平整场地	m²	$S_{底} = 146.29$		
3	地槽挖土（外墙）	m³	$L_{中} \times 1.370 \times (1.8 - 0.3) = 53.320 \times 1.37 \times 1.5 = 109.572\,6 \approx 109.57$	$L_{中} \times (a + 2c + KH) H = 53.320 \times (1.37 + 2 \times 0.15 + 0.50 \times 1.5) \times 1.5 = 193.551\,6 = 193.55$	底宽为 1 370
3	地槽挖土（内墙）	m³	$[L_{内(轴)} - (0.12 + 0.2 + 0.15 \times 2) \times 8(个) - (0.12 + 0.2 + 0.15 \times 2) \times 4(个)] \times 1.240 \times 1.5 = 27.96 \times 1.240 \times 1.5 = 52.005\,6 \approx 52.01$	$L_{内(重)} \times (a' + 2c + KH)H = [L_{内(轴)} - (0.12 +0.2 +0.15 \times 2 + 2 \times 2) \times 8(个) - (0.12 + 0.2 + 0.15 \times 2 + 0.5 \times 1.5) \times 1) \times 4(个)] \times (1.240 + 2 \times 0.15 + 0.5 \times 1.5) \times 1.5 = 26.160 \times 2.29 \times 1.5 = 89.859\,6 \approx 89.86$	底宽为 1 240
4	毛石基础（外墙）	m³	$L_{中} \times (1.37 + 1.07 + 0.77) \times 0.3 = 53.320 \times 3.210 \times 0.3 = 51.347\,16 \approx 51.35$	$L_{中} \times (1.37 + 1.07 + 0.77) \times 0.3 = 53.320 \times 3.210 \times 0.3 = 51.347\,16 = 51.35$	底宽为 1 370
4	毛石基础（内墙）	m³	$[L_{内(轴)} - (0.12 + 0.2) \times 8(个) - (0.12 + 0.2) \times 4(个)] \times 0.3 = 26.699\,76 \approx 26.70$	$[L_{内(轴)} - (0.12 + 0.2) \times 8(个) - (0.12 + 0.2) \times 4(个)] \times (1.24 + 0.94 + 0.64) \times 0.3 = 31.56 \times 2.82 \times 0.3$	底宽为 1 240

续表

序号	项目名称		单位	清单工程量	定额工程量	备注
5	砖基础	外墙	m^3	高度 $1.8-0.3\times3=0.9(m)$ $L_{中}\times0.365\times0.9=53.320\times0.365\times0.9=17.515\,62\approx17.52$		底宽为 1 370
		内墙		$L_{内(基)}\times0.24\times0.9=33.96\times0.24\times0.9=7.335\,36\approx7.34$ 合计:$17.52+7.34=24.86$		底宽为 1 240
6	室外地坪以下埋设的砖砌体的体积	外墙	m^3	高度 $H=1.8-0.3\times3-0.3=0.6(m)$ $L_{中}\times0.6=53.320\times0.365\times0.6=11.677\,08\approx11.68$		底宽为 1 370
		内墙		$L_{内}\times0.6=33.96\times0.24\times0.6=4.890\,24\approx4.89$		底宽为 1 240
7	土石方回填:基础(夯填)	外墙	m^3	$V_{挖}-V_{设计室外地坪以下埋设的基础体积}=109.57-(51.35+11.68)=46.54$	$V_{挖}-V_{设计室外地坪以下埋设的基础体积}=193.55-(51.35+11.68)=130.52$	底宽为 1 370
		内墙		$V_{挖}-V_{设计室外地坪以下埋设的基础体积}=52.01-(26.70+4.89)=20.42$	$V_{挖}-V_{设计室外地坪以下埋设的基础体积}=89.86-(26.70+4.89)=58.27$	底宽为 1 240
	土石方回填:室内(夯填)	房心	m^3	主墙间的净面积×回填土的厚度 $=(S_{底}-L_{中}\times0.370-L_{内}\times0.24)\times[0.3-(0.080+0.100+0.025+0.030)]$ $=(146.290-53.32\times0.370-33.96\times0.24)\times0.065=118.411\,2\times0.065=7.696\,728\approx7.70$		
8	余土外运(或取土回填)	外墙	m^3	计算公式:$V_{挖}-V_{基础回填}\times1.15$ $109.57-46.54\times1.15=56.049\approx56.05$	$193.55-130.52\times1.15=43.452\approx43.45$	底宽为 1 370
		内墙		$52.01-20.42\times1.15=28.527\approx28.53$	$89.86-58.27\times1.15=22.849\,5\approx22.85$	底宽为 1 240
		房心		$7.70\times1.15=8.86$		
		余土外运		余土外运量 $=56.05+28.53-8.86=75.72$	余土外运量 $=43.45+22.85-8.86=57.44$	

注:检验计算公式推导:$V_挖 - (V_挖 - V_{基础} + V_{房心回填}) \times 1.15$

$$= V_挖 - V_挖 \times 1.15 + 1.15V_基 - 1.15V_{房心回填}$$

$$= 1.15V_基 - 0.15V_挖 - 1.15V_{房心回填}$$

检验:$1.15V_基 - 0.15V_挖 - 1.15V_{房心回填} = 1.15 \times [(51.35 + 11.68) + (26.70 + 4.89)] -$

$$0.15 \times (109.57 + 52.01) - 1.15 \times 7.70$$

$$= 75.721 \approx 75.72(\text{m}^3)$$

2)消耗量定额

①外墙:$193.55 - 130.52 \times 1.15 = 43.452 \approx 43.45(\text{m}^3)$

②内墙:$89.86 - 58.27 \times 1.15 = 22.849\,5 \approx 22.85(\text{m}^3)$

③房心回填土:$7.70 \times 1.15 = 8.86(\text{m}^3)$

故　余土外运工程量 $= 43.45 + 22.85 - 8.86 = 57.44(\text{m}^3)$

检验:$1.15V_基 - 0.15V_挖 - 1.15V_{房心回填} = 1.15 \times [(51.35 + 11.68) + (26.70 + 4.89)] -$

$$0.15 \times (193.55 + 89.86) - 1.15 \times 7.70 = 57.446\,5 \approx 57.45(\text{m}^3)$$

上述计算过程,也可在工程量计算表(见表3.4)中列算。

3.3.2　基础工程量

砼构件工程量计算规则:"按构件图示尺寸计算。"例如,基础工程的钢筋混凝土独立基础、杯形基础、带形基础、满堂基础、箱形基础、桩承台及设备基础等,其工程量是按图示尺寸进行计算。

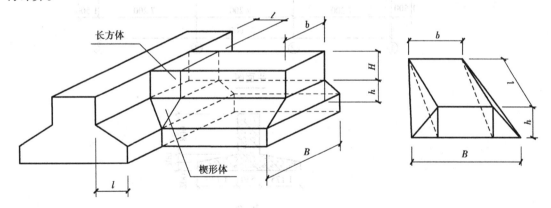

图 3.6　基础 T 形接头

1)楔形体体积

$$V_楔 = V_{三棱锥} \times 2(个) + V_{三棱柱} = \frac{1}{3}S_底 \times l \times 2 + S'_底 \times b$$

$$= \frac{1}{3} \times \frac{1}{2}h \times \frac{B - b}{2} \times l \times 2 + \frac{1}{2}l \times h \times b$$

$$= \frac{lh}{6}(B - b) + \frac{lh}{2}b = \frac{lh}{2} \times \left(\frac{B - b}{3} + b\right) = \frac{lh}{2} \times \frac{B + 2b}{3}$$

$$= \frac{B + 2b}{6}l \cdot h$$

2)长方体(楔形体上方)的体积

$$V_{柱} = l \times b \times H$$

则一个 T 形搭接砼增加体积为

$$V_{搭} = l \times b \times H + \frac{B+2b}{6}l \cdot h$$

即

$$V_{搭} = l\left(bH + \frac{B+2b}{6}h\right)$$

【案例 29】 某工程钢筋砼条形基础平面图,如图 3.7 所示,计算该条形基础砼工程量。

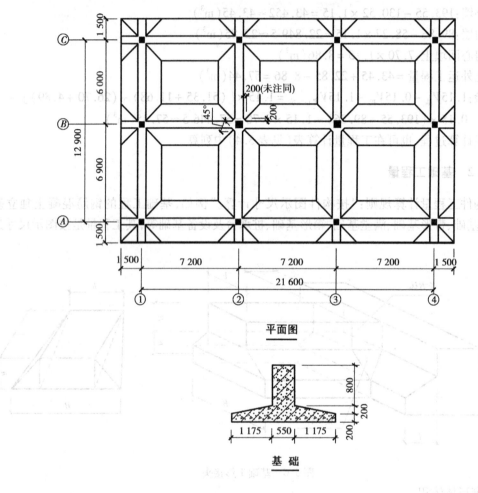

平面图

基 础

图 3.7 基础平面图

解 (1)方法一:三条横墙基础按通长计算

1)横向基础砼

$(7.2 \times 3 + 1.5 \times 2) \times S_{断} \times 3(条)$

$= (7.2 \times 3 + 1.5 \times 2) \times \left(0.8 \times 0.55 + \frac{0.55+2.9}{2} \times 0.2 + 2.9 \times 0.2\right) \times 3$

$= 24.600 \times 1.365\ 0 \times 3$

$= 100.737\ 0(m^3)$

2)竖向基础砼

$$\left(6.9+6.0+1.5\times2-\frac{2.9}{2}\times6\right)\times S_{断}\times4(条墙)$$

$$=7.200\times1.365\ 0\times4$$

$$=39.312\ 0(\text{m}^3)$$

3）基础搭接砼增加工程量

基础搭接数量：$6\times4=24(个)$

$$l\left(bH+\frac{B+2b}{6}h\right)\times 基础 T 形搭接数量$$

$$=\left[1.175\times\left(0.550\times0.80+\frac{2.9+2\times0.550}{6}\times0.2\right)\right]\times24(个)$$

$$=0.673\ 666\ 67\times24$$

$$=16.168\ 0(\text{m}^3)$$

4）中间基础侧腋（见图3.8）增加砼工程量

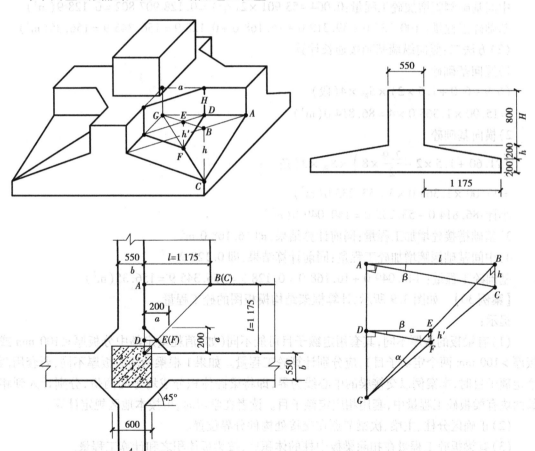

图3.8 基础十字形接头

一个柱基侧腋增加砼体积：

$$V=(V_{三棱柱}+V_{三棱锥})\times4(个)=\left(\frac{a^2}{2}\times H+\frac{a^2}{2}\times\frac{h'}{3}\right)\times4=2a^2\left(H+\frac{h'}{3}\right)\quad(1)$$

又由于 $\dfrac{h'}{h} = \dfrac{\frac{a}{2}}{l}$

故 $h' = \dfrac{a}{2l} \times h$ (2)

将式(2)代入式(1),得

$$V = a^2 \cdot \left(2H + \frac{a}{3l}h\right)$$

将 $a = 200$ mm $= 0.20$ m,$H = 800$ mm $= 0.80$ m,$l = 1\ 175$ mm $= 1.175$ m,$h = 200$ mm $=$ 0.2 m代入上述公式,则一个柱基侧腋增加砼体积为

$$V = a^2 \cdot \left(2H + \frac{a}{3l}h\right) = 0.2^2 \times \left(2 \times 0.80 + \frac{0.2}{3 \times 1.175} \times 0.20\right)$$
$$= 0.064\ 453\ 901\,(\text{m}^3)$$

中间基础侧腋增加砼工程量:$0.064\ 453\ 901 \times 2(\text{个}) = 0.128\ 907\ 802 = 0.128\ 9\,(\text{m}^3)$

基础砼工程量:$100.737\ 0 + 39.312\ 0 + 16.168\ 0 + 0.128\ 9 = 156.345\ 9 = 156.35\,(\text{m}^3)$

(2)方法二:竖向纵墙基础按通长计算

1)竖向基础砼

$(6.9 + 6.0 + 1.5 \times 2) \times S_{断} \times 4(\text{段})$

$= 15.90 \times 1.365\ 0 \times 4 = 86.814\ 0\,(\text{m}^3)$

2)横向基础砼

$$\left(21.60 + 1.5 \times 2 - \frac{2.9}{2} \times 8\right) \times S_{断} \times 3(\text{条})$$

$= 13.00 \times 1.365\ 0 \times 3 = 53.235\ 0\,(\text{m}^3)$

小计:$86.814\ 0 + 53.235\ 0 = 140.049\ 0\,(\text{m}^3)$

3)基础搭接砼增加工程量:同前计算结果,即 16.168 0 m³

4)中间基础侧腋增加砼工程量:同前计算结果,即 0.128 9 m³

基础砼工程量:$140.049\ 0 + 16.168\ 0 + 0.128\ 9 = 156.345\ 9 = 156.35\,(\text{m}^3)$

【案例30】 如图3.9所示,计算框架结构模板图的砼工程量。

提示:

(1)有梁板的板厚不同,其套用定额子目可能不同(如:消耗量定额中分板厚≤100 mm 或板厚>100 mm 两个定额子目),应分别计算砼工程量。如果1根梁的两边板厚不同,要套用两个定额子目时,本案例以交接梁的中心线为界,即将梁砼体积分成均等的两份,分别计入到相邻两块有梁板砼工程量中,套用相应定额子目。读者在学习时,可按本地区规定计算。

(2)正确区分柱、主梁、次梁节点在交接处构件分界位置。

(3)有梁板砼工程量在扣除梁板中柱的体积后,按梁板体积之和计算工程量。

(4)现浇墙、板砼构件中有孔洞时,严格按计算规则计算墙、板砼工程量。如有的消耗量定额规定:"墙、板砼构件,均不扣除面积在 0.3 m² 以内孔洞的混凝土体积,面积超过 0.3 m² 的孔洞,其混凝土体积应扣除。"

解 (1)方法一:梁、板砼分开计算工程量

1)150 mm 厚有梁板砼工程量计算

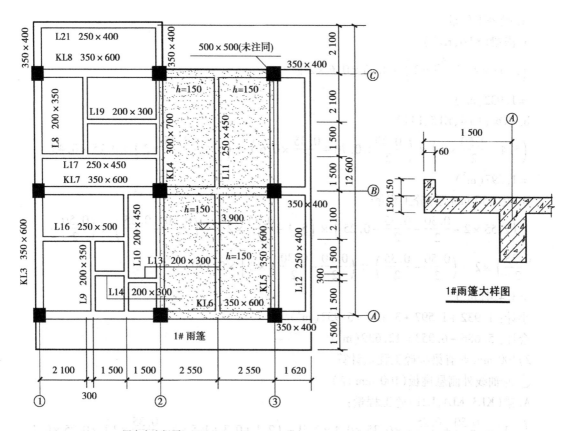

图中未注板厚 h=100 mm

图 3.9　楼板模板图

①Ⓑ～Ⓒ轴线与②～③轴线之间砼工程量

A. 梁砼工程量

a. 横梁(KL8)

$$\left(2.55 \times 2 - \frac{0.50}{2} \times 2\right) \times 0.35 \times 0.6 = 0.966(\mathrm{m}^3)$$

b. 纵梁(KL4,KL5,L11)

$$\left(5.1 - \frac{0.50}{2} \times 2\right) \times \left(\frac{0.30}{2} \times 0.7 + \frac{0.35}{2} \times 0.6\right) + \left(5.1 - \frac{0.35}{2} \times 2\right) \times 0.25 \times 0.45$$

$$= 1.500(\mathrm{m}^3)$$

B. 板(150 mm 厚)砼工程量

$$\left[\left(2.55 \times 2 - \frac{0.30}{2} - \frac{0.35}{2} - 0.25\right) \times \left(5.1 - \frac{0.35}{2} \times 2\right) - \left(\frac{0.50}{2} - \frac{0.35}{2}\right) \times \right.$$

$$\left.\left(\frac{0.50}{2} - \frac{0.35}{2}\right) \times 2 - \left(\frac{0.50}{2} - \frac{0.35}{2}\right) \times \left(\frac{0.50}{2} - \frac{0.30}{2}\right) \times 2\right] \times 0.150$$

$$= 3.220(\mathrm{m}^3)$$

小计: 0.966 + 1.500 + 3.220 = 5.686(m³)

②Ⓐ～Ⓑ轴线与②～③轴线之间砼工程量

A. 梁砼工程量

a. 横梁(KL6,KL7)

$$\left(2.55 \times 2 - \frac{0.50}{2} \times 2\right) \times 0.35 \times 0.6 \times 2 \text{ 根}$$

$$= 1.932(\text{m}^3)$$

b. 纵梁(KL4,KL5,L11)

$$\left(5.4 - \frac{0.50}{2} \times 2\right) \times \left(\frac{0.30}{2} \times 0.70 + \frac{0.35}{2} \times 0.6\right) + \left(5.4 - \frac{0.35}{2} \times 2\right) \times 0.25 \times 0.45$$

$$= 1.597(\text{m}^3)$$

B. 板(150 mm 厚)砼工程量

$$\left[\left(2.55 \times 2 - \frac{0.30}{2} - \frac{0.35}{2} - 0.25\right) \times \left(5.4 - \frac{0.35}{2} \times 2\right) - \left(\frac{0.50}{2} - \frac{0.35}{2}\right) \times \left(\frac{0.50}{2} - \frac{0.35}{2}\right) \times 2 - \left(\frac{0.50}{2} - \frac{0.35}{2}\right) \times \left(\frac{0.50}{2} - \frac{0.30}{2}\right) \times 2\right] \times 0.150$$

$$= 3.424(\text{m}^3)$$

小计：1.932 + 1.597 + 3.424 = 6.953(m³)

合计：5.686 + 6.953 = 12.639(m³)

2)100 mm 厚有梁板砼工程量计算

①ⓒ轴线外侧悬挑板(100 mm 厚)

A. 梁(KL3,KL4,L21)砼工程量：

$$\left(2.10 - \frac{0.50}{2} + \frac{0.25}{2}\right) \times 0.35 \times 0.4 \times 2 \text{ 根} + \left(2.1 + 0.3 + 1.5 \times 2 - \frac{0.35}{2} \times 2\right) \times 0.25 \times 0.4$$

$$= 1.058(\text{m}^3)$$

B. 板(100 mm 厚)砼工程量

$$\left[\left(5.4 - \frac{0.35}{2} \times 2\right) \times \left(2.10 - \frac{0.35}{2} - \frac{0.25}{2}\right) - \left(\frac{0.50}{2} - \frac{0.35}{2}\right) \times \left(\frac{0.50}{2} - \frac{0.35}{2}\right) \times 2\right] \times 0.100$$

$$= 0.908(\text{m}^3)$$

小计：1.058 + 0.908 = 1.966(m³)

②Ⓑ～ⓒ轴线与①～②轴线之间砼工程量

A. 梁(KL8,L19,L17)砼工程量

a. 横梁

$$\left(5.4 - \frac{0.50}{2} \times 2\right) \times 0.35 \times 0.60 + \left(0.30 + 1.5 \times 2 - \frac{0.20}{2} - \frac{0.30}{2}\right) \times 0.2 \times$$

$$0.3 + \left(5.4 - \frac{0.35}{2} - \frac{0.30}{2}\right) \times 0.25 \times 0.45$$

$$= 1.783(\text{m}^3)$$

b. 纵梁(KL3,L8)

$$\left(1.5 \times 2 + 2.1 - \frac{0.50}{2} \times 2\right) \times 0.35 \times 0.6 + \left(1.5 + 2.1 - \frac{0.35}{2} - \frac{0.25}{2}\right) \times 0.2 \times 0.35 +$$

$$\left(1.5 \times 2 + 2.1 - \frac{0.50}{2} \times 2\right) \times \frac{0.3}{2} \times 0.7$$

$=1.680(\mathrm{m}^3)$

B. 板(100 mm 厚)砼工程量(扣 L8,L19 占面积)

$$\Big[\Big(5.4-\frac{0.35}{2}-\frac{0.30}{2}\Big)\times\Big(5.1-\frac{0.35}{2}\times2-0.25\Big)-\Big(1.5+2.1-\frac{0.25}{2}-\frac{0.35}{2}\Big)\times0.2-$$

$$\Big(3.3-\frac{0.20}{2}-\frac{0.30}{2}\Big)\times0.2-0.075\times0.075\times4\Big]\times0.100$$

$=2.155(\mathrm{m}^3)$

小计:$1.783+1.680+2.155=5.618(\mathrm{m}^3)$

③ Ⓐ~Ⓑ轴线与①~②轴线之间砼工程量

A. 梁砼工程量

a. 横梁(KL6,KL7,L16,L14,L13)

$$\Big(5.4-\frac{0.50}{2}\times2\Big)\times0.35\times0.60\times2\ 根+\Big(3.9-\frac{0.35}{2}-\frac{0.20}{2}\Big)\times0.25\times0.5+$$

$$\Big(1.5-\frac{0.20}{2}\times2\Big)\times0.2\times0.3+\Big(1.5-\frac{0.20}{2}-\frac{0.30}{2}\Big)\times0.2\times0.3$$

$=2.664(\mathrm{m}^3)$

b. 纵梁(KL3,KL7,L9,L10)

$$\Big[\Big(5.4-\frac{0.50}{2}\times2\Big)\times0.35\times0.6+\Big(5.4-\frac{0.50}{2}\times2\Big)\times\frac{0.30}{2}\times0.7+\Big(3.3-\frac{0.25}{2}-$$

$$\frac{0.35}{2}\Big)\times0.2\times0.35+\Big(5.4-\frac{0.35}{2}\times2\Big)\times0.2\times0.45$$

$=2.208(\mathrm{m}^3)$

B. 板(100 mm 厚)砼工程量(扣 L16,L14,L13,L9 占面积)

$$\Big[\Big(5.4-\frac{0.35}{2}-\frac{0.30}{2}-0.2\Big)\times\Big(5.4-\frac{0.35}{2}\times2\Big)-\Big(3.9-\frac{0.35}{2}-\frac{0.20}{2}\Big)\times0.25-$$

$$\Big(1.5-\frac{0.20}{2}\times2\Big)\times0.2-\Big(1.5-\frac{0.20}{2}-\frac{0.30}{2}\Big)\times0.2-\Big(3.3-\frac{0.25}{2}-\frac{0.35}{2}\Big)\times0.2-$$

$$\Big(\frac{0.50}{2}-\frac{0.35}{2}\Big)\times\Big(\frac{0.50}{2}-\frac{0.35}{2}\Big)\times2-\Big(\frac{0.50}{2}-\frac{0.35}{2}\Big)\times\Big(\frac{0.50}{2}-\frac{0.30}{2}\Big)\times2\Big]\times0.100$$

$=2.258(\mathrm{m}^3)$

小计:$2.664+2.208+2.258=7.130(\mathrm{m}^3)$

④ Ⓐ~Ⓒ轴线与③轴线右侧外悬挑板砼工程量

A. 梁砼工程量

a. 横梁(悬挑梁)

$$\Big(1.62-\frac{0.50}{2}\Big)\times0.35\times0.40\times3\ 根=0.575(\mathrm{m}^3)$$

b. 纵梁(L15,L12)

$$\Big(5.1-\frac{0.50}{2}\times2\Big)\times\frac{0.35}{2}\times0.6+\Big(5.4-\frac{0.50}{2}\times2\Big)\times\frac{0.35}{2}\times0.6+\Big(5.1+5.4-$$

$$\frac{0.35}{2}\times2-0.35\Big)\times0.25\times0.40$$

$= 1.978 (m^3)$

B. 板(100 mm 厚)砼工程量

$$\left[\left(1.62 - \frac{0.35}{2} - 0.25\right) \times \left(5.4 + 5.1 - \frac{0.35}{2} \times 2 - 0.35\right) - 0.075 \times 0.075 \times 4 \right] \times 0.100$$

$= 1.169 (m^3)$

小计:$0.575 + 1.978 + 1.169 = 3.722 (m^3)$

合计:$1.966 + 5.618 + 7.130 + 3.722 = 18.436 (m^3)$

3)雨篷砼工程量计算

④轴线以下与①～③轴线之间悬挑雨篷砼工程量:

$$\left(\frac{0.35}{2} + 5.4 + 5.1 + 1.62\right) \times \left(1.5 - \frac{0.35}{2}\right) - \left[(0.5 - 0.075) \times 0.075 + 0.5 \times 0.075 \times 2\right]$$

$= 16.184 (m^2)$

(2)方法二:按梁板混合计算砼工程量

采用梁板混合计算,即在板的计算范围之面积扣去板中柱面积后,乘以板厚,得到板的砼工程量,再计算板底突出梁的砼工程量,二者之和为有梁板砼工程量。

1)150 mm 厚板

以 KL4 与 KL5 梁中心线分界。

①②～③轴线与④～©轴线板的砼体积

$$\left\{ (2.550 \times 2) \times \left(12.60 - 2.10 + \frac{0.35}{2} \times 2\right) - 0.50 \times \frac{0.50}{2} \times 2(处) - \left[0.50 - \left(\frac{0.50}{2} - \frac{0.35}{2}\right) \right] \times \frac{0.50}{2} \times 4(个) \right\} \times 0.15 = 54.660 \times 0.15 = 8.199 (m^3)$$

②板底下梁(KL6,KL7,KL8,KL5,KL4,L11)的砼体积

$$\left(2.55 \times 2 - \frac{0.50}{2} \times 2\right) \times (0.6 - 0.15) \times 0.35 \times 3 \text{ 根} + \left(12.6 - 2.1 - \frac{0.50}{2} \times 2 - 0.50\right) \times$$

$$\left[\frac{0.35}{2} \times (0.60 - 0.15) + \frac{0.30}{2} \times (0.70 - 0.15)\right] + \left(12.6 - 2.1 - \frac{0.35}{2} \times 2 - 0.35\right) \times$$

$0.25 \times (0.45 - 0.15) = 4.440 4 \approx 4.440 (m^3)$

合计:$8.199 + 4.440 = 12.639 (m^3)$

2)100 mm 厚有梁板

①①～②轴线间悬挑有量板的砼体积

A. 悬挑板

©轴线柱外侧板的砼体积:

$$\left(2.1 + 0.3 + 1.5 \times 2 + \frac{0.35}{2} \times 2\right) \times \left(2.1 - \frac{0.50}{2} + \frac{0.25}{2}\right) \times 0.100$$

$= 1.135 6 \approx 1.136 (m^3)$

B. 悬挑板底梁砼

$$\left(2.1 - \frac{0.50}{2} + \frac{0.25}{2}\right) \times 0.35 \times (0.4 - 0.10) \times 2 \text{ 根} + \left(2.1 + 0.3 + 1.5 \times 2 - \frac{0.35}{2} \times 2\right) \times$$

$0.25 \times (0.40 - 0.10) = 0.793\,5 \approx 0.794 \, (m^3)$

小计:$1.136 + 0.794 = 1.930 \, (m^3)$

②Ⓐ~Ⓒ轴线与①~②轴线有量板砼工程量

A. 板砼

$$\left\{ \left(12.6 - 2.1 + \frac{0.50}{2} + \frac{0.35}{2} \right) \times \left(2.1 + 0.3 + 1.5 \times 2 + \frac{0.35}{2} \right) - \left[0.50 - \left(\frac{0.50}{2} - \right. \right. \right.$$

$$\left. \left. \frac{0.35}{2} \right) \right] \times 0.50 \times 2(\text{个}) - \frac{0.50}{2} \times 0.5 \times 2(\text{个}) - \left[0.50 - \left(\frac{0.50}{2} - \frac{0.35}{2} \right) \right] \times \left[0.50 - \right.$$

$$\left. \left. \left(\frac{0.50}{2} - \frac{0.35}{2} \right) \right] - \left[0.50 - \left(\frac{0.50}{2} - \frac{0.35}{2} \right) \right] \times \frac{0.50}{2} \right\} \times 0.100 = 5.994\,5 \approx 5.995 \, (m^3)$$

B. 板底下梁(KL8,KL7,KL6,KL4,KL3,L19,L17,L8,L16,L14,L13,L9,L10)的砼体积

$$\left(2.1 + 0.3 + 1.5 \times 2 - \frac{0.50}{2} \times 2 \right) \times 0.35 \times (0.6 - 0.10) \times 3(\text{根}) + \left(12.6 - 2.1 - \frac{0.50}{2} \times \right.$$

$$\left. 2 - 0.50 \right) \times \left[\frac{0.30}{2} \times (0.70 - 0.10) + 0.35 \times (0.6 - 0.10) \right] + \left(0.3 + 1.5 \times 2 - \frac{0.20}{2} - \right.$$

$$\left. \frac{0.30}{2} \right) \times 0.2 \times (0.3 - 0.10) + \left(2.1 + 0.3 + 1.5 \times 2 - \frac{0.35}{2} - \frac{0.30}{2} \right) \times 0.25 \times (0.45 - $$

$$0.10) + \left(2.1 + 1.5 - \frac{0.35}{2} - \frac{0.25}{2} \right) \times 0.20 \times (0.35 - 0.10) + \left(2.1 + 0.3 + 1.5 - \frac{0.35}{2} - \right.$$

$$\left. \frac{0.20}{2} \right) \times 0.25 \times (0.5 - 0.10) + \left(1.5 - \frac{0.20}{2} \times 2 \right) \times 0.20 \times (0.30 - 0.10) + \left(1.5 - \right.$$

$$\left. \frac{0.20}{2} - \frac{0.30}{2} \right) \times 0.2 \times (0.3 - 0.10) + \left(1.5 \times 2 + 0.3 - \frac{0.35}{2} - \frac{0.25}{2} \right) \times 0.20 \times (0.35 - $$

$$0.10) + \left(1.5 \times 2 + 0.30 + 2.1 - \frac{0.35}{2} \times 2 \right) \times 0.20 \times (0.45 - 0.10)$$

$$= 6.789\,06 \approx 6.789 \, (m^3)$$

小计:$5.995 + 6.789 = 12.784 \, (m^3)$

③Ⓐ~Ⓒ轴线与③轴线右侧悬挑板砼工程量

A. 悬挑有梁板的板砼工程量

$$\left\{ 1.62 \times \left(12.6 - 2.1 + \frac{0.35}{2} \times 2 \right) - \left[0.5 - \left(\frac{0.5}{2} - \frac{0.35}{2} \right) \right] \times 0.25 \times 2(\text{个}) - 0.5 \times \right.$$

$$\left. \frac{0.50}{2} \right\} \times 0.100 = 1.724\,0 \approx 1.724 \, (m^3)$$

B. 悬挑有梁板板底梁(L12,KL5)的砼工程量

$$\left(1.62 - \frac{0.50}{2} \right) \times 0.35 \times (0.4 - 0.10) \times 3 \text{根} + \left(12.6 - 2.1 - \frac{0.35}{2} \times 2 - 0.35 \right) \times 0.25 \times$$

$$(0.4 - 0.10)(\text{右纵梁}) + \left(12.6 - 2.1 - \frac{0.50}{2} \times 2 - 0.50 \right) \times \frac{0.35}{2} \times (0.6 - 0.10)(\text{左纵梁})$$

$$= 1.997\,8 \approx 1.998 \, (m^3)$$

小计:$1.724 + 1.998 = 3.722 \, (m^3)$

合计：$1.930 + 12.784 + 3.722 = 18.436 (m^3)$

3)雨篷砼工程量

计算柱梁外侧的面积,即

$$\left(2.1 + 0.3 + 1.5 \times 2 + 2.55 \times 2 + 1.62 + \frac{0.35}{2}\right) \times \left(1.5 - \frac{0.35}{2}\right) - \left(\frac{0.5}{2} - \frac{0.35}{2}\right) \times$$

$$\left[0.5 \times 2 + 0.5 - \left(\frac{0.5}{2} - \frac{0.35}{2}\right)\right] = 16.184 (m^2)$$

注:本例读者还可优化计算过程。

3.3.3 预制构件(桩、板)相关分项工程

1)工程量计算规则

定额中未包括预制钢筋混凝土桩及预制钢筋混凝土构件的制作废品率、运输堆放损耗及打桩、安装损耗,如表 3.5 所示。编制预结(决)算时,应按施工图计算构件净用量,再按下列公式计算工程量。

制作工程量 = 图纸工程量 × (1 + 总损耗率)

运输工程量 = 图纸工程量 × (1 + 运输堆放损耗率 + 安装或打桩损耗率)

安装或打桩工程量 = 图纸工程量

表 3.5 钢筋混凝土预制构件损耗率

构 件 名 称	制作废品率 /%	运输堆放损耗率 /%	安装(打桩)损耗率 /%	总 计 /%
预制钢筋混凝土桩	0.10	0.40	1.50	2.00
其他各类预制钢筋混凝土构件	0.20	0.80	0.50	1.50

注:预制砼构件内的钢筋亦要考虑损耗。

2)预制构件在制作地点不同其损耗率取定不一样,读者亦要考虑工程实际情况,有的要计算到工程量中,有的则不一定要计算。如预制板在施工现场制作,则制作废品率和安装损耗要考虑,而运输损耗则不计算。

3)预制构件灌缝、板缝拉接钢筋及预埋件等项目,不能漏项。

【案例31】 某砖混结构工程的楼、屋面,采用预应力空心板铺设(不焊接)情况如下:

(1)屋面板

1)5 YWB 4206—4;

2)10 YWB 3906—5;

3)3 YWB 3909—4。

(2)楼面板

1)5 YKB 4206—5;

2)10 YKB 3906—4。

注:运距 5 km。

根据民用建筑结构构件《预应力混凝土空心板图集》,摘录预应力混凝土空心板相关资料,如表 3.6 所示。

表 3.6 预应力混凝土空心板

板 号	混凝土/(m³·块⁻¹)	钢筋质量/(kg·块⁻¹)
YWB 4206—4	0.181	11.29
YWB 3906—5	0.168	10.55
YWB 3909—4	0.249	14.28
YKB 4206—5	0.181	12.97
YKB 3906—4	0.168	9.34

注:表中所有板厚均为 120 mm。

请计算铺设完成预应力空心板(厚 120 mm)相关的工程量和定额项目名称。

解 1)砼的制作工程 $= (0.181 \times 5 + 0.168 \times 10 + 0.249 \times 3 + 0.181 \times 5 + 0.168 \times 10) \times$
$$1.015 = 6.005\ 8\ m^3$$

2)钢筋工程量 $= (11.29 \times 5 + 10.55 \times 10 + 14.28 \times 3 + 12.97 \times 5 + 9.34 \times 10) \times 1.015$
$$= 363.04 \times 1.015 = 368.485\ 6 (kg)$$

3)运输工程量 $= 5.910 \times 1.013 = 5.986\ 8 (m^3)$

4)安装工程量 $= 5.910\ m^3$

空心板不焊接安装(0.2 m³ 以内):5.163 m³

空心板不焊接安装(0.3 m³ 以内):0.747 m³

5)接头灌缝工程量 $= 5.910\ m^3$

6)板缝拉接筋:

若按每 m³ 砼含板缝拉接筋为 7.5 kg/m³(φ10 以内)计算,则

$5.910 \times 7.5 = 44.325\ 0 (kg)$

注:板缝拉接筋应按相关图集(考虑地震)或当地规定计算。

3.3.4 金属结构工程

钢板工程量计算规则:"计算钢板面积时,按矩形计算,在计算不规则或多边形钢板时以图示外接最小矩形面积计算。"

钢板理论质量,如表 3.7 所示。

表3.7　钢板理论质量表

厚度 d /mm	理论质量 /(kg·m^{-2})	厚度 d /mm	理论质量 /(kg·m^{-2})	厚度 d /mm	理论质量 /(kg·m^{-2})	厚度 d /mm	理论质量 /(kg·m^{-2})
0.20	1.570	1.3	10.205	8	62.800	27	211.950
0.25	1.963	1.4	10.990	9	70.650	28	219.800
0.27	2.120	1.5	11.775	10	78.500	29	227.650
0.30	2.355	1.6	12.560	11	86.350	30	235.500
0.35	2.748	1.8	14.130	12	94.200	32	251.200
0.40	3.140	2.0	15.700	13	102.050	34	266.900
0.45	3.533	2.2	17.270	14	109.900	36	282.600
0.50	3.925	2.5	19.625	15	117.750	38	298.300
0.55	4.318	2.8	21.980	16	125.600	40	314.000
0.60	4.710	3.0	23.550	17	133.450	42	329.700
0.65	5.103	3.2	25.120	18	141.311	44	345.400
0.70	5.495	3.5	27.475	19	149.150	46	361.100
0.75	5.888	3.8	29.830	20	157.000	48	376.800
0.80	6.280	4.0	31.400	21	164.850	50	392.500
0.90	7.065	4.5	35.325	22	172.700	52	408.200
1.0	7.850	5.0	39.250	23	180.550	54	423.900
1.1	8.635	5.5	43.175	24	188.400	56	439.600
1.2	9.420	6	47.100	25	196.250	58	455.300
1.25	9.813	7	54.950	26	204.100	60	471.000

注:1.适用于各类普通钢板的理论质量计算。

2.理论质量 =7.85d　(d—mm)(理论质量按密度7.85 t/m³计算)。

【案例32】 已知某工程设计制作6块钢板构件,钢板厚 =10 mm,如图3.10所示。试计算钢板工程量。

解 (1)情形1

矩形钢板长 = AC =250 mm

矩形钢板宽 = $FC + CG$ = $(250 \times \sin 20°) \times \cos 20° + 200$ = 280.35(mm)

矩形钢板面积 =矩形钢板长 ×矩形钢板宽 = $0.250 \times 0.280\,35$ = 0.070 088(m^2)

(2)情形2

矩形钢板长 = $AB + AF$ = $250 \times \cos 20° + 200 \times \sin 20°$ = 303.33(mm)

矩形钢板宽 = $EF + EG$ = $200 \cos 20° + 120 \sin 20°$ = 228.98(mm)

矩形钢板面积 =矩形钢板长 ×矩形钢板宽 = $0.303\,33 \times 0.228\,98$ = 0.069 457(m^2)

(3)情形3

在 $\triangle ABE$ 中,由余弦定理:

$$BE^2 = AB^2 + AE^2 - 2 \times AB \times AE \times \cos \angle BAE$$
$$= (0.250 \times \cos 20°)^2 + 0.2^2 - 2 \times (0.25 \times \cos 20°) \times 0.2 \times \cos(90° + 20°)$$

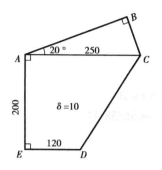
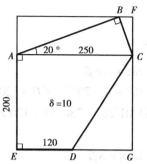
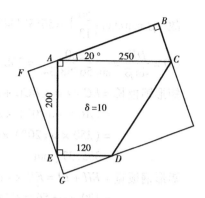

钢 板 图　　钢板外接矩形图(情形1)　　钢板外接矩形图(情形2)

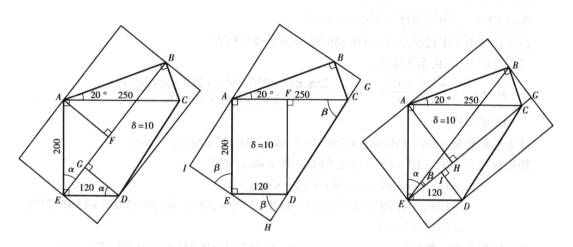

钢板外接矩形图(情形3)　　钢板外接矩形图(情形4)　　钢板外接矩形图(情形5)

图 3.10　钢板

即　矩形钢板长 $= BE = 0.356\,83(\mathrm{m})$

由正弦定理: $\dfrac{AB}{\sin\alpha} = \dfrac{BE}{\sin\angle BAE}$, 即 $\dfrac{0.25\cos 20°}{\sin\alpha} = \dfrac{0.356\,83}{\sin 110°}$ 得

$$\alpha = \arcsin\left(\frac{0.25\cos 20°}{0.356\,83}\times\sin 110°\right) = 38°13'05''$$

矩形钢板宽 $= AF + DG = 200\times\sin\alpha + 120\times\cos\alpha$

$$= 200\times\sin 38°13'05'' + 120\times\cos 38°13'05''$$

$$= 218.01(\mathrm{mm})$$

矩形钢板面积 = 矩形钢板长×矩形钢板宽 $= 0.356\,83\times 0.218\,01 = 0.077\,793(\mathrm{m}^2)$

(4)情形 4

由于在 $\mathrm{Rt}\triangle CDF$ 中, $\tan\beta = \dfrac{DF}{CF} = \dfrac{200}{250-120} = \dfrac{20}{13}$

故 $\beta = \arctan\left(\dfrac{20}{13}\right) = 56°58'34''$

$CD = \dfrac{DF}{\sin\beta} = \dfrac{200}{\sin 56°58'34''} = 238.54\,(\text{mm})$

矩形钢板长 $= BC \times \cos\angle BCG + CD + DE \times \cos\beta$

$= (AC \times \sin 20°) \times \cos(180° - \beta - 70°) + CD + 120 \times \cos\beta$

$= (250 \times \sin 20°) \times \cos 53°01'26'' + 238.54 + 120 \times \cos 56°58'34''$

$= 355.37\,(\text{mm})$

矩形钢板宽 $= EH + EI = ED \times \sin\beta + AE \times \cos\beta$

$= 120 \times \sin 56°58'34'' + 200 \times \cos 56°58'34'' = 209.61\,(\text{mm})$

矩形钢板面积 $=$ 矩形钢板长 $\times$ 矩形钢板宽 $= 0.35537 \times 0.20961 = 0.074489\,(\text{m}^2)$

（5）情形 5

因为在 Rt△ACE 中，由勾股定理：$CE^2 = AE^2 + AC^2$

所以 $CE = \sqrt{250^2 + 200^2} = 320.16\,(\text{mm})$

由于在情形 3 中已求出：$BE = 0.35683\,\text{m}, \alpha = 38°13'05''$

又在△BCE 中，由余弦定理：

$\beta = \arccos\dfrac{BE^2 + CE^2 - BC^2}{2 \times BE \times CE} = \arccos\dfrac{356.83^2 + 320.16^2 - (250 \times \sin 20°)^2}{2 \times 356.83 \times 320.16}$

$= 13°07'21''$

故矩形钢板长 $= EG = EB\cos\beta = 356.83 \times \cos 13°07'21'' = 347.51\,(\text{mm})$

矩形钢板宽 $= DI + AH = DE \times \sin\angle CED + AE \times \sin\angle AEC$

$= 120 \times \sin(90° - \alpha - \beta) + AE \times \sin(\alpha + \beta)$

$= 120 \times \sin(90° - 38°13'05'' - 13°07'21'') + 200 \times \sin(38°13'05'' + 13°07'21'')$

$= 231.14\,(\text{mm})$

矩形钢板面积 $=$ 矩形钢板长 $\times$ 矩形钢板宽 $= 0.34751 \times 0.23114 = 0.080323\,(\text{m}^2)$

根据钢板外接矩形情形 1～情形 5 的计算结果，若按照工程量计算规则："计算钢板面积时，按矩形计算，在计算不规则或多边形钢板以图示外接最小矩形面积计算。"则情形 2 的外接矩形面积最小，则

6 块钢板的工程量 $= 0.069457 \times (7.85 \times 10) \times 6$

$= 32.714\,(\text{kg})$

3.3.5 楼地面工程及装饰工程

装饰工程计算工程量时，必须区分装饰材料。如"一般抹灰"、"装饰抹灰"和"块料面层"，其计算规则不同。楼地面计算面层工程量时，注意踢脚线是否包含到地面项目中，否则会漏项。一些分项工程工程量要乘以系数。如门窗油漆、楼梯天棚和楼梯扶手等工程量乘系数。轻钢（木材）龙骨隔断、吊顶装饰，除了计算龙骨基层的工程量外，还要顾及面层材料的工程量计算。铝合金门窗洞口尺寸、规格和其型材壁厚等不同，其定额材料的含量不同。在计算工程量时，要分开进行计算，方便以后在分开换算定额材料含量后套用定额子目。水磨石地面面层分格材料及轻钢龙骨隔断在材料种类、规格、型号、间距不同时，要换算材料数量。因此，

需要正确计算材料的工程量。

【案例 33】　某工程设计在轴线尺寸为 8 700 mm×4 300 mm 一房间内做现浇水磨石面层（嵌铜条）。已知墙体内侧到两轴线的尺寸均为：一端 120 mm，另一端 245 mm。

设计要求铜条做法：

(1)嵌条四周距墙边 150 mm；

(2)嵌条间距 900 mm 左右为宜，不超过 1 000 mm；

(3)嵌条在两垂直方向间距接近正方形。

解　(1)间距和边长计算

竖直方向(Y 方向)：

$$间距\ N = \frac{8.70 - 0.15 \times 2 - 0.245 - 0.12}{0.9}$$

$$= \frac{8.035}{0.9} = 8.928$$

当间距 $N = 8$，边长 $= \dfrac{8.035}{8} = 1.004(\mathrm{m}) > 1\ \mathrm{m}($舍去$)$

当间距 $N = 9$，边长 $= \dfrac{8.035}{9} = 0.893(\mathrm{m})$

水平方向(X 方向)：

$$间距\ n = \frac{4.3 - 0.15 \times 2 - 0.12 - 0.245}{0.9}$$

$$= \frac{3.635}{0.9} = 4.039 \approx 4$$

当间距 $n = 4$ 时，边长 $= \dfrac{3.635}{4} = 0.909(\mathrm{m})$

当间距 $n = 5$ 时，边长 $= \dfrac{3.635}{5} = 0.727(\mathrm{m})($舍去$)$

因此，当竖直方向：间距 $N = 9$，边长 $= \dfrac{8.035}{9} = 0.893(\mathrm{m})$；水平方向：间距 $n = 4$，边长 $= \dfrac{3.635}{4} = 0.909(\mathrm{m})$ 时，嵌条间距在 900 mm 左右，且嵌条在两方向间距接近正方形。

(2)铜条工程量

竖直方向铜条工程量 $= (4.3 - 0.12 - 0.245 - 0.15 \times 2) \times (9 + 1)$根

$$= 3.635 \times 10 = 36.350(\mathrm{m})$$

水平方向铜条工程量 $= (8.7 - 0.12 - 0.245 - 0.15 \times 2) \times (4 + 1)$根

$$= 8.035 \times 5 = 40.175(\mathrm{m})$$

合计：铜条工程量 $= 36.350 + 40.175 = 76.525(\mathrm{m})$

【案例 34】　某工程设计有下列门需刷油漆：

(1)有腰单扇木门：洞口尺寸 1 000 mm×2 600 mm，计 10 樘；

(2)无腰双扇木门：洞口尺寸 1 500 mm×2 600 mm，计 5 樘；

(3)半玻单扇木门：洞口尺寸 2 000 mm×2 200 mm，计 2 樘。

按工程所在地消耗量定额的油漆工程量计算规则，如表 3.8 所示。试计算木门油漆工程量。

表3.8　木材面油漆

项 目 名 称	系 数	工程量计算方法
单层木门	1.00	
双层(一玻一纱)木门	1.36	
双层(单裁口)木门	2.00	按单面洞口面积计算
单层全玻门	0.76	
木百叶门	1.25	
半玻门	0.88	

注:执行木门定额工程量系数表。

解　木门油漆工程量 $= \sum$(门宽 × 门高 × 樘数 × 木门定额工程量系数)

$= 1.0 \times 2.6 \times 10 \times 1.00$(系数)$ + 1.5 \times 2.6 \times 5 \times 1.00$(系数)$ + $

$2.0 \times 2.2 \times 2 \times 0.88$(系数)

$= 53.24(\text{m}^2)$

3.4　钢筋工程量

3.4.1　概述

钢筋工程量计算除了要准确理解和把握涉及国家相关的结构设计和施工验收规范和行业标准,对设计人员的设计意图透彻理解外,还应了解工程所在地区的地质条件、抗震要求、工艺特点和建筑工程图的表示方法等多方面知识,因此,钢筋工程量计算在预算工作中是难点,编者按照初学者的学习要求和深度编写了多个案例,供读者参考。请读者注意:

1)案例内容仅为读者理解预算知识而编写的。

2)随着科学技术的发展,规范(设计规范和施工验收规范)和行业标准等不是僵化不变的,再加之各地区的习惯做法略有差异;

3)计算时结合地区实际对书中的内容在熟悉理解的基础上,进行增删;

4)钢筋工程量在计算长度时,由于钢筋混凝土构件中锚固长度规范规定的是一个范围,加之节点锚固方式也可选择,故钢筋长度有所不同。如现行《混凝土结构设计规范》规定:

梁柱节点中,框架梁上纵向钢筋伸入中间层端节点的锚固长度,当采用直线锚固形式时,不应小于 l_a,且伸过柱中心线不宜小于 $5d$(编者注:如梁在柱支座要满足直锚长度 $\geq l_a$ 和 $\geq 0.5h_c + 5d$ 两个条件,记为 $\max\{l_a, 0.5h_c + 5d\}$,后同),d 为梁上部纵向钢筋的直径。当截面尺寸不足时,梁上部纵向钢筋应伸至节点对边并向下弯折,其包含弯弧段在内的水平投影长度不应小于 $0.4l_a$,包含弯弧段在内的竖向投影长度应取 $15d$,如图3.11所示。

当计算中充分利用钢筋的抗拉强度时,下部纵向钢筋应锚固在节点或支座内。此时,可采用直线锚固形式(见图3.12),钢筋的锚固长度不应小于受拉钢筋锚固长度 l_a;下部纵向钢筋也可采用带90°弯折的锚固形式(见图3.13)。其中,竖直段应向上弯折,锚固端的水平投影长度及竖直投影长度不应小于对端节点处梁上部钢筋带90°弯折锚固的规定;下部纵向钢筋也

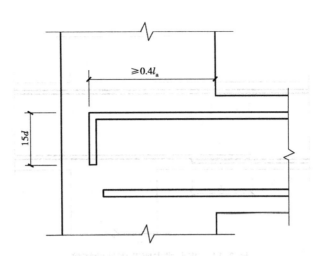

图 3.11 梁上部纵向钢筋在框架中间层端节点内的锚固

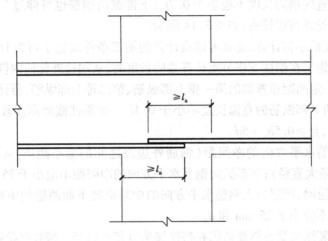

图 3.12 节点中的直线锚固

可伸过节点或支座范围,并在梁中弯矩较小处设置搭接接头。

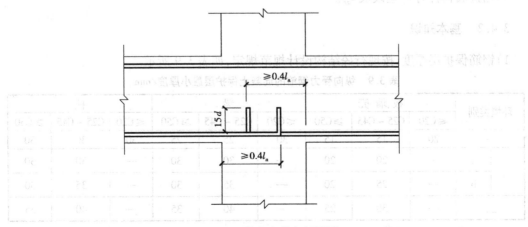

图 3.13 节点中的弯折锚固

当计算中充分利用钢筋的抗压强度时,下部纵向钢筋应按受压钢筋锚固在中间节点或中

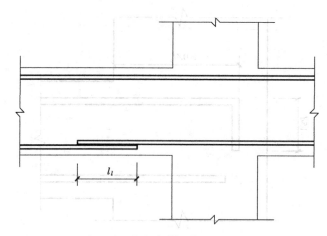

图 3.14 节点或支座范围外的搭接

间支座内,此时,其直线锚固长度不应小于 $0.7l_a$;下部纵向钢筋也可伸过节点或支座范围,并在梁中弯矩较小处设置搭接接头,如图 3.14 所示。

教材中,一般按最小值计算,还要考虑设计其他施工条件或施工习惯时,不一定按最小值计算。如梁的受力钢筋在端柱支座节点计算锚固长度时,从端柱外侧向内侧计算,先考虑柱纵筋的保护层,再按一定间距布置梁的第一排上部纵筋、第二排上部纵筋,再计算梁的下部纵筋,最后,保证最内层的下部纵筋的直锚长度不小于 $0.4l_a$。如果柱截面高度较大,可采用直锚构造,其锚固长度 $\geq l_a$,且 $\geq 0.5h_c + 5d$。

梁上部纵向钢筋水平方向的净间距(钢筋外边缘之间的最小距离)不应小于 30 mm 和 $1.5d$,(d 为钢筋的最大直径);下部纵向钢筋水平方向的净间距不应小于 25 mm 和 d。梁的下部纵向钢筋多于两层时,两层以上钢筋水平方向的中距应比下面两层的中距增大 1 倍。各层钢筋之间的净间距不应小于 25 mm 和 d。

同一构件中相邻纵向受力钢筋的绑扎搭接接头宜相互错开。绑扎搭接接头中钢筋的横向净距不应小于钢筋直径,且不应小于 25 mm。

5)当抗震构件时 l_a 应改成 l_{aE}。

3.4.2 基本知识

1)钢筋保护层厚度,按现行砼结构设计规范规定,如表 3.9 所示。

表 3.9 纵向受力钢筋的混凝土保护层最小厚度/mm

环境类别		板、墙、壳			梁			柱		
		≤C20	C25 ~ C45	≥C50	≤C20	C25 ~ C45	≥C50	≤C20	C25 ~ C45	≥C50
一		20	15	15	30	25	25	30	30	30
二	a	—	20	20	—	30	30	—	30	30
	b	—	25	20	—	35	30	—	35	30
三		—	30	25	—	40	35	—	40	35

注:1.受力钢筋外边缘至混凝土表面的距离,除符合表中规定外,不应小于钢筋的公称直径。

2.机械连接接头连接件的混凝土保护层厚度应满足受力钢筋保护层最小厚度的要求,连接件之间的横向净距不宜小于 25 mm。

3. 设计使用年限为 100 年的结构，一类环境中，混凝土保护层厚度应按表中规定增加 40%；二类和三类环境中，混凝土保护层厚度应采取专门有效措施。

4. 基础中纵向受力钢筋的混凝土保护层厚度不应小于 40 mm；当无垫层时不应小于 70 mm。

5. 板、墙、壳中分布钢筋的保护层厚度不应小于表中相应数值减 10 mm，且不应小于 10 mm；梁、柱中箍筋和构造钢筋的保护层厚度不应小于 15 mm。

6. 混凝土结构的环境类别，如表 3.10 所示。

表 3.10　混凝土结构的环境类别

类别		条　件
一		室内正常环境
二	a	室内潮湿环境；非严寒和非寒冷地区的露天环境、与无侵蚀性的水或土壤直接接触的环境
	b	严寒和寒冷地区的露天环境、与无侵蚀性的水或土壤直接接触的环境
三		使用除冰盐的环境；严寒和寒冷地区冬季水位变动的环境；滨海室外环境
四		海水环境
五		受人为或自然的侵蚀性物质影响的环境

注：严寒和寒冷地区的划分应符合现行国家标准《民用建筑热工设计规程》(JGJ24)的规定。

2）钢筋锚固长度

①受拉钢筋的最小锚固长度，如表 3.11 所示。

②当考虑抗震时，受拉钢筋的最小锚固长度，如表 3.12 所示。

3）钢筋绑扎搭接长度

钢筋的连接分为两类：绑扎搭接、机械连接或焊接。当受拉钢筋的直径 $d > 28$ mm 及受压钢筋的直径 $d > 32$ mm 时，不宜采用绑扎搭接接头。

同一构件中相邻纵向受力钢筋的绑扎搭接接头宜相互错开。

钢筋绑扎搭接接头连接区段的长度为 $1.3l_l$（l_l 为搭接长度），凡搭接接头中点位于该连接区段长度内的搭接接头均属于同一连接区段。同一连接区段内，纵向钢筋搭接接头面积百分率为该区段内有搭接接头的纵向受力钢筋截面面积与全部纵向受力钢筋截面面积的比值，如图 3.15 所示。

位于同一连接区段内的受拉钢筋搭接接头面积百分率应符合设计要求；当设计无具体要求时，应符合下列规定：

①对梁类、板类及墙类构件，不宜大于 25%；

②对柱类构件，不宜大于 50%；

③当工程中确有必要增大受拉钢筋搭接接头面积百分率时，对梁类构件，不应大于 50%；对板类、墙类及柱类构件，可根据实际情况放宽。

注：如图 3.15 所示，搭接接头同一连接区段内的搭接钢筋为两根，当各钢筋直径相同时，接头面积百分率为 50%。

纵向受拉钢筋绑扎搭接长度，如表 3.13 所示。

表 3.11　受拉钢筋的最小锚固长度 l_a

钢筋种类		C20		C25		C30		C35		≥C40	
		$d\leqslant25$	$d>25$	$d\leqslant25$	$d>25$	$d\leqslant25$	$d>25$	$d\leqslant25$	$d>25$	$d\leqslant25$	$d>25$
HPB235	普通钢筋	31d	31d	27d	27d	24d	24d	22d	22d	20d	20d
HRB335	普通钢筋	39d	42d	34d	37d	30d	33d	27d	30d	25d	27d
HRB335	环氧树脂涂层钢筋	48d	53d	42d	46d	37d	41d	34d	37d	31d	34d
HRB400 RRB400	普通钢筋	46d	51d	40d	44d	36d	39d	33d	36d	30d	30d
HRB400 RRB400	环氧树脂涂层钢筋	58d	63d	50d	55d	45d	49d	41d	45d	37d	41d

注:1. 当弯锚时,有些部位的锚固长度 $\geqslant0.4l_a+15d$。

2. 当钢筋在混凝土施工过程中易受扰动(如滑模施工)时,其锚固长度应乘以修正系数 1.1。

3. 在任何情况下,锚固长度不得小于 250 mm。

4. 当 HPB235 受拉时,其末端应做成 180°弯钩,弯钩平直段长度不应小于 3d;当受压时,可不做弯钩。

78

表 3.12 纵向受拉钢筋抗震锚固长度 l_{aE}

钢筋种类与直径	混凝土强度等级与抗震等级		C20		C25		C30		C35		≥C40	
			一、二级抗震等级	三级抗震等级	一、二级抗震等级	三级抗震等级	一、二级抗震等级	三级抗震等级	一、二级抗震等级	三级抗震等级	一、二级抗震等级	三级抗震等级
HPB235	普通钢筋		$36d$	$33d$	$31d$	$28d$	$27d$	$25d$	$25d$	$23d$	$23d$	$21d$
HRB335	普通钢筋	$d \leqslant 25$	$44d$	$41d$	$38d$	$35d$	$34d$	$31d$	$31d$	$29d$	$29d$	$26d$
		$d > 25$	$49d$	$45d$	$42d$	$39d$	$38d$	$34d$	$34d$	$32d$	$32d$	$29d$
	环氧树脂涂层钢筋	$d \leqslant 25$	$55d$	$51d$	$48d$	$44d$	$43d$	$39d$	$39d$	$36d$	$36d$	$33d$
		$d > 25$	$61d$	$56d$	$53d$	$48d$	$47d$	$43d$	$43d$	$39d$	$39d$	$36d$
HRB400 RRB400	普通钢筋	$d \leqslant 25$	$53d$	$49d$	$46d$	$42d$	$41d$	$37d$	$37d$	$34d$	$34d$	$31d$
		$d > 25$	$58d$	$53d$	$51d$	$46d$	$45d$	$41d$	$41d$	$38d$	$38d$	$34d$
	环氧树脂涂层钢筋	$d \leqslant 25$	$66d$	$61d$	$57d$	$53d$	$51d$	$47d$	$47d$	$43d$	$43d$	$39d$
		$d > 25$	$73d$	$67d$	$63d$	$58d$	$56d$	$51d$	$51d$	$47d$	$47d$	$43d$

注:1. 四级抗震等级,$l_{aE} = l_a$,其值如表3.11所示。

2. 当弯锚时,有些部位的锚固长度≥$0.4l_{aE}+15d$。

3. 当 HRB335,HRB400 和 RRB400 级纵向受拉钢筋末端采用机械锚固措施时,包括附加锚固端头在内的锚固长度可取表3.11 和表3.12 中锚固长度的 0.7 倍。

4. 当钢筋在混凝土施工过程中易受扰动(如滑模施工)时,其锚固长度应乘以修正系数 1.1。

5. 在任何情况下,锚固长度不得小于 250 mm。

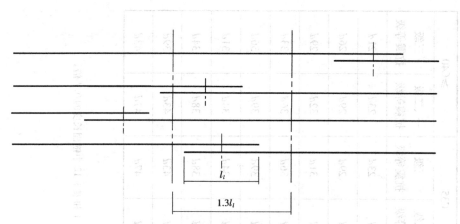

图 3.15　钢筋绑扎搭接接头连接区段及接头面积百分率

表 3.13　纵向受拉钢筋绑扎搭接长度 l_l，l_{lE}

纵向受拉钢筋绑扎搭接长度 l_{lE}，l_l		注： 1. 当不同直径的钢筋搭接时，其值按较小的直径计算 2. 在任何情况下，不得小于 300 mm 3. 式中为搭接长度修正系数	纵向受拉钢筋搭接长度修正系数 ζ		
抗　　震	非 抗 震		纵向钢筋搭接接头面积百分率/%	≤25	50	100
$l_{lE} = \zeta l_{aE}$	$l_l = \zeta l_a$		ζ	1.2	1.4	1.6

4）钢筋弯钩增加长度

钢筋弯钩增加长度，如表 3.14 所示。

表 3.14　钢筋弯钩增加长度计算表

弯钩形式	平直段长度	箍筋弯钩增加长度		备　　注
		HPB235 级钢筋	HRB335 级钢筋	90°弯钩的弯弧内直径 $D = 5d$；135°，180°弯钩的弯弧内直径 $D = 2.5d$
半圆弯钩(180°)	$5d(3d)$	$8.25d(6.25d)$	—	
直弯钩(90°)	$5d$	$6.2d$	$6.2d$	
斜弯钩(135°)	$10d(5d)$	$12d(7d)$	—	

注：表中平直段长度在抗震与非抗震(带括号数字)、弯钩形式、弯弧内直径等条件下的取值，箍筋弯钩增加长度的变化。

5）单根钢筋长度

无弯钩直筋：构件长 − 两端保护层

有弯钩直筋：构件长 − 两端保护层 + 两个弯钩长度

板中负弯矩筋：图示 90°弯折点钢筋平直段长度 +（板厚 − 一个保护层）× 90°弯折个数（当一端 90°弯折和边梁锚固时，虽不计 90°弯折个数，但要扣去锚入梁的平直段长度，再增加锚固长度 l_a）

梁中弯起筋：构件长 − 梁的保护层 × 保护层个数 +0.414 ×（梁高 − 梁上下面保护层厚）×

弯起个数 + (梁高 - 梁上下面保护层厚) × 90°下弯到梁底的个数 + 弯钩增加长度(180°半圆弯钩每端为 6.25d)

其中,当弯起角度为 30°时,0.414 改为 0.267;当弯起角度为 60°时,0.414 改为 0.577。

注意:①梁中弯起筋计算公式中未做的部分,不计算其长度,或按施工图设计图示尺寸计算长度。

②绑扎钢筋有搭接长度时,在上列式中加入搭接长度 l_l 或 l_{lE}。

③锚固长度查算正确,同时注意 l_a 与 l_{aE}、l_l 与 l_{lE} 的差别。

④结构设计中,钢筋锚固有多种方式。在钢筋长度计算时,按设计给的是一个取值范围。在满足结构设计要求前提下,也可参照业主的要求取定。如平法中梁底部钢筋要求"伸至柱外边(柱纵筋内侧),且 ≥0.4l_{aE}",甚至柱断面在钢筋纵向伸入方向很大时,可以直锚,其范围是 max{l_{aE},0.5h_c + 5d}。

⑤在结构图中钢筋尺寸标注位置在外包尺寸,而箍筋例外。

6)钢筋根数的确定

向上取整:钢筋布筋范围内,按结构要求布置时,钢筋间隔按计算结果不足一个间隔时,需补足一个间隔布筋,才能满足结构设计要求,因而计算结果均要向上取整数(向上取整:小数点后有余数者,舍去余数后,向整数数字加 1 取整数),取整后再加 1,即为钢筋的根数。如计算板中受力筋、分布筋和柱梁箍筋等的根数或个数计算都采用向上取整。

向下取整:由于单根钢筋或基础预制桩的长度有限,设计构件的长度超过单根钢筋或预制桩的长度时,钢筋或预制桩需要搭接接长。按定额规定计算其接头数时,若小数点后有余数者,舍去余数取整数。若小数点后余数为零者,则取整数后再减 1。

四舍五入:计算工程量和费用等时,按造价要求保留小数位数的后一位数字在大于等于 5 时,向前一位数字进一,否则舍去不计。

7)钢筋理论单米质量

钢筋工程量计算按钢筋长度乘以钢筋理论单米质量。即公式为

钢筋工程量 = 钢筋长度 × 钢筋理论单米质量 0.006 165D^2　　(kg/m)

式中　钢筋理论单米质量 = 0.006 165D^2,(kg/m);

D——钢筋直径,mm。

3.4.3　混凝土结构施工图

平面整体表示方法制图规则和构造详图(即简称平法,后同)的基本知识以框架配筋构造实例为例,如图 3.16 所示。

(1)平法的平面注写

平面注写包括集中标注与原位标注,集中标注表达梁的通用数值,原位标注表达梁的特殊数值。当集中标注中的某项数值不适用于梁的某部位时,则将该项数值原位标注,施工时,原位标注取值优先。

集中标注,如图 3.17 所示。

原位标注,如 7Φ22 5/2 和 7Φ22 2/5 等。

1)梁编号

KL2(××A)表示:梁的类型为框架梁;序号为 2;跨数为××;A 表示一端悬挑。

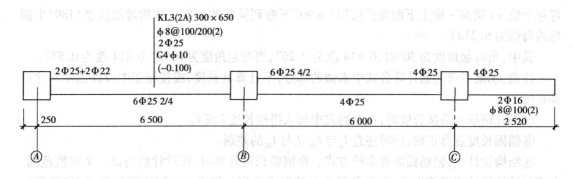

图 3.16　KL3 框架梁平法表示示意图

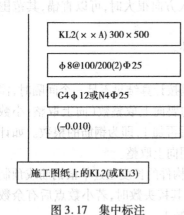

图 3.17　集中标注

KL3(× ×B)表示:梁的类型为框架梁;序号为3;跨数为 × ×;B 表示两端悬挑。

KL4(× ×)表示:梁的类型为框架梁;序号为4;跨数为 × ×;无悬挑。

2)框架梁上部第一排钢筋

框架梁上部角筋为各跨连通的通长筋(集中标注)。直径相同的同排筋,标注根数、钢筋级别和直径;直径不同的同排筋,用" + "号连接根数和直径,且角筋写在" + "的前面,若受力筋与架力筋位于同排,架立筋的根数和直径写在" + "后面的括号内。

上部第一排原位标注的钢筋数量包含了通长筋的钢筋数量。

框架梁上部第二排钢筋:当上部纵筋多于一排时,用斜线"/"将各排纵筋自上而下分开。例如,梁支座上部纵筋注写为7Φ22 5/2,则表示上一排纵筋为5Φ22,下一排纵筋为2Φ22。

当梁中间支座两边的上部纵筋不同时,须在支座两边分别标注;当梁中间支座两边的上部纵筋相同时,可仅在支座的一边标注配筋值,另一边省去不注。

3)框架梁上部钢筋当不贯通时的截断点

框架梁上部支座(端支座和中间支座)负筋只有一排时,钢筋截断长度取 $l_{ni}/3$。

当上部筋有二排时,第一排钢筋截断长度取 $l_{ni}/3$;第二排钢筋截断长度取 $l_{ni}/4$。其中,l_{ni} 在端跨时,取端跨跨度值;在中间跨时,取中间支座相邻两跨跨度值中的最大值。

4)框架梁下部钢筋

一般都锚入端支座,也可配置成通长筋,通长筋在图上标注时,写在上部通长筋的后面,用分号";"隔开。

5)构造筋及抗扭筋

当梁腹板高度大于等于 450 mm 时,须在梁两侧面配置纵向构造钢筋(G)或受扭钢筋(N)。纵向构造钢筋同侧间距≤200 mm,长度取值:搭接与锚固长度可取为15d。受扭钢筋长度取值:搭接长度为 l_l 或 l_{lE}(抗震);锚固长度与方式同框架梁下部纵筋。

配置了受扭钢筋,不再配置构造筋。

架立筋:所注规格与根数应根据结构受力要求及箍筋肢数等构造要求而定。

注:构造钢筋是指不考虑受力的架立筋、分布筋和连系筋等。

6)框架梁箍筋加密区长度

在跨中自柱边起为:≥2 倍梁高(一级抗震等级框架梁)或 1.5 倍梁高(二级至四级抗震等级框架梁)与 500 mm 中的最大值。

箍筋肢数:按工程设计。梁箍筋包括钢筋级别、直径、加密区与非加密区间距及肢数。加密区与非加密区的不同间距及肢数需用斜线"/"分隔,肢数写在括号内。当梁箍筋为四肢箍时,按工程设计的架立筋与第一排受力截断钢筋搭接,其搭接长度为 150 mm(平法规定)。当箍筋为多肢复合箍时,应采用大箍套小箍的形式。

7)拉筋直径

当梁宽≤350 mm 时,为 6 mm;当梁宽 >350 mm 时,为 8 mm。拉筋间距为非加密区箍筋间距的 2 倍。当设有多排拉筋时,上下两排拉筋竖向错开设置。

8)附加箍筋或吊筋

将其直接画在平面图中的主梁上,用线引注总配筋值(附加箍筋的肢数注在括号内)。

9)直锚

当楼层框架梁的纵向钢筋直锚长度 $\geq l_{aE}$,且 $\geq 0.5h_c + 5d$ 时,可以直锚。其中,h_c 表示柱截面沿框架方向的高度。

10)梁规定内容举例(见图 3.13)

原位标注:如梁下部筋 7Φ22 2/5,表示配置 7Φ22 的钢筋,上一排纵筋(内排)为 2 根,下一排纵筋(底排)5 根。

腰筋(受扭筋或构造筋,允许集中标注):N6Φ18,表示配置 6Φ18 侧向受扭纵向钢筋;G6φ14 表示配置 6φ14 侧向构造纵筋。

(2)单根长度计算

1)贯通钢筋

单根长 = 梁总长 - 左端柱 h_c - 右端柱 h_c + (≥$0.4l_{aE}$ + 15d) × 下弯或上弯的个数(有直锚时,采用 max{l_{aE},$0.5h_c + 5d$} × 直锚个数) + 定额规定搭接长度

注:"≥$0.4l_{aE}$"取值:"≥$0.4l_{aE}$"规范用语是"不应小于 $0.4l_{aE}$"的意思。在大学教科书中是"="的概念,而在工程规范和规程中是"≥"的概念,因此,取值比 $0.4l_{aE}$ 更长也是可以的,如从边柱的外侧起向其内侧方向,用柱的 h_c 扣去柱的保护层,再扣去柱外侧钢筋直径,又扣去钢筋净距后的长度(即 $h_c - b - \Phi_1 - a$),一般比 $0.4l_{aE}$ 长,将其作为"≥$0.4l_{aE}$"的值;反之,如果遇到保证每根钢筋之间净距与保证直锚长度不能同时满足的实际情况,解决方案如下:

其一,梁钢筋弯钩直段与柱钢筋不小于 45°斜交,成"零距离点接触"。

其二,将最内层梁纵筋按等面积置换为较小直径的钢筋。

其三,增大柱截面尺寸。

本注对梁中其他纵向钢筋亦适用。不同纵向钢筋"≥$0.4l_{aE}$"长度在变化,按工程规范和规程中梁柱节点处水平方向锚固钢筋尽可能伸至柱外侧,取值比 $0.4l_{aE}$ 更长,如图 3.18 所示。

注:b——柱保护层;

　　Φ_1——柱外侧钢筋直径;

　　Φ_2——上部第一排纵筋直径;

　　Φ_3——上部第二排纵筋直径;

　　Φ_4——下部第一排纵筋直径;

Φ_5——下部第二排纵筋直径；

a——层间纵向钢筋净距（一般 25 mm 或钢筋直径的最大值），即取值为

$$\max\begin{Bmatrix} d \\ 0.025 \text{ m} \end{Bmatrix};$$

a'——梁上部纵向钢筋与梁下部纵向钢筋在弯折 90° 后的直段钢筋净距。

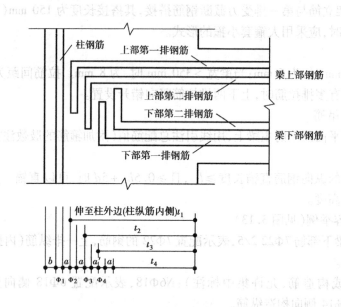

图 3.18　钢筋锚入柱长度示意

特别提示：目前，a' 距离有不同的理解，请读者注意。本教程按层间纵向钢筋净距 a 取值，即取值为 $\max\begin{Bmatrix} d \\ 0.025 \text{ m} \end{Bmatrix}$。

①上部第一排纵筋：伸至柱外边（柱纵筋内侧）长度 $t_1 = h_c - (b + \Phi_1 + a)$；

②上部第二排纵筋：伸至柱外边（柱纵筋内侧）长度 $t_2 = h_c - (b + \Phi_1 + \Phi_2 + 2a)$；

③下部第一排纵筋：伸至柱外边（柱纵筋内侧）长度 $t_3 = h_c - (b + \Phi_1 + \Phi_2 + \Phi_3 + 3a)$；

④下部第二排纵筋：伸至柱外边（柱纵筋内侧）长度 $t_4 = h_c - (b + \Phi_1 + \Phi_2 + \Phi_3 + \Phi_4 + 4a)$。

所以，梁钢筋水平锚入边柱的长度规定：上部筋："$\geqslant 0.4 l_{aE}$"；下部筋："伸至柱外边（柱纵筋内侧），且 $\geqslant 0.4 l_{aE}$"，应将上、下部钢筋的长度 t_i 与 "$\geqslant 0.4 l_{aE}$" 长度进行比较，取二者的最大值。

贯通钢筋另一种算法，有的地区使用下式计算：

单根长 = 梁总长 - 柱或梁保护层 × 保护层个数 + （梁高 - 上下保护层厚）× 90° 下弯到梁底的个数 + 定额规定的搭接长度

注意：

A. 若 HPB235 钢筋增加弯钩长度（带 180° 半圆弯钩每个增加 $6.25d$）；

B. 定额规定搭接长度在计算钢筋工程量时只要满足条件必须考虑，后面公式就不再写 "+ 定额规定搭接长度"。例如，某地区定额工程量计算规则规定搭接条件是：

现浇构件中的通长钢筋,未注明搭接且通长钢筋的长度超过 12 m(钢筋规格 12 mm 以内)及 8 m(钢筋规格 12 mm 以外)时,计算钢筋的搭接数量规定为:钢筋直径 ϕ12 mm 以内,按 12 m 长计算一个搭接;钢筋直径 ϕ12 mm 以外,按 8 m 长计算一个搭接。例如,钢筋直径 ϕ12 mm 以外,按 8 m 长计算搭接数量 = $\dfrac{\text{通长钢筋的长度}}{8}$ 的商向下取整。注意当 $\dfrac{\text{通长钢筋的长度}}{8}$ 的商为整数时,计算搭接数量为 $\dfrac{\text{通长钢筋的长度}}{8}$ 的商 -1。

搭接长度按规范规定计算。

2)边跨上部第一排钢筋

①弯锚时,单根长 = $\dfrac{\text{边跨跨度值}}{3} + t_1 + 15d$

②直锚时,单根长 = $\dfrac{\text{边跨跨度值}}{3} + l_{aE}$

3)边跨上部第二排钢筋

①弯锚时,单根长 = $\dfrac{\text{边跨跨度值}}{4} + t_2 + 15d$

②直锚时,单根长 = $\dfrac{\text{边跨跨度值}}{4} + l_{aE}$

4)边跨下部第一排钢筋

①弯锚时,单根长 = 边跨跨度值 + 边跨柱水平段锚入长度(即 $\max\begin{Bmatrix} 0.4l_{aE} \\ t_3 \end{Bmatrix}$)$+ 15d +$ 中间柱锚入长度(即 $\max\begin{Bmatrix} l_{aE} \\ 0.5h_c + 5d \end{Bmatrix}$)

②直锚时,单根长 = 边跨跨度值 + l_{aE} + 中间柱锚入长度(即 $\max\begin{Bmatrix} l_{aE} \\ 0.5h_c + 5d \end{Bmatrix}$)

其中,h_c 表示柱截面沿框架方向的高度。

5)边跨下部第二排钢筋

①弯锚时,单根长 = 边跨跨度值 + 边跨柱水平段锚入长度(即 $\max\begin{Bmatrix} 0.4l_{aE} \\ t_4 \end{Bmatrix}$)$+ 15d +$ 中间柱锚入长度(即 $\max\begin{Bmatrix} l_{aE} \\ 0.5h_c + 5d \end{Bmatrix}$)

②直锚时,单根长 = 边跨跨度值 + l_{aE} + 中间柱锚入长度(即 $\max\begin{Bmatrix} l_{aE} \\ 0.5h_c + 5d \end{Bmatrix}$)

6)中间支座上部第一排截断直钢筋

单根长 = $\dfrac{\text{支座左端跨跨度值与支座右端跨跨度值的最大值}}{3} \times 2 +$ 中间支座柱宽 h_c

7)中间支座上部第二排截断直钢筋

单根长 = $\dfrac{\text{支座左端跨跨度值与支座右端跨跨度值的最大值}}{4} \times 2 +$ 中间支座柱宽 h_c

8)中间跨下部第一、二排直钢筋

单根长 = 中间跨跨度值 + 左端柱钢筋锚入长度（如 $\max\begin{Bmatrix} l_{aE} \\ 0.5h_c + 5d \end{Bmatrix}$）+ 右端柱钢筋锚入

长度（如 $\max\begin{Bmatrix} l_{aE} \\ 0.5h_c + 5d \end{Bmatrix}$）

9）上部架立直钢筋

①边跨

单根长 = 边跨跨度值 × $\dfrac{2}{3}$ − 中间柱支座的左、右跨跨度值的最大值（即 $\max\begin{Bmatrix} l_{ni} \\ l_{ni+1} \end{Bmatrix}$）× $\dfrac{1}{3}$ +

架立筋的搭接长度 ×2

注：梁的上部既有通长筋又有架立筋时，其中架立筋的搭接长度为 150 mm（平法规定）。

②中间跨

单根长 = 中间跨跨度值 − 左、右端柱支座自柱边起梁上部第一排断开主筋（需与架力筋

搭接）的长度之和 + 架立筋的搭接长度 ×2

或　单根长 = 中间跨跨度值 − 中间跨左端柱支座的左、右跨跨度值的最大值（如

$\max\begin{Bmatrix} l_{ni-1} \\ l_{ni} \end{Bmatrix}$）× $\dfrac{1}{3}$ − 中间跨右端柱支座的左、右跨跨度值的最大值（如 $\max\begin{Bmatrix} l_{ni} \\ l_{ni+1} \end{Bmatrix}$）× $\dfrac{1}{3}$ + 架立

筋的搭接长度 ×2

10）悬挑钢筋

悬挑梁钢筋配筋，如图 3.19 所示。

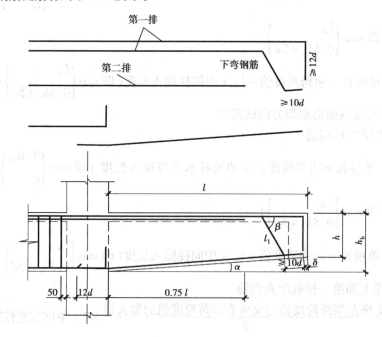

图 3.19　悬挑梁配筋

①上部第一排钢筋长度

当 $l < 4h_b$ 时，不将钢筋在端部弯下，否则至少两根角筋，并不少于第一排纵筋的 $\dfrac{1}{2}$ 不弯

下,其余纵筋弯下。其中,h_b 为悬挑梁与柱相交梁截面高度。

A. 上部第一排钢筋不下弯时,柱外侧挑出钢筋长度为

单根长 = l – 梁的保护层 + $12d$

B. 上部第一排钢筋下弯时,柱外侧挑出钢筋的长度为

单根长 = l – 梁的保护层 + $l_1(1 - \cos\beta) + 12d$

其中,$l_1 = \dfrac{(h_b - \delta)\cos\alpha - l\sin\alpha + (10d + \delta)\sin(2\alpha)/2 - \delta}{\cos\alpha\sin\beta}$

$\alpha = \arctan\dfrac{h_b - h}{l}$,$\beta = \begin{cases} \text{当梁高} > 800, \beta = 60° \\ \text{当梁高} \leqslant 800, \beta = 45° \end{cases}$

式中　h_b——梁根高;

　　　h——悬挑梁端头高;

　　　l——悬挑长度;

　　　δ——梁保护层厚;

　　　d——梁下弯钢筋直径。

②上部第二排钢筋长度

柱外侧挑出钢筋单根长 = $0.75l$

③下部钢筋长度

单根长 = $\dfrac{l}{\cos\alpha} - \delta$ + 梁下部入柱钢筋锚固长

其中,梁下部肋形钢筋锚长为 $12d$;当为光面钢筋时,其锚固长为 $15d$。

11)梁侧面构造钢筋

当梁腹板高度 $h_w \geqslant 450$ mm 时,须配置纵向构造钢筋。

①边跨

单根长 = 边跨跨度值 + 一个锚固长度($15d$) × 锚固个数(按图纸设计)

②中间跨

单根长 = 中间跨跨度值 + 一个锚固长度($15d$) × 锚固个数(按图纸设计)

注:一个搭接长度为 $15d$。

12)梁侧面配置的受扭钢筋

平法规定:梁侧面受扭纵向钢筋在中间支座及端支座的锚固长度与方式同框架梁下部纵筋。

①边跨

单根长 = 边跨跨度值 + 锚入边柱水平段长度 $\max\begin{Bmatrix} 0.4l_{aE} \\ \text{伸至柱外边(柱纵筋内侧)} \end{Bmatrix} + 15d$ + 锚

入中间柱一个锚固长度(即 $\max\begin{Bmatrix} l_{aE} \\ 0.5h_c + 5d \end{Bmatrix}$)（按设计图纸）

②中间跨

单根长 = 中间跨跨度值 + 左端柱钢筋锚入长度(如 $\max\begin{Bmatrix} l_{aE} \\ 0.5h_c + 5d \end{Bmatrix}$) + 右端柱钢筋锚入

长度(如:$\max\begin{Bmatrix}l_{aE}\\0.5h_c+5d\end{Bmatrix}$)

13)角部附加筋

平法规定:当柱纵筋直径≥25 mm 时,在柱宽范围的柱箍筋内侧设置间距≤150 mm,但不小于 3φ10 的角部附加钢筋。

角部附加筋的做法:90°弯钩,弯钩的弯曲直径 $D=6d$(角部附加钢筋 $d≤25$ mm 时,否则 $D=8d$),平直断长度两端均为 300 mm。一个 90°弯钩的增长值 $=1.5d$。

角部附加筋单根长 = 一个 90°弯钩的增加长度 $+300×2=600+1.5d$ (mm)

14)一个箍筋的长度

以双肢箍为例,计算一个箍筋的长度。钢筋工程量不考虑钢筋弯折调整值。

由于规范及平法规定:光圆钢筋一个 135°弯钩平直段长度(抗震) $=\max\begin{Bmatrix}10d\\75\text{ mm}\end{Bmatrix}$

故一个 135°斜弯钩的增加长度 $=\max\begin{Bmatrix}12d\\75\text{ mm}+2d\end{Bmatrix}$。

一个箍筋的长度 = 构件断面周长 - 保护层×8 $+8d$ +2 个 135°弯钩增加长度(抗震)

$$=构件断面周长-保护层(主筋)×8+8d+2×\max\begin{Bmatrix}12d\\75\text{ mm}+2d\end{Bmatrix}$$

$$=构件断面周长-保护层(主筋)×8+\max\begin{Bmatrix}32d\\150\text{ mm}+12d\end{Bmatrix}$$

当 $d≥8$ mm 时,一个箍筋的长度 = 构件断面周长 - 保护层×8 $+32d$ m

当 $d<8$ mm 时,一个箍筋的长度 = 构件断面周长 - 保护层×8 $+12d+0.150$ m

注:如果读者当地计算一个箍筋的长度与上述不同时,按有关规定计算。

15)一个拉筋长度计算

①以主筋保护层为标准计算拉筋的长度

一个拉筋长度 = 拉筋左右端外皮长度 + 一个 135°斜弯钩的增加长度×2

$$=[拉筋长度方向构件的宽度-构件保护层×2+d'×2+2d]+\max\begin{Bmatrix}12d\\75\text{ mm}+2d\end{Bmatrix}×2$$

$$=拉筋长度方向构件的宽度-构件保护层×2+2d'+\max\begin{Bmatrix}26d\\150\text{ mm}+6d\end{Bmatrix}$$

式中 d'——箍筋直径,mm。

当 $d≥8$ 时,一个拉筋长度 = 拉筋长度方向构件的宽度 - 构件的保护层×2 $+2d'+26d$ m

当 $d<8$ 时,一个拉筋长度 = 拉筋长度方向构件的宽度 - 构件的保护层×2 $+2d'+6d+0.150$ m

②以构造筋(拉筋)保护层(不小于 15 mm)为标准计算拉筋的长度

一个拉筋长度 = (拉筋长度方向构件宽度 - 拉筋保护层×2 +2 个 135°斜弯钩增加长度

$$=(拉筋长度方向构件宽度-拉筋保护层×2+\max\begin{Bmatrix}24d\\150\text{ mm}+4d\end{Bmatrix}$$

当 $d≥8$ 时,一个拉筋长度 = (拉筋长度方向构件的宽度 - 拉筋保护层×2 $+24d$ m

当 $d < 8$ 时，一个拉筋长度 ＝（拉筋长度方向构件的宽度 － 拉筋保护层 ×2 ＋ 4d ＋ 0.150　　m

上述所列的公式用于非抗震或四级抗震时，将式中 l_{aE} 改成 l_a。

3.4.4　案例

（1）基础钢筋计算

建筑地基基础设计规范 2002 版规定：钢筋混凝土条形基础底板在 T 形及十字形交接处，底板横向受力钢筋仅沿一个主要受力方向通长布置，另一方向的横向受力钢筋可布置到主要受力方向底板宽度 1/4 处，在拐角处底板横向受力钢筋应沿两个方向布置，如图 3.20 所示。

【案例 35】　某二级抗震的钢筋混凝土基础工程，混凝土为 C25，基础布置及配筋如图 3.20 所示。试计算基础钢筋工程量。

解　基础砼保护层（无垫层）：70 mm。分布筋在内外墙四角及内外墙交接处与受力筋搭接时，搭接长度取 5d。

（1）基础受力主筋 ϕ12@150

1）外墙

左下角开始，从逆时针方向开始计算。

单根长 ＝ 基础构件底宽 － 保护层 ×2 ＋ 12.5d
　　　　 ＝ 1.0 － 0.070 ×2 ＋ 12.5 ×0.012 ＝ 1.010（m）

受力钢筋根数为

$$\left(\frac{11.2+0.5\times2-0.070\times2}{0.15}\text{的商向上取整}+1\right)+\left(\frac{11.4+0.5\times2-0.070\times2}{0.15}\text{的商向上取整}+\right.$$

$$\left.1\right)+\left(\frac{8.4+0.5\times2-0.070\times2}{0.15}\text{的商向上取整}+1\right)+\left(\frac{3.0+0.5\times2-0.070\times2}{0.15}\text{的商向上取整}+\right.$$

$$\left.1\right)+\left(\frac{2.8+0.5\times2-0.070\times2}{0.15}\text{的商向上取整}+1\right)+\left(\frac{0.8+3.6+4.0+0.5\times2-0.070\times2}{0.15}\text{的}\right.$$

$$\left.\text{商向上取整}+1\right)$$

　　 ＝（81＋1）＋（82＋1）＋（62＋1）＋（26＋1）＋（25＋1）＋（62＋1）
　　 ＝ 344（根）

总长 ＝ 1.010 ×344 ＝ 347.440（m）

外墙受力钢筋质量：347.44 ×0.888 ＝ 308.526 7 ＝ 308.53（kg）

2）内墙受力钢筋

按先横后竖，先上后下的顺序计算。

单根长 ＝ 0.8 － 0.07 ×2 ＋ 12.5 ×0.012 ＝ 0.810（m）

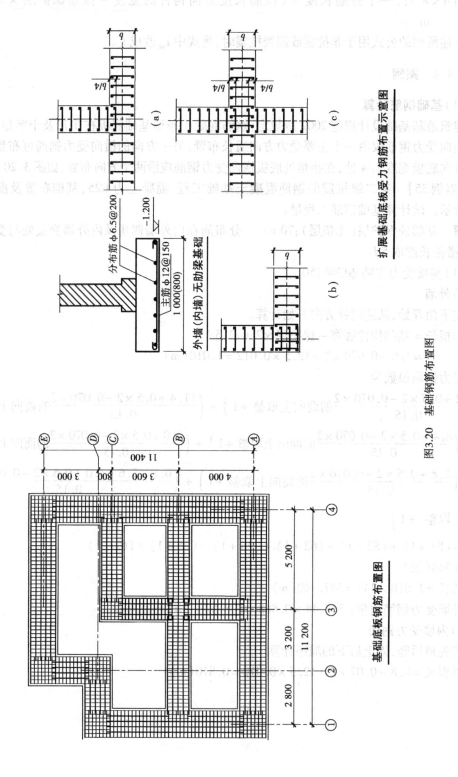

图3.20 基础钢筋布置图

受力钢筋根数：$\left[\dfrac{11.2-0.5\times2+(1.00/4)\times2}{0.15}$的商向上取整$+1\right]+\left[\dfrac{5.2-0.5+0.4+(1.00/4)-0.070}{0.15}\right.$

$\left.$的商向上取整$+1\right]+\left[\dfrac{4.0-0.5-0.4+(1.00/4)+(0.80/4)}{0.15}$的商向上取

$\left.$整$+1\right]+\left[\dfrac{3.6-0.4+0.4+(0.80/4)-0.070}{0.15}$的商向上取整$+1\right]$

$=(72+1)+(36+1)+(24+1)+(25+1)$

$=161$（根）

总长 $=0.810\times161=130.410$（m）

内墙受力钢筋质量：$130.410\times0.888=115.80$（kg）

合计：$308.53+115.80=424.33$（kg）

(2)分布筋 $\phi6.5@200$

1)外墙基础断面分布筋根数

$$\frac{1.0-0.07\times2}{0.2}的商向上取整+1=5+1=6（根）$$

其中：

①T 形接头处

外墙内侧断开分布筋为 2 根；（请读者演算时，找准分布筋的中心线位置）

外墙外侧通长分布筋为 4 根。

②非 T 形接头处

外墙基础全部通长分布筋为 6 根。

2)内墙基础断面分布筋根数

$$\frac{0.8-0.07\times2}{0.2}的商向上取整+1=5（根）$$

其中：

①T 形接头处

内墙一侧断开分布筋为 1 根，两侧计 2 根；

内墙同一基础两侧均断开时，通长分布筋为 3 根。

②非 T 形接头处

内墙基础全部通长分布筋为 5 根。

3)外墙内侧断开分布筋单根长度

$(2.8+3.2-0.5-0.4+5d\times2)+(5.2-0.5-0.4+5d\times2)+(4.0-0.5-0.4+5d\times$

$2)+(3.6-0.4\times2+5d\times2)+(0.8+3.0-0.4-0.5+5d\times2)+(0.8+3.6-0.4-$

$0.5+5d\times2)+(4.0-0.5-0.4+5d\times2)$

$=24.8+(5\times0.006\,5\times2)\times7$ 处

$=25.255$（m）

计 2 根。

4)外墙外侧通长分布筋单根长度

$(2.8+3.2+5.2-0.5\times2+5d\times2)+(4.0+3.6+0.8+3.0-0.5\times2+5d\times2)+$

$(0.8+3.6+4.0-0.5\times2+5d\times2)$

$=28.00+(5\times0.006\,5\times2)\times3\,处=28.195(m)$

计 4 根。

5）外墙基础全部通长分布筋单根长度

$(5.2+3.2-0.5\times2+5d\times2)+(3.0-0.5\times2+5d\times2)+(2.8-0.5\times2+5d\times2)$

$=11.200+(5\times0.006\,5\times2)\times3\,处$

$=11.395(m)$

计 6 根。

6）内墙一侧断开分布筋单根长度

$(2.80+3.2-0.5-0.4+5d\times2)+(5.2-0.4-0.5+5d\times2)$

$=9.400+(5\times0.006\,5\times2)\times2\,处$

$=9.530(m)$

两侧计 2 根。

7）内墙断开分布筋的同一基础中间通长钢筋

$2.80+3.2+5.2-0.5\times2+5d\times2$

$=10.20+5\times0.006\,5\times2$

$=10.265(m)$

计 3 根。

8）内墙基础全部通长分布筋单根长度

$(5.2-0.5-0.4+5d\times2)+(4.0-0.4-0.5+5d\times2)+(3.6-0.4-0.4+5d\times2)$

$=10.20+(5\times0.006\,5\times2)\times3\,处$

$=10.395(m)$

计 5 根。

（3）分布筋钢筋工程量

$(25.255\times2+28.195\times4+11.395\times6+9.530\times2+10.265\times3+10.395\times5)\times0.260$

$=333.490\times0.260=86.707\,4=86.71(kg)$

（4）钢筋工程量汇总

φ10 以内钢筋：$86.71\,kg=0.087\,t$

φ10 以外钢筋：$424.33\,kg=0.424\,t$

（2）板钢筋计算

板的钢筋一般容易识读，负筋和分布筋稍难一些，读者可参考图 3.21 理解。

【案例 36】 工程为单跨双向钢筋混凝土现浇板，混凝土：板 C30，下部短跨方向的钢筋放于下排，如图 3.22 所示。已知梁的角筋直径 25，砼 C30，保护层厚 25，四级抗震，$l_a=24d$，请计算板钢筋工程量。

解 本案例按分布筋"距梁角筋 1/2 板筋间距"考虑。其钢筋工程量计算如下：

按图 3.22 中的单跨双向板的分离式配筋剖面示意图之一所示方式配置钢筋。

（1）底层受力筋

1）①号钢筋：φ12@150

单根长 $=7.5+0.12-0.015（板保护层）+12.5\times0.012=7.755(m)$

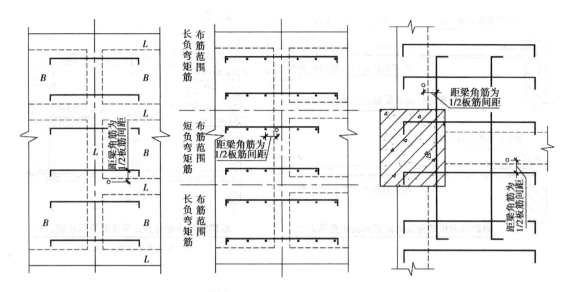

图3.21　板负筋和分布筋布置示意图

$$根数 = \frac{4.5 + 0.12 \times 2 - 0.015 \times 2}{0.15} 的商向上取整 + 1 = 32 + 1 = 33(根)$$

$$总长 = 7.755 \times 33 = 255.915(m)$$

$\phi 12$ 钢筋理论质量为 0.888 kg/m

钢筋质量：$255.915 \times 0.888 = 227.25(kg)$

2）②号钢筋：$\phi 12@100$

单根长 $= 4.5 + 0.12 \times 2 - 0.015 \times 2 + 12.5 \times 0.012 = 4.860(m)$

$$根数 = \frac{(7.5 + 0.12 - 0.015) - 0.12 + 0.025 - \frac{1}{2} \times 0.100}{0.10} 的商向上取整 + 1 = 75 + 1$$

$$= 76(根)$$

总长：$4.860 \times 76 = 369.360(m)$

钢筋质量：$369.360 \times 0.888 = 327.99(kg)$

（2）顶层负弯矩钢筋

1）③号长负弯矩钢筋：$\phi 10@150$

单根长 $= 1.2 + 0.24 - 0.015 + (0.12 - 0.015) \times 2 = 1.635(m)$

$$根数 = \left(\frac{1.2 + 0.24 - 0.015}{0.15} 的商向上取整 + 1 \right) \times 4 边（注：沿板左侧上、下角竖直及水平$$

方向布设）$+ \left(\dfrac{1.2 + 0.025 - \frac{1}{2} \times 0.15}{0.15} 的商向上取整 + 1 \right) \times 2 边（注：沿板右侧上、下角水平

方向布设）

$$= (10 + 1) \times 4 + (8 + 1) \times 2 = 62(根)$$

总长：$1.635 \times 62 = 101.37(m)$

钢筋质量：$101.37 \times 0.617 = 62.55(kg)$

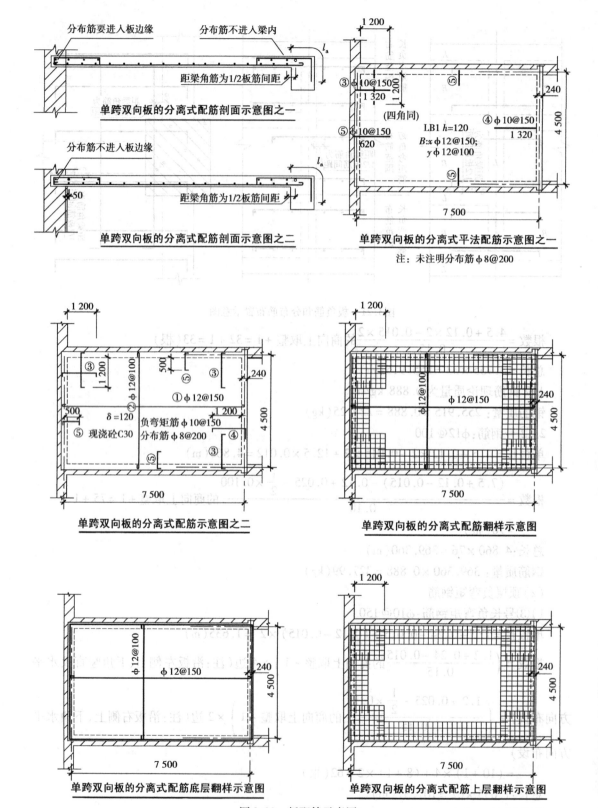

单跨双向板的分离式配筋剖面示意图之一

单跨双向板的分离式配筋剖面示意图之二

单跨双向板的分离式平法配筋示意图之一

注：未注明分布筋φ8@200

单跨双向板的分离式配筋示意图之二

单跨双向板的分离式配筋翻样示意图

单跨双向板的分离式配筋底层翻样示意图

单跨双向板的分离式配筋上层翻样示意图

图3.22　板配筋示意图

2）④号长负弯矩钢筋（锚入梁的负弯矩筋）：$\phi 10@150$

单根长 $= 1.2 + (0.12 - 0.015) + l_a = 1.2 + (0.12 - 0.015) + 24d = 1.2 + (0.12 - 0.015) + 24 \times 0.010 = 1.545(\text{m})$

根数 $= \dfrac{4.5 + 0.12 \times 2 - 0.015 \times 2}{0.15}$ 的商向上取整 $+ 1 = 32 + 1 = 33(\text{根})$

总长：$1.545 \times 33 = 50.985(\text{m})$

$\phi 10$ 钢筋理论质量为 $0.617\ \text{kg/m}$

钢筋质量：$50.985 \times 0.617 = 31.46(\text{kg})$

3）⑤号短负弯矩钢筋：$\phi 10@150$

单根长 $= 0.5 + 0.24 - 0.015 + (0.12 - 0.015) \times 2 = 0.935(\text{m})$

根数 $= \left(\dfrac{4.5 - 0.12 \times 2 - 1.2 \times 2}{0.15} \text{的商向上取整} - 1\right)$（注：沿板左端竖直方向布设）$+$

$\left(\dfrac{7.5 - 0.12 \times 2 - 1.2 \times 2}{0.15} \text{的商向上取整} - 1\right) \times 2 \text{边}$（注：沿板上、下水平方向布设）

$= (13 - 1) + (33 - 1) \times 2 = 76(\text{根})$

总长：$0.935 \times 76 = 71.060(\text{m})$

钢筋质量：$71.060 \times 0.617 = 43.84(\text{kg})$

（3）顶层分布筋：$\phi 8@200$

分布筋搭接长度取 $5d$。

1）单根长

纵向：$4.5 - 0.12 \times 2 - 1.2 \times 2 + 5 \times 0.008 \times 2 = 1.940(\text{m})$

横向：$7.5 - 0.12 \times 2 - 1.2 \times 2 + 5 \times 0.008 \times 2 = 4.940(\text{m})$

2）分布筋根数（按分布筋进入砌体墙内板的边缘时计算钢筋根数）

板左边纵向分布筋的根数：$\dfrac{0.5 + 0.24 - 0.015}{0.2}$ 的商向上取整 $+ 1 = 5(\text{根})$

板上、下边横向分布筋的根数：$\dfrac{0.5 + 0.24 - 0.015}{0.2}$ 的商向上取整 $+ 1 = 5(\text{根})$

板右边（即梁所在边）纵向分布筋的根数：$\dfrac{1.2 + 0.025 - \frac{1}{2} \times 0.20}{0.2}$ 的商向上取整 $+ 1$

$= 6 + 1 = 7(\text{根})$

3）钢筋工程量

纵向分布筋根数共为 $5 + 7 = 12$ 根，其总长：$1.940 \times 12 = 23.280(\text{m})$

横向分布筋根数共为 $5 + 5 = 10$ 根，其总长：$4.940 \times 10 = 49.400(\text{m})$

分布筋总长 $= 23.280 + 49.400 = 72.680(\text{m})$

$\phi 8$ 钢筋理论质量为 $0.395\ \text{kg/m}$

分布筋质量：$72.680 \times 0.395 = 28.71(\text{kg})$

注：板中分布钢筋还可按一般距墙边或梁边 50 mm 开始配置的方式计算钢筋工程量，此处请读者计算。

（4）钢筋工程量汇总

$\phi 10$ 以内 I 级钢筋: $62.55 + 31.46 + 43.84 + 28.71 = 166.56$ (kg) $= 0.167$ (t)

$\phi 10$ 以外 I 级钢筋: $227.25 + 327.99 = 555.24$ (kg) $= 0.555$ (t)

（3）连续梁钢筋计算

【案例37】 某地工程(二级抗震)设计有钢筋混凝土连续梁 10 根,使用材料:梁 C30。钢筋配筋如图 3.23 所示。计算连续梁的砼及钢筋工程量。

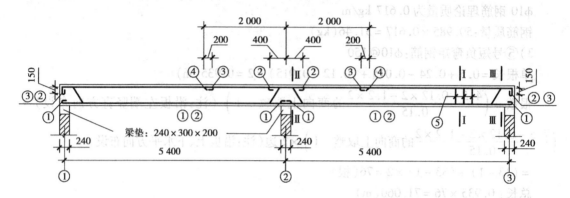

连续梁

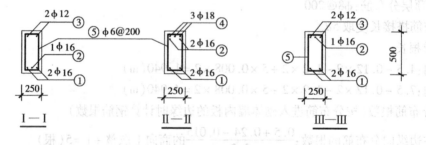

图 3.23 连续梁配筋

解 （1）砼工程量

$[(5.40 + 0.12) \times 2$ 边 $\times 0.5 \times 0.25 + 0.24 \times 0.3 \times 0.2 \times 3$ 个$] \times 10$ 根 $= 14.232$（m^3）

（2）钢筋工程量

1）①号钢筋:2Φ16

$(5.4 + 0.12 \times 2 - 0.025 + 12.5 \times 0.016) \times 2$ 根 $\times 1.578 \times 2$ 边 $\times 10$ 根

$= 367.04$（kg）

2）②号钢筋:Φ16

$\{5.4 + 0.12 + 0.4 - 0.025 + 0.15 + 12.5 \times 0.016 + 0.414 \times [(0.5 - 0.025 \times 2) \times 2 - 0.025$（上、下排钢筋间净距）$- 0.018]\} \times 1.578 \times 2$ 边 $\times 10$ 根

$= 207.73$（kg）

注:在第二排钢筋计算时,顾及第一排钢筋直径(18 mm)及上部第一、第二排钢筋间净距:

$$\max \begin{Bmatrix} d \\ 0.025 \text{ m} \end{Bmatrix} = \max \begin{Bmatrix} 0.018 \text{ m} \\ 0.025 \text{ m} \end{Bmatrix} = 0.025 \text{ m}$$

3）③号钢筋:2φ12

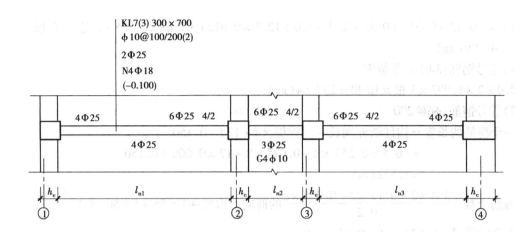

KL7平面整体表示方法配筋图

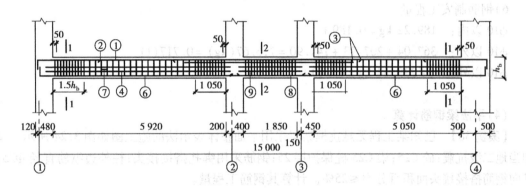

KL7传统表示方法配筋图

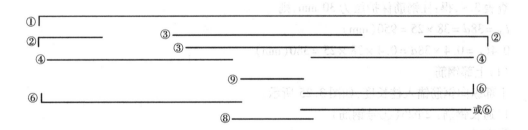

KL7配筋翻样图

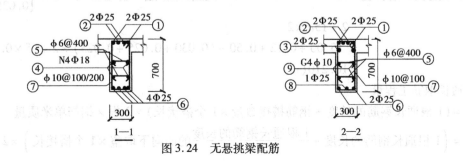

图3.24 无悬挑梁配筋

97

$(5.4 + 0.12 - 0.025 + 0.15 + 0.2 - 2.0 + 12.5 \times 0.012) \times 2$ 根 $\times 0.888 \times 2$ 边 $\times 10$ 根

$= 141.90 (kg)$

4) ④号钢筋:3Φ18(Ⅱ级钢)

$2.0 \times 2 \times 1.997 \times 3$ 根 $\times 10$ 根 $= 239.64 (kg)$

5) ⑤号钢筋:$\phi6@200$

一个箍筋的长度 = 构件断面周长 − 保护层 $\times 8 + 12d + 0.150$

$\qquad = (0.5 + 0.25) \times 2 - 0.025 \times 8 + 12 \times 0.006 + 0.150$

$\qquad = 1.522 (m)$

箍筋个数 $= \dfrac{5.4 \times 2 + 0.12 \times 2 - 0.025 \times 2}{0.2}$ 的商向上取整 $+ 1 = 55 + 1 = 56$(个)

钢筋的质量 $= 1.522 \times 56 \times 0.222 \times 10$

$\qquad = 189.22 (kg)$

6) 钢筋制安工程量

$\phi10$ 以内: $189.22 \ kg = 0.189 \ t$

$\phi10$ 以外: $367.04 + 207.73 + 141.90 = 716.67 (kg) = 0.717 (t)$

$\phi10$ 以外(Ⅱ):$239.64 \ kg = 0.240 \ t$

(4) 平法梁钢筋计算

【案例 38】 已知某工程无悬挑框架梁采用平面整体表示法的施工图如图 3.24 所示。又知当地二级抗震;砼 C25;梁 C25 砼保护层 25;钢筋采用绑扎搭接接头;柱外边纵筋直径 Φ25;纵向钢筋搭接接头面积百分率≤25%。计算其钢筋工程量。

解 由梁二级抗震,C25 砼,查表 3.12,得:$l_{aE} = 31d$(HPB325),$l_{aE} = 38d$(HRB325,$d \leqslant 25$)。从而 $l_{lE} = 37d$(HPB325),$l_{lE} = 46d$(HRB325,$d \leqslant 25$)。

查表 3.9,得:柱钢筋保护层为 30 mm,则

$l_{aE} = 38d = 38 \times 25 = 950 (mm)$

$0.4 l_{aE} = 0.4 \times 38d = 0.4 \times 38 \times 25 = 380 (mm)$

(1) 上部钢筋

上部纵向钢筋锚入柱长度,如图 3.25 所示。

1) 通长钢筋:2Φ25(①号钢筋)

① 弯锚

1 根通长钢筋长度 $= 15.00 + 0.12 + 0.50 - ($柱筋保护层 + 柱筋直径 $+ \max \begin{Bmatrix} d \\ 0.025 \end{Bmatrix}) \times$

$\qquad 2 + 15d \times 2$

$\qquad = 15.00 + 0.12 + 0.50 - (0.030 + 0.025 + 0.025) \times 2 + 15 \times 0.025 \times 2$

$\qquad = 16.210 (m)$

通长钢筋工程量

$= ($1 根通长钢筋的长度 + 钢筋搭接数量 $\times$ 1 个搭接长$) \times 2$ 根 $\times$ 钢筋单米质量

$= \left(1 根通长钢筋的长度 + \dfrac{1 根通长钢筋的长度}{8}\right.$ 的商向下取整 $\times$ 1 个搭接长$\left.\right) \times 2$ 根 $\times$

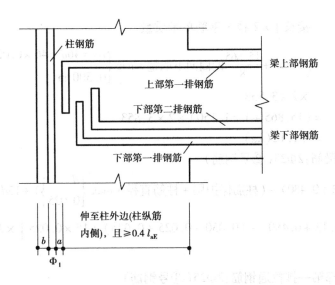

图 3.25 上部钢筋锚入柱长度示意图

钢筋单米质量

$$= \left(16.210 + \frac{16.210}{8} \text{的商向下取整} \times \max \begin{Bmatrix} l_{lE} = 46d = 46 \times 0.025 = 1.150\,(\text{m}) \\ 0.300\ \text{m} \end{Bmatrix}\right) \times$$

$$2 \times 3.853$$

$$= (16.210 + 2 \times 1.150) \times 2 \times 3.853$$

$$= 18.510 \times 2 \times 3.853$$

$$= 142.64\,(\text{kg})$$

②直锚

由于 右边柱钢筋直锚长度 $= \max \begin{Bmatrix} l_{aE} = 38d = 38 \times 0.025 = 0.950\,(\text{m}) \\ 0.5h_c + 5d = 0.5 \times 1.000 + 5 \times 0.025 = 0.625\,(\text{m}) \end{Bmatrix}$

$$= 0.950\ \text{m}$$

而 右边柱钢筋水平伸入长度 $= h_c - 0.030\,(\text{柱保护层})$

$$= 0.5 + 0.5 - 0.030$$

$$= 0.970\,(\text{m}) > \text{钢筋直锚长度 } 0.950\ \text{m}$$

故可采用直锚进入柱内,其长度 $= 0.950\ \text{m}$

1 根通长钢筋的长度 $= 15.00 + 0.12 - \left(\text{柱筋保护层} + \text{柱筋直径} + \max \begin{Bmatrix} d \\ 0.025 \end{Bmatrix}\right) + 15d -$

$$0.50 + l_{aE}$$

$$= 15.00 + 0.12 - (0.030 + 0.025 + 0.025) + 15 \times 0.025 - 0.50 +$$

$$38 \times 0.025$$

$$= 15.865\ (\text{m})$$

通长钢筋工程量 $=$ (1 根通长钢筋的长度 + 钢筋搭接数量 × 1 个搭接长) × 2 根 × 钢筋单
米质量

$$= \left(1 \text{ 根通长钢筋的长度} + \frac{1 \text{ 根通长钢筋的长度}}{8} \text{的商向下取整} \times 1 \text{ 个搭}\right.$$

$$接长\bigg)\times 2\ 根\times 钢筋单米质量$$

$$=\left(15.865+\frac{15.865}{8}的商向下取整\times\max\left\{\begin{array}{l}l_{IE}=46d=46\times0.025=1.150(\text{m})\\0.300\ \text{m}\end{array}\right\}\right)$$

$$\times2\times3.853$$

$$=(15.865+1\times1.150)\times2\times3.853$$

$$=131.12(\text{kg})$$

2)左端第一排梁筋:2Φ25(②号钢筋)

$$\left[\frac{5.920}{3}+(0.12+0.480)-(柱筋保护层+柱筋直径+\max\left\{\begin{array}{l}d\\0.025\end{array}\right\})+15d\right]\times2\ 根\times3.853$$

$$=\left[\frac{5.920}{3}+(0.12+0.480)-(0.030+0.025+0.025)+15\times0.025\right]\times2\times3.853$$

$$=22.10\ (\text{kg})$$

3)中间跨梁上部第一排拉通钢筋:2Φ25(③号钢筋)

$$\left(\frac{5.920}{3}+0.2+2.4+0.45+\frac{5.050}{3}\right)\times2\ 根\times3.853$$

$$=6.707\times2\times3.853=51.68(\text{kg})$$

4)中间跨上部第二排拉通钢筋:2Φ25(③号钢筋)

$$\left(\frac{5.920}{4}+0.2+2.4+0.45+\frac{5.050}{4}\right)\times2\ 根\times3.853$$

$$=5.793\times2\times3.853=44.64(\text{kg})$$

5)右端上部第一排钢筋:2Φ25(②号钢筋)

①方法一:按平法通常入柱弯锚做法计算

$$\left[\frac{5.050}{3}+0.50+0.50-(柱筋保护层+柱筋直径+\max\left\{\begin{array}{l}d\\0.025\end{array}\right\})+15d\right]\times2\ 根\times3.853$$

$$=\left[\frac{5.050}{3}+0.50+0.50-(0.030+0.025+0.025)+15\times0.025\right]\times2\ 根\times3.853$$

$$=22.95\ (\text{kg})$$

②方法二:按平法直锚入柱做法计算

$$\left(\frac{5.050}{3}+0.950\right)\times2\ 根\times3.853$$

$$=20.29(\text{kg})$$

(2)梁中间部位腰筋

1)左端跨中间受扭钢筋:N4Φ18(④号钢筋)(集中标注):

平法规定梁侧面受扭纵向钢筋其锚固长度与方式同框架梁下部纵筋。

①梁在柱端头

A.左端跨

上排受扭钢筋锚入边柱内侧钢筋直段长度按下部第一排钢筋锚入柱长度计算,如图3.26所示。则上排受扭钢筋锚入边柱内侧钢筋直段长度

$$=h_c-\left[0.030(柱保护层)+柱筋直径+0.025+\max\left\{\begin{array}{l}d\\0.025\end{array}\right\}+0.025+\max\left\{\begin{array}{l}d\\0.025\end{array}\right\}\right]$$

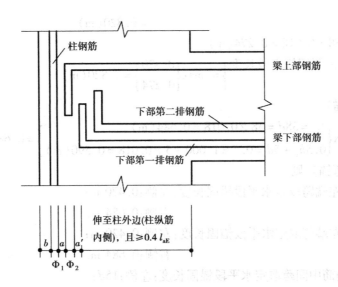

图 3.26 受扭纵筋锚入柱长度示意图

$$= 0.6 - (0.030 + 0.025 + 0.025 + 0.025 + 0.025)$$

$$= 0.60 - 0.130 = 0.470(\text{m})$$

$$0.4l_{aE} = 0.4 \times 38 \times 0.018 = 0.274(\text{m})$$

故 $\max \begin{Bmatrix} \text{锚入边柱内侧钢筋直段长度} \\ 0.4l_{aE} \end{Bmatrix} = \max \begin{Bmatrix} 0.470 \\ 0.274 \end{Bmatrix} = 0.470(\text{m})$

又由于 下排受扭钢筋锚入边柱内侧钢筋直段长度(按下部第二排钢筋锚入柱长度计算)

$$= h_c - [0.030(\text{柱保护层}) + \text{柱筋直径} + 0.025 + \max\begin{Bmatrix} d \\ 0.025 \end{Bmatrix} + 0.025 + \max\begin{Bmatrix} d \\ 0.025 \end{Bmatrix} +$$

$$0.025 + \max\begin{Bmatrix} d \\ 0.025 \end{Bmatrix}]$$

$$= 0.6 - (0.030 + 0.025 + 0.025 + 0.025 + 0.025 + 0.025 + 0.025)$$

$$= 0.60 - 0.180 = 0.420(\text{m})$$

$$0.4l_{aE} = 0.4 \times 38 \times 0.018 = 0.274(\text{m})$$

故 $\max \begin{Bmatrix} \text{锚入边柱内侧钢筋直段长度} \\ 0.4l_{aE} \end{Bmatrix} = \max \begin{Bmatrix} 0.420 \\ 0.274 \end{Bmatrix} = 0.420(\text{m})$

B. 右端跨

a. 方法一(弯锚)

由于 上排受扭钢筋锚入边柱内侧钢筋直段长度 $= h_c - 0.130$

$$= 1.0 - 0.130$$

$$= 0.870(\text{m})$$

$$0.4l_{aE} = 0.4 \times 38 \times 0.018 = 0.274(\text{m})$$

故 $\max \begin{Bmatrix} \text{锚入边柱内侧钢筋直段长度} \\ 0.4l_{aE} \end{Bmatrix} = \max \begin{Bmatrix} 0.870 \\ 0.274 \end{Bmatrix} = 0.870(\text{m})$

又 下排受扭钢筋锚入边柱内侧钢筋直段长度 $= h_c - 0.180$

$$= 1.0 - 0.180$$

$$= 0.820(\text{m})$$

$0.4 l_{aE} = 0.4 \times 38 \times 0.018 = 0.274(\text{m})$

故 $\max \begin{Bmatrix} \text{锚入边柱内侧钢筋直段长度} \\ 0.4 l_{aE} \end{Bmatrix} = \max \begin{Bmatrix} 0.820 \\ 0.274 \end{Bmatrix} = 0.820(\text{m})$

b. 方法二(直锚)

锚固长度 $= \max \begin{Bmatrix} l_{aE} = 38d = 38 \times 0.018 = 0.684(\text{m}) \\ 0.5 h_c + 5d = 0.5 \times 1.000 + 5 \times 0.018 = 0.590(\text{m}) \end{Bmatrix} = 0.684 = l_{aE} = 38d$

C. 按方法一(弯锚),则

上部受扭钢筋左端跨取定水平段锚固长度:左侧:0.470 m;
右侧:0.684 m。

下部受扭钢筋左端跨取定水平段锚固长度:左侧:0.420 m;
右侧:0.684 m。

上、下部受扭钢筋中间跨取定水平段锚固长度:左侧:15d;
右侧:15d。

上部受扭钢筋右端跨取定水平段锚固长度:左侧:0.684 m;
右侧:0.870 m。

下部受扭钢筋右端跨取定水平段锚固长度:左侧:0.684 m;
右侧:0.820 m。

按方法二(平锚),则

下部钢筋取定水平段锚固长度:左端跨:0.684 m;
右端跨:0.684 m。

②钢筋工程量计算

A. 左端跨中间抗扭钢筋

$\{[5.920 + (0.420 + 15 \times 0.018) + 0.684] + [5.920 + (0.470 + 15 \times 0.018) + 0.684]\} \times$
2 根 $\times 1.997$

$= 58.46(\text{kg})$

B. 中间跨构造钢筋:G 4φ10(⑨号钢筋)(原位标注)

平法规定:构造钢筋锚固长度15d。

$(1.85 + 15 \times 0.010 \times 2 \text{端}) \times 4 \text{根} \times 0.617$

$= 5.31(\text{kg})$

C. 右端跨中间抗钮钢筋:N4φ18(④号钢筋)(集中标注)

a. 方法一:弯锚

$[(5.050 + 0.684 + 0.820 + 15 \times 0.018) + (5.050 + 0.684 + 0.870 + 15 \times 0.018)] \times 2 \text{根} \times 1.997$

$= 54.41(\text{kg})$

b. 方法二:平锚

$(5.050 + 0.684 + 0.684) \times 4 \text{根} \times 1.997$

$= 51.27(\text{kg})$

(3)梁下部钢筋工程量

1)左跨:4Φ25(⑥号钢筋)

由于　锚入边柱内侧钢筋直段长度 $= h_c - 0.130$

$$= 0.470(\text{m})$$

故　钢筋质量 $= \left[5.920 + \max \begin{cases} 0.40 l_{aE} = 0.40 \times 38d = 0.40 \times 38 \times 0.025 = 0.380(\text{m}) \\ \text{锚入边柱内侧钢筋直段长度} = 0.470 \ \text{m} \end{cases} \right. +$

$$15 \times 0.025 + \max \begin{cases} l_{aE} = 38d = 38 \times 0.025 = 0.950(\text{m}) \\ 0.5 h_c + 5d = 0.5 \times 0.600 + 5 \times 0.025 = 0.425(\text{m}) \end{cases} \right] \times$$

4 根 $\times 3.853$

$$= (5.920 + 0.470 + 0.375 + 0.950) \times 4 \ \text{根} \times 3.853$$

$$= 118.90(\text{kg})$$

2）中间跨：3Φ25（⑧号钢筋）

钢筋质量 $= (1.850 + \max \begin{cases} l_{aE} = 38d = 38 \times 0.025 = 0.950(\text{m}) \\ 0.5 h_c + 5d = 0.5 \times 0.600 + 5 \times 0.025 = 0.425(\text{m}) \end{cases} +$

$$\max \begin{cases} l_{aE} = 38d = 38 \times 0.025 = 0.950(\text{m}) \\ 0.5 h_c + 5d = 0.5 \times 0.600 + 5 \times 0.025 = 0.425(\text{m}) \end{cases}) \times 3 \ \text{根} \times 3.853$$

$$= (1.850 + 0.950 + 0.950) \times 3 \ \text{根} \times 3.853$$

$$= 43.35(\text{kg})$$

3）右跨：4φ25（⑥号钢筋）

①方法一：按平法通常入柱弯锚做法计算

由于　锚入边柱内侧钢筋直段长度 $= h_c - 0.130$

$$= 1.0 - 0.130$$

$$= 0.870(\text{m})$$

故　钢筋质量 $= (5.050 + \max \begin{cases} l_{aE} = 38d = 38 \times 0.025 = 0.950(\text{m}) \\ 0.5 h_c + 5d = 0.5 \times 0.600 + 5 \times 0.025 = 0.425(\text{m}) \end{cases} +$

$$\max \begin{cases} 0.40 l_{aE} = 0.40 \times 38d = 0.40 \times 38 \times 0.025 = 0.380(\text{m}) \\ \text{锚入边柱内侧钢筋直段长度} = 0.870 \ \text{m} \end{cases} +$$

$$15 \times 0.025) \times 4 \ \text{根} \times 3.853$$

$$= (5.050 + 0.950 + 0.870 + 0.375) \times 4 \ \text{根} \times 3.853$$

$$= 111.66(\text{kg})$$

②方法二：按平法直锚入柱做法计算

由于　右边柱钢筋直锚长度 $= \max \begin{cases} l_{aE} = 38d = 38 \times 0.025 = 0.950(\text{m}) \\ 0.5 h_c + 5d = 0.5 \times 1.000 + 5 \times 0.025 = 0.625(\text{m}) \end{cases}$

$$= 0.950 \ \text{m}$$

而　右边柱钢筋直锚长度 $= h_c - 0.030$（柱保护层）$= (0.5 + 0.5) - 0.030$

$$= 0.970(\text{m}) > \text{钢筋直锚长度} \ 0.950 \ \text{m}$$

故　可采用直锚进入柱内，锚固长度 $= 0.950 \ \text{m}$

钢筋质量 $= (5.050 + \max \begin{cases} l_{aE} = 38d = 38 \times 0.025 = 0.950(\text{m}) \\ 0.5 h_c + 5d = 0.5 \times 0.600 + 5 \times 0.025 = 0.425(\text{m}) \end{cases} +$

$$\max\begin{cases} l_{aE} = 38d = 38 \times 0.025 = 0.950(\text{m}) \\ 0.5h_c + 5d = 0.5 \times 1.000 + 5 \times 0.025 = 0.625(\text{m}) \end{cases} \Bigg\} \times 4\ \text{根} \times 3.853$$

$$= (5.050 + 0.950 + 0.950) \times 4\ \text{根} \times 3.853$$

$$= 107.11(\text{kg})$$

（4）梁中的箍筋 $\phi 10$（⑤号钢筋）

二级抗震箍筋加密区长度：

$$\text{左侧箍筋加密区长度} = \max\begin{cases} 1.5h_b = 1.5 \times 0.700 = 1.050(\text{m}) \\ 0.500\ \text{m} \end{cases} \Bigg\} = 1.050\ \text{m}$$

$$\text{右侧箍筋加密区长度} = \max\begin{cases} 1.5h_b = 1.5 \times 0.700 = 1.050(\text{m}) \\ 0.500\ \text{m} \end{cases} \Bigg\} = 1.050\ \text{m}$$

中间箍筋非加密区长度 $= 5.920 - 1.050 - 1.050 = 3.820(\text{m})$

1）左端跨箍筋个数

$\dfrac{1.050 - 0.050}{0.1}$ 的商向上取整 $+ \dfrac{3.820}{0.2}$ 的商向上取整 $+ \dfrac{1.050 - 0.050}{0.1}$ 的商向上取整 $+ 1$

$= 10 + 20 + 10 + 1 = 41(\text{个})$

2）中间跨箍筋（全加密）个数

$\dfrac{1.850 - 0.050 \times 2}{0.1}$ 的商向上取整 $+ 1 = 18 + 1 = 19(\text{个})$

3）右端跨箍筋个数

左侧和右侧箍筋加密区长度 $= 1.050\ \text{m}$

中间箍筋非加密区长度 $= 5.050 - 1.050 - 1.050 = 2.950(\text{m})$

$\text{箍筋个数} = \dfrac{1.050 - 0.050}{0.1}$ 的商向上取整 $+ \dfrac{2.95}{0.2}$ 的商向上取整 $+ \dfrac{1.050 - 0.050}{0.1}$ 的商向上

取整 $+ 1$

$= 10 + 15 + 10 + 1 = 36(\text{个})$

4）一个箍筋的长度

一个箍筋的长度 $=$ 构件断面周长 $-$ 保护层（梁主筋）$\times 8 + 8d + 2$ 个 $135°$ 弯钩增加长度

（抗震）

$= (0.3 + 0.7) \times 2 - 0.025 \times 8 + 32 \times 0.010$

$= 2.120(\text{m})$

注：单个箍筋长度也可按当地规定计算。

5）箍筋质量

$(41 + 19 + 36) \times 2.120 \times 0.617$

$= 125.57(\text{kg})$

（5）梁中抗扭及构造筋的拉筋：$\phi 6$

由于加密区和非加密区均按非加密区 2 倍间距放置拉筋

则拉筋间距为 $200 \times 2 = 400\ \text{mm}$，跨度内拉筋的个数如下：

1）左端跨度内拉筋的个数

$\dfrac{5.920 - 0.050 \times 2}{0.4}$ 的商向上取整 $+ 1 = 15 + 1 = 16(\text{个})$

2）中间跨度内拉筋的个数

$\dfrac{1.850-0.050\times2}{0.4}$ 的商向上取整 $+1=5+1=6$（个）

3）最右端跨度内拉筋的个数

$\dfrac{5.05-0.050\times2}{0.4}$ 的商向上取整 $+1=13+1=14$（个）

4）一个拉筋长度计算

由于　梁构造钢筋保护层 $=25-10$（箍筋直径）-6（拉筋直径）$=9$（mm）<15 mm

则　一个拉筋长度 $=$［梁宽 -0.015（拉筋保护层最小厚度）$\times2$］$+$ $135°$斜弯钩的增加长度$\times2$ 个

$=[0.3-0.015\times2+\phi6$ 钢筋一个 $135°$弯钩平直段长度（抗震）$+2d]\times2$

$=(0.3-0.015\times2)+(0.075+2\times0.006)\times2$

$=0.444$（m）

5）拉筋工程量

$(16+6+14)\times0.444\times2$ 排 $\times0.222=7.10$（kg）

（6）钢筋工程量汇总

钢筋 $\phi10$ 以内：$5.31+125.57+7.10=137.98$（kg）$=0.138$（t）

钢筋 $\phi10$ 以外（Ⅱ级钢筋）：

弯锚：$142.64+22.10+51.68+44.64+22.95+58.46+54.71+118.90+43.35+111.66$
$=671.09$（kg）$=0.671$（t）

直锚：$131.12+22.10+51.68+44.64+20.29+58.46+51.27+118.90+43.35+107.11$
$=648.92$（kg）$=0.649$（t）

（5）平法悬臂梁钢筋计算

【案例39】　如图 3.27 所示的平面整体表示法的钢筋混凝土悬臂框架梁结构施工图，抗震等级为二级，梁 C25 混凝土，梁保护层厚 25 mm。柱断面 600 mm $\times$ 600 mm，柱外边纵筋直径 $\Phi25$。钢筋采用绑扎搭接接头。纵向钢筋搭接接头面积百分率$\leqslant25\%$。悬挑梁端的连续梁 LL 厚度 120 mm。请计算该梁的钢筋工程量。

解　由梁二级抗震，C25 砼，查表 3.12，得：$l_{aE}=38d$　（HRB325，$d\leqslant25$）。从而 $l_{lE}=46d$（HRB325，$d\leqslant25$）。

查表 3.9，得：柱钢筋保护层取为 30 mm。

因此，$l_{aE}=38d=38\times25=950$（mm）；

$0.4l_{aE}=0.4\times38d=0.4\times38\times25=380$（mm）；

$l_{lE}=46d=46\times25=1\,150$（mm）。

（1）上部钢筋

1）通长筋：$2\Phi25$

①上部钢筋左端锚入柱配筋，如图 3.28 所示。

②上部钢筋右端悬挑梁配筋：

由于悬挑梁 $l=2.400-0.300+0.120=2.220$（m），　$4h_b=4\times0.650=2.600$（m）

故 $l<4h_b$，即第一排钢筋端部不弯下，如图 3.15 所示。

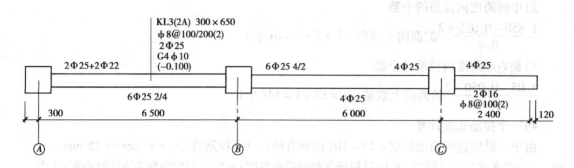

KL3框架梁平法表示示意图

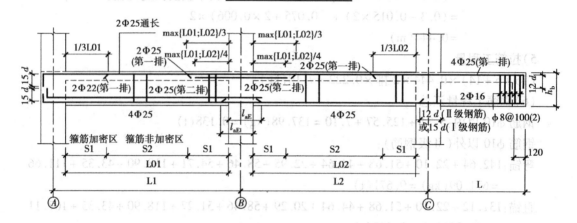

KL3框架梁配筋示意图

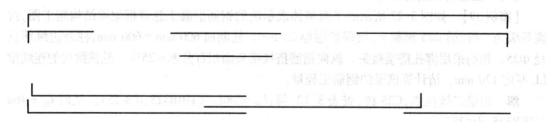

KL3框架梁配筋翻样示意图

图 3.27 悬挑梁配筋

③通长钢筋的长度 $= 6.50 - 0.30 + [h_c - (0.030 + 0.025 + 0.025)] + 15 \times d(弯下) +$
$6.00 + 2.4 + 0.12 - 0.025(保护层) + 12d$

$= 6.50 - 0.30 + [0.60 - (0.030 + 0.025 + 0.025)] + 15 \times 0.025 +$
$6.00 + 2.4 + 0.12 - 0.025 + 12 \times 0.025$

$= 15.890(m)$

④通长钢筋的质量:[通长钢筋的长度 $+ \dfrac{通长钢筋的长度}{8}$ 的商向下取整 $\times l_{lE}($注:1 个搭接

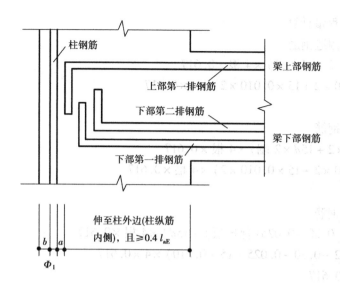

图 3.28　上部钢筋锚入柱配筋示意图

长)] ×2 根 ×3.853

$$= \left(15.890 + \frac{15.890}{8}\text{的商向下取整} \times 1.150\right) \times 2 \text{根} \times 3.853$$

$$= (15.890 + 1 \times 1.150) \times 2 \text{根} \times 3.853$$

$$= 131.31 \text{（kg）}$$

2) Ⓐ 轴线端部筋：2Φ22

钢筋的质量：$\left\{\dfrac{6.50 - 0.30 \times 2}{3} + [h_c - (0.030 + 0.025 + 0.025)] + 15d\right\} \times 2 \text{根} \times 2.984$

$$= \{1.967 + [0.60 - (0.030 + 0.025 + 0.025)] + 15 \times 0.022\} \times 2 \text{根} \times 2.984$$

$$= 2.817 \times 2 \text{根} \times 2.984$$

$$= 16.81 \text{（kg）}$$

3) Ⓑ 两端（上部第一排）：2Φ25

钢筋的质量：$(1.967 + 0.60 + 1.967) \times 2 \text{根} \times 3.853$

$$= 34.94 \text{（kg）}$$

4) Ⓑ 两端（上部第二排）：2Φ25

钢筋挑出长度 $= \dfrac{6.5 - 0.30 \times 2}{4} = 1.475 \text{（m）}$

钢筋的质量：$(1.475 + 0.6 + 1.475) \times 2 \text{根} \times 3.853 = 27.36 \text{（kg）}$

5) Ⓒ 轴两端：2Φ25（注：端部不弯下）

钢筋的质量：$\left[\dfrac{6.0 - 0.30 \times 2}{3} + 0.60 + 2.220 - 0.025\text{（保护层）} + 12d\right] \times 2 \text{根} \times 3.853$

$$= (1.800 + 0.60 + 2.220 - 0.025 + 12 \times 0.025) \times 2 \text{根} \times 3.853$$

$$= 4.895 \times 2 \text{根} \times 3.853 = 37.72 \text{（kg）}$$

（2）梁中间部位腰筋

构造钢筋：G4φ10（集中标注）：

平法规定梁侧面构造钢筋其搭接与锚固长度可取 15d。

1)构造钢筋工程量计算

①左端跨中间构造钢筋

$(6.50 - 0.30 \times 2 + 15d \times 2) \times 4$ 根 $\times 0.617$

$= (6.50 - 0.30 \times 2 + 15 \times 0.010 \times 2) \times 4 \times 0.617$

$= 15.30(kg)$

②中间跨构造钢筋

$(6.00 - 0.30 \times 2 + 15d \times 2$ 端$) \times 4$ 根 $\times 0.617$

$= (6.00 - 0.30 \times 2 + 15 \times 0.010 \times 2) \times 4$ 根 $\times 0.617$

$= 14.07(kg)$

③悬挑梁构造钢筋

$[2.40 + 0.12 - 0.30 - 0.025(保护层) + 15d] \times 4$ 根 $\times 0.617$

$= (2.40 + 0.12 - 0.30 - 0.025 + 15 \times 0.010) \times 4 \times 0.617$

$= 2.345 \times 4 \times 0.617$

$= 5.79(kg)$

2)拉筋

平法规定:当梁宽≤350 mm 时,拉筋直径为 φ6,其间距为非加密区箍筋间距的两倍,即拉筋为 φ6@400。

①拉筋根数计算

$$\left(\frac{6.5 - 0.30 \times 2 - 0.050 \times 2}{0.2 \times 2} \text{的商向上取整} + 1 + \frac{6.0 - 0.30 \times 2 - 0.050 \times 2}{0.2 \times 2} \text{的商向上取整} + \right.$$
$$\left. 1 + \frac{2.4 + 0.12 - 0.30 - 0.025 - 0.050}{0.2 \times 2} \text{的商向上取整} + 1 \right) \times 2 \text{排}$$

$= [(15+1) + (14+1) + (6+1)] \times 2$

$= 76(根)$

②一根拉筋的长度

拉筋保护层 $= 25 - 8 - 6 = 11(mm) < 15$ mm

以构造筋(拉筋)保护层(不小于 15 mm)为标准计算拉筋的长度:

一个拉筋长度(箍筋 φ8)$= [0.3 - 0.015(拉筋保护层)] \times 2 + 135°$斜弯钩的增加长度$\times 2$

$= [0.3 - 0.015(保护层)] \times 2 + ($ φ6 钢筋一个 135°弯钩平直段长度(抗震)$+ 2d) \times 2$

$= (0.3 - 0.015 \times 2) + (0.075 + 2 \times 0.006) \times 2$

$= 0.444(m)$

③拉筋的钢筋工程量

$76(根) \times 0.444 \times 0.222 = 7.49(kg)$

(3)下部钢筋

下部钢筋配筋,如图 3.29 和图 3.30 所示。

1)Ⓐ~Ⓑ轴间:6Φ25 2/4

下部第一排钢筋的质量:$\left[\max \begin{cases} 0.600 - (0.030 + 0.025 \times 4) = 0.470(m) \\ 0.4 \times l_{aE} = 0.380 \text{ m} \end{cases} \right] + 15 \times 0.025 +$

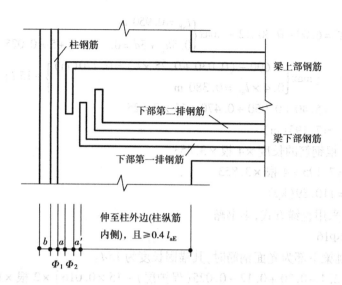

图 3.29　下部第一排钢筋锚入柱配筋

$$6.50 - 0.30 \times 2 + \max\left\{\begin{array}{l} l_{aE} = 0.950\ m \\ 0.5h_c + 5d = 0.5 \times 0.6 + 5 \times 0.025 = 0.425(m) \end{array}\right] \times 4(\text{根}) \times 3.853$$

$$= (0.470 + 15 \times 0.025 + 6.50 - 0.30 \times 2 + 0.950) \times 4 \times 3.853 = 7.695 \times 4 \times 3.853$$

$$= 118.60(\text{kg})$$

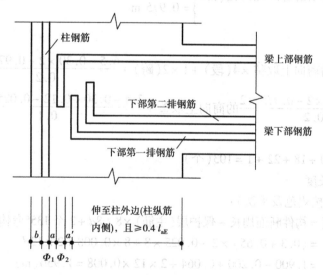

图 3.30　下部第二排钢筋锚入柱配筋

下部第二排钢筋的质量：$\left[\max\left\{\begin{array}{l} 0.600 - (0.030 + 0.025 \times 6) = 0.420(m) \\ 0.4 \times l_{aE} = 0.380\ m \end{array}\right\} + 15 \times 0.025 +\right.$

$$6.50 - 0.30 \times 2 + \max\left\{\begin{array}{l} l_{aE} = 0.950\ m \\ 0.5h_c + 5d = 0.5 \times 0.6 + 5 \times 0.025 = 0.425(m) \end{array}\right\}\right] \times 2(\text{根}) \times 3.853$$

$$= (0.420 + 15 \times 0.025 + 6.50 - 0.30 \times 2 + 0.950) \times 2 \times 3.853 = 7.645 \times 2 \times 3.853$$

$$= 58.91(\text{kg})$$

2）Ⓑ ~ Ⓒ轴间：4Φ25

$$1\ 根钢筋的长度 = 6.00 - 0.30 \times 2 + \max \left\{ \begin{array}{l} l_{aE} = 0.950\ m \\ 0.5h_c + 5d = 0.5 \times 0.6 + 5 \times 0.025 = 0.425(m) \end{array} \right\} +$$

$$\left[\max \left\{ \begin{array}{l} 0.600 - (0.030 + 0.25 \times 4) = 0.470(m) \\ 0.4 \times l_{aE} = 0.380\ m \end{array} \right\} + 15d \right]$$

$$= 5.40 + 0.950 + 0.470 + 15 \times 0.025$$

$$= 7.195(m)$$

钢筋的质量:1 根钢筋的长度 ×4 根 ×3.853

$$= 7.195 \times 4\ 根 \times 3.853$$

$$= 110.89(kg)$$

ⓒ轴节点也可采用直锚方式,本书略。

3)ⓒ端悬挑:2Φ16

平法规定:悬挑梁下部为光面钢筋时,其锚固长度为15d。

钢筋的质量:[2.4 − 0.30 + 0.12 − 0.025(保护层) + 15 × 0.016] ×2 根 ×1.578

$$= 2.435 \times 2 \times 1.578$$

$$= 7.68(kg)$$

(4)箍筋:φ8@100/200(2)

1)加密区长度

$$\max \left\{ \begin{array}{l} 1.5h_b = 1.5 \times 0.650 = 0.975(m) \\ 0.500\ m \end{array} \right\} = 0.975\ m$$

2)箍筋数量

$$\frac{0.975 - 0.050}{0.1} 的商向上取整 \times 4(段) + 1 \times 2(跨) + \frac{6.5 - 0.30 \times 2 - 0.975 \times 2}{0.2} 的商向上取$$

$$整 + \frac{6.0 - 0.30 \times 2 - 0.975 \times 2}{0.2} 的商向上取整 + \frac{2.4 - 0.30 + 0.12 - 0.025 - 0.050}{0.1} 的商向$$

上取整 +1

$$= 10 \times 4 + 2 + 20 + 18 + 22 + 1 = 103(个)$$

3)一个箍筋的长度

预算精确算法(按规范及平法):

一个箍筋的长度 = 构件断面周长 − 保护层(主筋) ×8 + 8d + 2 个 135°弯钩增加长度(抗震)

$$= (0.3 + 0.65) \times 2 - 0.025 \times 8 + 8 \times 0.008 + 2 \times 12d$$

$$= 1.900 - 0.200 + 0.064 + 2 \times 12 \times 0.008 = 1.956(m)$$

4)箍筋工程量

$$103 \times 1.956 \times 0.395 = 79.58(kg)$$

(5)钢筋工程量汇总

钢筋 φ10 以内:15.30 + 14.07 + 5.79 + 7.49 + 79.58 = 122.23(kg) = 0.122(t)

钢筋 φ10 以外:7.68 kg = 0.008 t

钢筋 φ10 以外(Ⅱ级钢筋):131.31 + 16.81 + 34.94 + 27.36 + 37.72 + (118.60 + 58.91) +

110.89 = 536.54(kg) = 0.537(t)

(6)楼梯钢筋计算

【案例 40】　现浇 C20 钢筋混凝土楼梯,如图 3.31 所示。已知钢筋锚固长 31d;楼梯板保护层厚 20;梁钢筋保护层厚 25。计算现浇的钢筋混凝土楼梯板中钢筋工程量。

注意:计算结果按四舍五入;角度精确到"1 秒";长度精确到"1 mm"。

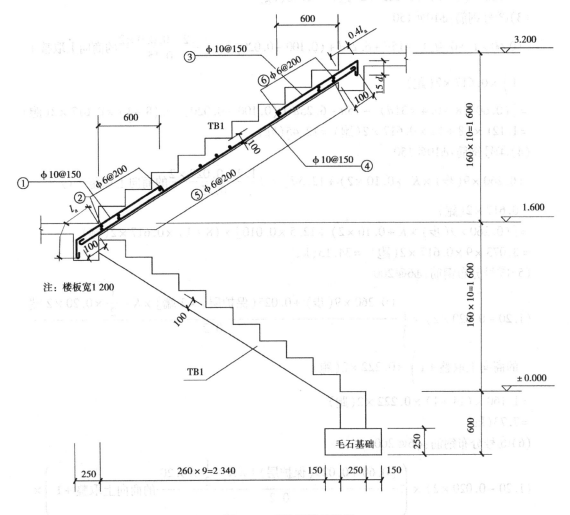

图 3.31　现浇楼梯板配筋

解　$\alpha = \arctan(160/260) = 31°36'27''$

令　$K = \dfrac{1}{\cos 31°36'27''} = 1.174\ 179\ 781$

(1)①号钢筋:$\phi10@150$

$$\left[0.60 \times K + l_a + 6.25d + (0.10 - 0.020)\right] \times \left(\dfrac{1.2 - 0.020 \times 2}{0.15}的商向上取整 + 1\right) \times$$

$$0.617 \times 2(跑)$$

$$= \left[0.60 \times K + 31 \times 0.010 + 6.25 \times 0.010 + (0.10 - 0.020)\right] \times (8 + 1) \times 0.617 \times 2(跑)$$

$$= 1.157 \times 9(根) \times 0.617 \times 2(跑) = 12.85(kg)$$

(2)②号分布钢筋:$\phi6@200$

$$(1.2-0.020\times 2)\times\left(\dfrac{[0.6+0.025(保护层)]\times K-\dfrac{1}{2}\times 0.20}{0.2}的商向上取整+1\right)\times$$

$$0.222\times 2(跑)$$

$$=1.160\times(4+1)\times 0.222\times 2(跑)=2.58(kg)$$

(3)③号钢筋:φ10@150

$$\left[(0.60\times K+0.4l_a)+15d+6.25d+(0.100-0.020)\right]\times\left(\dfrac{1.2-0.020\times 2}{0.15}的商向上取整+\right.$$

$$\left.1\right)\times 0.617\times 2(跑)$$

$$=\left[(0.60\times K+0.4\times 31d)+15d+6.25d+(0.100-0.020)\right]\times(8+1)\times 0.617\times 2(跑)$$

$$=1.121\times(8+1)\times 0.617\times 2(跑)=12.45(kg)$$

(4)④号钢筋:φ10@150

$$\left[(0.260\times 9(步)\times K+0.10\times 2)+12.5d\right]\times\left(\dfrac{1.2-0.020\times 2}{0.15}的商向上取整+1\right)\times$$

$$0.617\times 2(跑)$$

$$=\left[(0.260\times 9(步)\times K+0.10\times 2)+12.5\times 0.010\right]\times(8+1)\times 0.617\times 2(跑)$$

$$=3.073\times 9\times 0.617\times 2(跑)=34.13(kg)$$

(5)⑤号分布钢筋:φ6@200

$$(1.20-0.020\times 2)\times\left(\dfrac{[0.260\times 9(步)+0.025(保护层)\times 2端]\times K-\dfrac{1}{2}\times 0.20\times 2端}{0.2}\right.$$

$$\left.的商向上取整+1\right)\times 0.222\times 2(跑)$$

$$=1.160\times(14+1)\times 0.222\times 2(跑)$$

$$=7.73(kg)$$

(6)⑥号分布钢筋:φ6@200

$$(1.20-0.020\times 2)\times\left(\dfrac{[0.60+0.025(保护层)]\times K-\dfrac{1}{2}\times 0.20}{0.2}的商向上取整+1\right)\times$$

$$0.222\times 2(跑)$$

$$=1.160\times(4+1)\times 0.222\times 2(跑)$$

$$=2.58(kg)$$

(7)钢筋工程量

现浇构件钢筋制安(φ10以内):12.85+2.58+12.45+34.13+7.73+2.58=72.32(kg)
=0.072(t)

(7)螺旋钢筋计算

1)计算公式

螺旋箍筋在灌注桩的钢筋笼和圆柱箍筋等方面使用较普遍,计算公式比较复杂。

①螺旋箍筋

平法规定:螺旋箍筋开始与结束的位置应有水平段,长度不小于一圈半。并每隔 $1\sim2$ m 加一道 $\geqslant\phi12$ 的内环定位箍筋。

$$螺旋箍筋重 = \left\{螺旋箍筋长度 + 3\pi(桩径 - 2\times主筋保护层 + 螺旋箍筋直径) + \left[一个\right.\right.$$

$$135°钢筋弯钩平直段长度\begin{cases}5d\\10d(抗震)\end{cases} + 2d\bigg]\times2 + 定额规定钢筋搭接$$

$$长度\Bigg\}\times单米质量$$

$$= \left\{\frac{分布长度}{螺距}\times\sqrt{(螺距)^2 + (2\pi\,螺距半径)^2} + 3\pi(桩径 - 2\times主筋保护层 + \right.$$

$$螺旋箍筋直径) + \left[一个135°钢筋弯钩平直段长度\begin{cases}5d\\10d(抗震)\end{cases} + 2d\right]\times$$

$$2 + 定额规定钢筋搭接长度\Bigg\}\times单米质量$$

或 $$螺旋箍筋重 = \left\{\frac{分布长度}{螺距}\times\sqrt{(螺距)^2 + [\pi(桩径 - 2\times主筋保护层 + 螺旋箍筋直径)]^2} + \right.$$

$$3\pi(桩径 - 2\times主筋保护层 + 螺旋箍筋直径) + \left[一个135°钢筋弯钩平直段\right.$$

$$长度\begin{cases}5d\\10d(抗震)\end{cases} + 2d\bigg]\times2\Bigg\}\times单米质量$$

注意:当考虑"螺旋箍筋开始与结束的位置应有水平段,长度不小于一圈半"时,分布长度为:设计钢筋笼长度 $-3d$。

②内环定位箍筋

$$\frac{分布长度}{内环定位箍间距}\times\pi(桩径 - 2\times主筋保护层 - 2\times主筋直径 - 内环定位箍筋直径 + $$

$$\begin{cases}5d(双面焊)\\10d(单面焊)\end{cases}\bigg)\times单米质量$$

③螺旋箍筋搭接长度

$$一个螺旋箍筋搭接长度 = \max\begin{cases}l_a(或\,l_{aE}(振震))\\0.300\ \text{m}\end{cases}\times\left\{1 + \frac{1}{螺距}\times\right.$$

$$\left.\sqrt{(螺距)^2 + [\pi(桩径 - 2\times主筋保护层 + 螺旋箍筋直径)]^2}\right\} + $$

$$135°斜弯钩的增加长度\times2 = \max\begin{cases}l_a(或\,l_{aE}(抗震))\\0.300\ \text{m}\end{cases}\times\left\{1 + \frac{1}{螺距}\times\right.$$

$$\left.\sqrt{(螺距)^2 + [\pi(桩径 - 2\times主筋保护层 + 螺旋箍筋直径)]^2}\right\} + $$

$$d'(主筋直径) + 2d + \left[一个135°钢筋弯钩平直段长度\right.$$

$$\begin{cases}5d\\10d(抗震)\end{cases} + 2d\bigg]\times2$$

④螺旋箍筋加密与非加密区段的钢筋长度计算。

⑤钢筋笼主筋工程量:按图示设计计算。

⑥钢筋笼的吊环钢筋工程量:按图示设计或工程实际计算。

2)实训案例

【案例41】 已知下表的基础的 C25 混凝土灌注桩,其灌注桩桩径 500 mm、螺旋形箍筋直径 φ8、箍筋螺距 200 mm、钢筋笼长 6 m 和保护层厚度 70 mm 的灌注桩箍筋的质量。将计算每米灌注桩箍筋的质量填入表 3.15 中(保留小数点后 3 位小数)。

表 3.15 1 m 高螺旋箍筋质量表　　　　　　　　　　　单位:kg

箍筋螺距/mm \ 箍筋直径 \ 桩径	300 mm		400 mm		500 mm		600 mm		700 mm	
	φ6	φ8	φ6	φ8	φ6	φ8	φ6	φ8	φ6	φ8
100										
120										
150										
180										
200										
220										
250										
280										
300										

【案例42】 计算 5 m 高圆柱(除主筋和吊环外)的平法螺旋箍筋、内定环位箍筋和搭接长度的钢筋质量,填入表 3.16 中。

表 3.16 平法螺旋筋质量表

项　　目	长度	间距	钢筋直径 φ6 的计算公式及长度
			桩径 400 mm
顶水平箍筋	1.5 圈		
加密区	1.5 m	100	
非加密区		150	
加密区	1.5 m	100	
底水平箍	1.5 圈		
内定环位箍筋		1 m	

第 **4** 章
工程量清单编制

工程量清单编制是建筑工程招标投标活动中的一个重要环节,而招标投标是指交易活动中的两个主要步骤,即:

招标是指招标者(通常为采购方,即项目主办人或代理招标活动的中介机构)为购买商品或者让他人完成一定的工作,通过发布招标广告或者招标邀请书等方式,公布特定的标准和条件,公开或者书面邀请投标者参加投标,招标者按照规定的程序从参加投标的人中确定交易对象,即中标人的行为。

投标是指投标者(供应商或承包商)按照招标人的要求和条件,提出自己的报价及相应条件,对采购方提出的招标要求和条件进行响应的行为。

建筑工程招标根据工程项目的具体情况,投标人需要清楚地了解工程技术、社会环境及现场情况,只有这样,投标人才能心中有数,做好投标文件。因为一个工程项目的现场情况、交通通讯情况、能源动力来源、地质状况、气候条件、周围建筑物情况、治安状况和社情民风等都可能使工程的造价和工期发生很大差异。因此,招标人根据招标项目的具体情况,可以组织潜在投标人踏勘项目现场,潜在投标人可清楚地了解工程场地和周围环境情况,做出是否投标,投标报价各项费用的组成因素由哪些构成等。一般招标人应向潜在投标人介绍现场的下列情况:

a. 施工现场是否达到招标文件规定的条件;

b. 施工现场的地质及水文等情况;

c. 现场气候条件,如气温、湿度、风力及年雨雪量等;

d. 现场环境,如交通、饮水、污水排放、生活用电及通讯条件等;临时用地和临时设施搭建情况;

e. 施工现场的地理位置、地形和地貌等。

潜在投标人踏勘现场后,了解清楚工程的外部环境,再综合考虑招标文件,才能对投标做出正确的决策。

工程量清单是建筑工程招标投标活动中,对招标人和投标人都具有约束力的非常具体的重要文件,是招标投标活动的依据,专业性强,内容复杂,对编制人的业务技术水平要求高,能否编制出完整、严谨的工程量清单,直接影响招标的质量,也是招标成败的关键。

招标文件应当包括招标项目的技术要求和投标报价要求。工程量清单体现了招标人要求投标人完成的工程项目及相应工程数量,全面反映了投标报价要求,是投标人进行报价的依据,工程量清单是招标文件不可分割的一部分。

1)一份完整的工程量清单应采用统一格式。

2)工程量清单格式应由下列内容组成:

①封面。

②填表须知。

③总说明。

④分部分项工程量清单。

⑤措施项目清单。

⑥其他项目清单。

⑦零星工作项目费表。

3)工程量清单格式的填写应符合下列规定:

①工程量清单应由招标人填写。

②填表须知除按规范内容外,招标人可根据具体情况进行补充。

③总说明应按下列内容填写:

a. 工程概况:建设规模、工程特征、计划工期、施工现场实际情况、交通运输情况、自然地理条件及环境保护要求等。

b. 工程招标和分包范围。

c. 工程量清单编制依据。

d. 工程质量、材料和施工等的特殊要求。

e. 招标人自行采购材料的名称、规格型号和数量。

f. 预留金及自行采购材料的金额数量。

g. 其他需要说明的问题。

4)工程量清单的编制

工程量清单应反映拟建工程的全部工程内容以及为实现这些工程内容而进行的其他工作。它主要由分部分项工程量清单、措施项目清单和其他项目清单组成。其中:

①分部分项工程量清单是构成工程实体的分部分项工程项目清单。

②措施项目清单是指为完成工程项目施工,发生于该工程施工前和施工过程中技术、生活及安全等方面的非工程实体项目的清单。

③其他项目清单应根据拟建工程的具体情况,参照下列内容列项:

a. 招标人部分:预留金、材料购置费等。

b. 投标人部分:总承包服务费、零星工作项目费等。

因此,分部分项工程量清单应表明拟建工程的全部分项实体工程名称和相应数量,编制时应避免错项和漏项。措施项目清单表明为完成分项实体工程而必须采取的一些措施性工作,编制时力求全面。其他项目清单主要体现招标人提出的一些与拟建工程有关的特殊要求,这些特殊要求所需的金额要计入报价中。

5)分部分项工程量清单编制应注意下列事项:

①项目编码一般采用 12 位阿拉伯数字组成,前 9 位或 10 位已作统一规定,后 3 位或 2 位数字由编制人自行设置,如平整场地的项目编码 0101010010□□。在项目编码□□中,从 01

开始填写编号,如单位工程的某分部分项工程只有一个项目,则工程量清单项目编码在□□中填为01,即形如[0][1];又如某分部分项工程由于材料规格型号、施工方法等不同有两个项目,则工程量清单中第一行项目编码在□□中填为01,即形如[0][1],再在下一行工程量清单项目编码在□□中填为02,即形如[0][2]。其余,以此类推。

②项目特征应采用清单项目中规定的"项目特征"要求进行详细描述,如工程项目设计的材料品种、规格、型号及材质等特征要求,结合拟建工程的实际情况,参照规范中的项目特征和工作内容进行描述,使项目特征全面、具体、详尽,反映影响工程造价的主要因素,尽量避免错项和漏项。为承包商确定综合单价,采用施工材料和施工方法及其相应的施工辅助措施,保证施工质量,提高工作效率,降低消耗,因此,它与合理报价有着密切的关系。

③措施项目清单的编制,以"项"为计量单位,相应数量为"1"。它应考虑多种因素,除工程本身的因素外,还涉及水文、气象、环境、安全等和施工企业的实际情况。为此国家规范提供了"措施项目一览表"(见表4.1)作为列项的参考。其中,"通用项目"所列内容是指各专业工程的"措施项目清单"中均可列的措施项目;"专业项目"所列的内容,是指相应专业的"措施项目清单"中可列的措施项目。因工程具体情况不同,出现表中未列的措施项目,工程量清单编制人可作补充。补充项目应列在清单项目最后,并在"序号"栏中以"补"字示之。

表 4.1 措施项目一览表

序号	项 目 名 称
1 通用项目	
1.1	环境保护
1.2	文明施工
1.3	安全施工
1.4	临时设施
1.5	夜间施工
1.6	二次搬运
1.7	大型机械设备进出场及安拆
1.8	混凝土、钢筋混凝土模板及支架
1.9	脚手架
1.10	已完工程及设备保护
1.11	施工降水、桩基排水
1.12	其他(测量放线、冬雨季施工增加、生产工具用具使用,工程定位复测、工程点交、长地清理等)
2 建筑工程	
2.1	垂直运输机械
3 装饰装修工程	
3.1	垂直运输机械
3.2	室内空气污染测试
4 安装工程(略)	
5 市政工程(略)	

④其他项目清单由于工程的建设标准高低、复杂程度、工期长短及组成内容等直接影响其具体内容,国家规范提供了"其他项目清单"和"零星工作项目表"作为列项的参考。清单编制人可对"其他项目清单"作补充,补充项目应列在清单项目最后,并以"补"字在"序号"栏中示之。其中:

①预留金主要考虑可能发生工程量变更而预留的费用金额。所谓工程量变更,主要指工程量清单漏项、有误引起工程量的增加和施工中的设计变更引起标准提高或工程量的增加等。

②总承包服务费包括配合协调招标人的分包工程和材料采购所需的费用,分包工程是指国家允许分包的工程。

③零星工作项目表应根据拟建工程的具体情况,详细列出人工、材料、机械的名称、计量单位和相应数量,并随工程量清单发至投标人。其中,人工应按工种列项,材料和机械应按规格、型号列项。

【案例 43】 编制满足以下条件的建筑工程的工程量清单封面及总说明。

(1)工程概况:×××办公楼工程,二层砖混结构,建筑面积 792 m²,层高为 3.00 m。施工工期 80 天。室内外高差 0.30 m,墙面及天棚抹水泥砂浆后再刷石灰浆,屋面楼屋面现浇板,垂直运输采用井字吊一座。

(2)工程招标范围:全部建筑工程。

(3)工程量清单编制依据:按国家规范及《某省建设工程工程量清单细目指南》、施工设计图纸等编制。

(4)工程质量等级:合格。

(5)考虑设计变更、物价上涨因素或清单有误,预留金额 3 万元。

(6)投标人应按某省《计价规则》规定的统一格式,提供分部分项工程量清单综合单价分析表、措施项目费分析表及主要材料价格表等。

解 (1)工程量清单封面(限于篇幅,内容间空隙作了压缩),如表 4.2 所示。

表 4.2 工程量清单封面
××大学办公楼

建筑工程工程量清单

招标人(盖章):××大学　　　　　　　　　　　造价咨询单位(盖章):××造价咨询公司
法定代表人(签字盖章):——(略)——　　　　　法定代表人(签字盖章):——(略)——
编制人(签字盖执、从业专用章):——(略)——
审核人(签字盖执业专用章): ——(略)——

编制时间:200×年××月××日

(2)填表须知(限于篇幅,内容间空隙作了压缩),如表 4.3 所示。

表 4.3　填表须知

填 表 须 知

1. 工程量清单格式中所有要求签字、盖章的地方,必须由规定的单位和人员签字、盖章。

2. 工程量清单格式中的任何内容不得随意删除或涂改。

3. 工程量清单格式中列明的所有需要填报的单价和合价,投标人均应填报,未填报的单价和合价,视为此项费用已包含在工程量清单的其他单价和合价中。

4. 金额(价格)均应以　人民　币表示。

(3)工程量清单总说明(限于篇幅,内容间空隙作了压缩),如表 4.4 所示。

表 4.4　总说明

总 说 明

工程名称:××大学办公楼　　　　　　　　　　　　　　　　第 1 页　共 5 页

一、工程概况:××办公楼工程,二层砖混结构,建筑面积 792 m²,层高为 3.00 m。施工工期 80 天。室内外高差 0.30 m,墙面及天棚抹水泥砂浆后再刷石灰浆,屋面楼屋面现浇板,垂直运输采用井字吊一座。

二、工程招标范围:全部建筑工程。

三、工程量清单编制依据:按国家规范及《某省建设工程工程量清单细目指南》、施工设计图纸等编制。

四、工程质量等级:合格。

五、考虑设计变更、物价上涨因素或清单有误,预留金额 3 万元。

六、投标人应按某省《计价规则》规定的统一格式,提供分部分项工程量清单综合单价分析表、措施项目费分析表及主要材料价格表等。

【案例 44】　××大学办公楼工程根据设计资料,计算清单工程量如下:

(1)乱毛石基础,工程量 136 m³;

(2)挖Ⅲ类干土地槽,深 0.9 m,工程量 275 m³;

(3)挖Ⅲ类湿土地槽,深 0.9 m,工程量 78 m³;

(4)±0.000 以下 M5.0 水泥砂浆砌筑砖基础,工程量 30 m³;

(5)平整场地,工程量 512 m²;

(6)底层建筑面积:346 m²;

(7)房心回填土:主墙间的净面积 338 m²,回填土的厚度为 0.15 m。

按《某省建筑工程消耗量定额》所包括该工程基础部分从开工起至 ±0.000(不含室内外地坪面层和基础防潮层)全部分项工程项目,按工程量清单规范要求,结合建筑工程工程量清单项目,如表 4.5 ~ 表 4.8 所示,编制上述项目的分部分项工程工程量清单。

表4.5 土方工程

项目编码	项目名称	项目特征	计量单位	工程量计算规则	工程内容
0101010010□□	平整场地	1. 土壤类别 2. 弃土运距 3. 取土运距	m²	按设计图示尺寸以建筑物首层面积计算	1. 土方挖填 2. 场地找平 3. 运输
0101010020□□	挖土方	1. 土壤类别 2. 挖土平均厚度 3. 弃土运距		按设计图示尺寸以体积计算	1. 排地表水 2. 土方开挖
0101010030□□	挖基础土方	1. 土壤类别 2. 基础类型 3. 垫层底宽、底面积 4. 挖土深度 5. 弃土运距	m³	按设计图示尺寸以基础垫层底面积乘挖土深度计算	3. 挡土板支拆 4. 截桩头 5. 基底钎探 6. 运输
0101010040□□	冻土开挖	1. 冻土厚度 2. 弃土运距		按设计图示尺寸开挖面积乘厚度以体积计算	1. 打眼、装药、爆破 2. 开挖 3. 清理 4. 运输

表4.6 土石方运输与回填

项目编码	项目名称	项目特征	计量单位	工程量计算规则	工程内容
0101030010□□	室内土石方回填			按设计图示尺寸以体积计算 注： 1. 场地回填：回填面积乘平均回填厚度	1. 挖土方 2. 装卸、运输 3. 回填
0101030011□□	场地土石方回填	1. 土质要求 2. 密实度要求 3. 粒径要求 4. 夯填(碾压) 5. 松填 6. 运输距离	m³	2. 室内回填：主墙间面积乘回填厚度 3. 基础回填：挖方体积减去设计室外地坪以下埋设的基础体积(包括基础垫层及其他构筑物)	4. 分层碾压、夯实
0101030012□□	基础土石方回填				

表4.7 砖基础

项目编码	项目名称	项目特征	计量单位	工程量计算规则	工程内容
0103010010□□	直形砖基础	1.垫层材料种类、厚度 2.砖品种、规格、强度等级 3.基础类型 4.基础深度 5.砂浆强度等级	m³	按设计图示尺寸以体积计算。包括附墙垛基础宽出部分体积,扣除地梁(圈梁)、构造柱所占体积,不扣除基础大放脚T形接头处的重叠部分及嵌入基础内的钢筋、铁件、管道、基础砂浆防潮层和单个面积0.3 m²以内的孔洞所占体积,靠墙暖气沟的挑檐不增加体积。基础长度:外墙按中心线,内墙按净长线计算	1.砂浆制作、运输 2.铺设垫层 3.砌砖 4.防潮层铺设 5.材料运输

表4.8 石砌体

项目编码	项目名称	项目特征	计量单位	工程量计算规则	工程内容
0103050010□□	乱毛石基础	1.垫层材料种类、厚度 2.石料种类、规格 3.基础深度 4.基础类型 5.砂浆强度等级、配合比	m³	按设计图示尺寸以体积计算。包括附墙垛基础宽出部分体积,不扣除基础砂浆防潮层及单个面积0.3 m²以内的孔洞所占体积,靠墙暖气沟的挑檐不增加体积。基础长度:外墙按中心线,内墙按净长计算	1.砂浆制作、运输 2.铺设垫层 3.砌石 4.防潮层铺设 5.材料运输
0103050011□□	平毛石基础				
0103050012□□	粗料石基础				
0103050020□□	石勒脚	1.石料种类、规格 2.墙厚 3.石表面加工要求 4.勾缝要求 5.砂浆强度等级、配合比		按设计图示尺寸以体积计算,扣除单个面积0.3 m²以外的孔洞所占的体积	1.砂浆制作、运输 2.砌石 3.石表面加工 4.勾缝 5.材料运输

解 根据工程量清单规范要求,按题目所给的建筑工程工程量清单项目,编制分部分项工程工程量清单,如表4.9所示。

表4.9 分部分项工程量清单

工程名称:××大学办公楼 第2页 共5页

序号	项目编码	项目名称	项目特征	计量单位	工程量	备注
1	0101010010 01	平整场地	1. Ⅲ类土,不运土 2. 平整场地高差小于300 mm	m^2	346	
2	0101010030 01	人工挖基础土方	1. 干土 2. Ⅲ类土 3. 砖石基础 4. 底宽3 m以内,深2 m以内 5. 余土:人工装车、自卸汽车运8 km处弃土	m^3	275	
3	0101010030 02	人工挖基础土方	1. 湿土 2. Ⅲ类土 3. 砖石基础 4. 底宽3 m以内,深2 m以内 5. 余土:人工装车、自卸汽车运8 km处弃土	m^3	78	
4	0101030012 01	基础回填土	1. 压实系数:1.14 2. 每300 mm夯实一层 3. 运距200 m 4. 土质要求:以国家相应规范为准	m^3	184	
5	0101030010 01	室内回填土	1. 压实系数:1.14 2. 每300 mm夯实一层 3. 运距200 m 4. 土质要求:以国家相应规范为准	m^3	50.7	
6	0103010010 01	砖基础	1. 墙厚240 mm 2. M5.0水泥砂浆 3. 砖:240 mm×115 mm×53 mm粘土砖 4. 无放脚	m^3	30	
7	0103050010 01	石基础	1. 乱毛石 2. M5.0水泥砂浆 3. C10砼基础垫层	m^3	136	

【**案例**45】　××大学办公楼工程,砖混结构二层,室内外高差0.30 m,墙面及天棚抹水泥砂浆后再刷石灰浆。根据设计资料:

(1)圈梁支模板:砼工程量86 m³;

(2)脚手架

1)砌筑综合脚手架,层高3.0 m,建筑面积:792 m²;

2)屋面楼屋面现浇板面积826 m²;

(3)垂直运输采用井字吊一座。

(未列项目不考虑)

按工程量清单规范要求,结合建筑工程工程量清单项目,如表4.10所示,编制分部分项工程措施项目清单。

解　按工程量清单规范要求,结合措施项目和题意,编制分部分项工程措施项目清单,如表4.10所示。

表4.10　措施项目清单

工程名称:××大学办公楼　　　　　　　　　　　　　　　　　第3页　共5页

序号	项 目 名 称
一、通用项目	
1	混凝土、钢筋混凝土模板及支架
2	脚手架
二、专业项目	
1.建筑工程	
1	垂直运输机械
2.装饰装修工程	
1	垂直运输机械

【**案例**46】　××大学办公楼工程,砖混结构二层,室内外高差0.30 m。根据业主要求和施工方案设计资料:

(1)业主采购材料费:35 800元;

(2)考虑物价上涨及设计变更:预留金30 000元;

(3)零星工作

1)人工:89.00工日;

2)材料

①现浇混凝土C10粒径40 mm细砂P.S32.5:25.00 m³;

②青红砖:1.81千块;

③水:45.00 m³。

3)施工机械

①滚筒式砼搅拌机(电动)出料容量400 L:1.20台班;

②混凝土振捣器(平板式):4.48台班。

（未列项目不考虑）

按工程量清单规范要求，编制分部分项工程其他项目清单。

解 按工程量清单规范要求，按题意编制分部分项工程其他项目清单，如表 4.11 和表 4.12 所示。

表 4.11 其他项目清单

工程名称：××大学办公楼 第 4 页 共 5 页

序号	项 目 名 称
	招标人部分
1	预留金
2	材料采购费
	投标人部分
1	零星工作项目

表 4.12 零星工作项目表

工程名称：××大学办公楼 第 5 页 共 5 页

序号	名 称		计量单位	数 量
1	人 工		综合工日	89.00
2	材料	现浇混凝土 C10 粒径 40 mm 细砂 P.S32.5	m³	25.00
		青红砖	千块	1.81
		水	m³	45.00
3	机械	滚筒式砼搅拌机（电动）出料容量 400 L	台班	1.20
		混凝土振捣器（平板式）	台班	4.48

第 **5** 章
工程量清单综合单价分析

工程量清单综合单价分析是联系分部分项工程工程量清单与消耗量定额工程量在计价过程中必需的中间计算环节,同时,也是工程结算时提供工程量清单综合单价的依据。

工程量清单综合单价分析一般在工程量清单综合单价分析表中进行计算。如表 5.1 所示为传统工程量综合单价分析表的填写和计算方式;如表 5.2 所示为工程量清单综合单价分析表的填写和计算方式。前者作为学习的桥梁易掌握;后者对初学者是新知识难掌握,必须理解,并熟练掌握。

表 5.1　工程量清单综合单价分析表

序号	项目编码	项目名称	计量单位	清单数量	项目特征	工程内容				单价/元					合价/元						综合单价/元
						定额编号	分项名称	单位	工程量	人工	机械	材料	管理费率	利润率	人工	机械	材料	管理费	利润	合计	

表 5.2 工程量清单综合单价分析表

序号	项目编码	项目名称	计量单位	清单数量	项目特征	工程内容				人工	机械	材料	管理费	利润	合计	综合单价/元
						定额编号	分项名称	单位	工程量							

（1）工程量清单综合单价分析表的填写方法

1）管理费和利润的计算基数：定额单位的工程量×（定额人工费＋定额机械费），即

管理费＝定额单位的工程量×（定额人工费＋定额机械费）×管理费率；

利润＝定额单位的工程量×（定额人工费＋定额机械费）×利润率；

①管理费率、利润率：

根据各地区有关规定或按工程类别计取。例如，某省建筑装饰工程清单报价动态费率取定如表5.3所示。

表5.3　建筑装饰工程清单报价动态费率

分 部 工 程		管理费、利润计算基数	管理费费率/%	利 润 率			
建筑工程消耗量定额	土石方工程	人、机费之和	27	按工程类别	其中：		
	桩与地基基础工程		30	按三类工程	工程类别	利润率/%
	砌筑工程		26		一类工程	27
	砼和钢筋砼工程		45		二类工程	21
	厂库房大门、特种门、木结构工程		26		三类工程	18
	金属结构工程		25	按工程类别	四类工程	9
	屋面及防水工程		25			
	防腐、隔热、保温工程		25			
	建筑其他分部（不能套以上分部）		25			
建筑装饰装修工程消耗量定额	楼地面工程		32			
	墙柱面工程		32			
	天棚工程		32			
	门窗工程		26	按三类工程		
	油漆涂料裱糊工程		24			
	其他工程		23			
	装饰其他分部（不能套以上分部）		23			

注：报价时，以上计费费率可根据需要自由修改。

②各分部分项工程（定额子目）的管理费率与清单细目名称所在分部工程的管理费率一致。例如，以"毛石基础"作为清单细目名称时，它位于第三分部砌筑工程，因此，计算清单综

合单价的"毛石基础"本身和含于"毛石基础"清单细目中的"基础垫层砼"等所有分部分项工程(定额子目)费的管理费率,均取定为第三分部砌筑工程的 26%。

③利润率按工程类别计取。

④如果人工、材料和机械的单价采用现行价,若存在定额换算时,则除了换算分项工程定额项目外,还应将定额人工费、定额机械费和定额材料费调整成现行价的人工费、材料费和机械费。

2)分项工程定额基价存在换算,特别是人工和机械发生变化的定额项目,应将换算后的人工费和机械费用于工程量清单综合单价的计算,将其填入到《工程量清单综合单价分析表》中。

3)理解清单工程量与定额工程量的区别:一般消耗量定额项目的设置按施工工序,包括的工程内容较单一,并规定了相应项目工程量计算规则。而工程量清单项目的划分,则是以一个"综合实体"考虑的,包括多项工程内容,据此规定了相应项目的工程量计算规则。根据施工图纸按不同的工程量计算规则计算出相应工程量,作为工程量清单综合单价分析表中的已知数据参与计算。

4)正确理解消耗量定额基价与工程量清单综合单价概念及其相互关系。

5)为让读者尽快掌握工程量清单综合单价分析计算及其表格的填写方法,采取先用传统的《工程量清单综合单价分析表》计算,然后再按现行的《工程量清单综合单价分析表》的方法计算,最后将计算结果填入到相应的表格中。

(2)其他项目费的构成与计算

其他项目费是指预留金、材料购置费(仅指由招标人购置的材料费)、总承包服务费及零星工作项目费等估算金额的总和,包括人工费、材料费、机械使用费、管理费、利润以及风险费等。

其他项目清单由招标人部分、投标人部分两部分内容组成,如表 5.4 所示。

表 5.4　其他项目清单计价表

工程名称:

序号	项目名称	金额/元
1	招标人部分	
1.1	预留金	
1.2	材料购置费	
1.3	其他	
	小计	
2	投标人部分	
2.1	总承包服务费	
2.2	零星工作项目费	
2.3	其他	
	小计	
	合计	

1)招标人部分

①预留金,主要考虑可能发生的工程量变化和费用增加而预留的金额。引起工程量变化和费用增加的原因很多,一般主要有以下方面:

a. 清单编制人员在统计工程量及变更工程量清单时发生的漏算或错算等引起的工程量增加;

b. 设计深度不够、设计质量低造成的设计变更引起的工程量增加;

c. 在现场施工过程中,应业主要求,并由设计或监理工程师出具的工程变更增加的工程量;

d. 其他原因引起的,且应由业主承担的费用增加,如风险费用及索赔费用。

此处提出的工程量的变更主要是指工程量清单漏项或有误引起的工程量的增加和施工中的设计变更引起标准提高或工程量的增加等。

预留金由清单编制人根据业主意图和拟建工程实况计算出金额填制表格。其计算应根据设计文件的深度、设计质量的高低、拟建工程的成熟程度及工程风险的性质来确定其额度。设计深度深,设计质量高,已经成熟的工程设计,一般预留工程总造价的3%～5%即可。在初步设计阶段,工程设计不成熟的,最少要预留工程总造价的10%～15%。

预留金作为工程造价费用的组成部分计入工程造价,但预留金的支付与否、支付额度以及用途,都必须通过(监理)工程师的批准。

②材料购置费,是指业主出于特殊目的或要求,对工程消耗的某类或某几类材料,在招标文件中规定,由招标人采购的拟建工程材料费。

③其他,系指招标人部分可增加的新列项。例如,指定分包工程费,由于某分项工程或单位工程专业性较强,必须由专业队伍施工,即可增加这项费用,费用金额应通过向专业队伍询价(或招标)取得。

2)投标人部分

计价规范中列举了总承包服务费、零星工作项目费两项内容。如果招标文件对承包商的工作范围还有其他要求,也应对其要求列项。例如,设备的厂外运输,设备的接、保、检,为业主代培技术工人等。

投标人部分的清单内容设置,除总承包服务费仅需简单列项外,其余内容应量化的必须量化描述。例如,设备厂外运输,需要标明设备的台数,每台的规格重量,运距等。零星工作项目表要标明各类人工、材料、机械的消耗量,如表5.5所示。

表5.5 零星工作项目表

工程名称: 第 页 共 页

序 号	名 称	计量单位	数 量
1	人工		
1.1	高级技术工人	工日	
1.2	技术工人	工日	
1.3	力工	工日	
2	材料		
2.1	电焊条 结422	kg	

序　号	名　称	计量单位	数　量
2.2	管材	kg	
2.3	型材	kg	
3	机械		
3.1	270 t 履带吊	台班	
3.2	150 t 轮胎吊	台班	
3.3	80 t 汽车吊	台班	

零星工作项目中的工料机计量,应根据工程的复杂程度、工程设计质量的优劣,以及工程项目设计的成熟程度等因素来确定其数量。一般工程以人工计量为基础,按人工消耗总量取值即可;材料消耗主要是辅助材料消耗,按不同专业工人消耗材料类别列项,按工人日消耗量计入;机械列项和计量,除了考虑人工因素外,还要参考各单位工程机械消耗的种类,可按机械消耗总量取值。

(3)案例

【案例47】 某工程采用走管式柴油打桩机打孔灌注砼桩,桩采用单打成桩。单根桩设计长度为 8 m(含桩尖,图示桩尖长度 430 mm),设计桩外径为 400 mm,工程桩总根数为 228 根,砼强度等级为 C20。按打桩的现场记录每 m 桩的成桩平均时间为 3 分 20 秒。消耗量定额摘录如表 5.6 所示。

表 5.6　打孔灌注桩

(1)走管式柴油打桩机打孔灌注砼桩

工作内容:1.按施工图放线定位,埋设桩尖。2.准备打桩机具,安拆桩架,移动打桩机及其轨道,用桩管打桩机,安放钢筋笼。3.运砂、石料,过磅、搅拌、运输、灌注砼,拔钢管。4.夯实、整平隆起土壤,砼养护。

单位:10 m³

定　额　编　号		01020044	01020045
项　　目		走管式柴油打桩机打孔灌注砼桩	
		桩长 10 m 以内	
		一级土	二级土
基价/元		3 312.75	3 988.37
其中	人工费	798.19	1 127.12
	材料费	1 712.42	1 715.33
	机械费	802.14	1 145.92

续表

	名 称	单位	单价/元	数 量	
人工	综合人工	工日	24.75	32.250	45.540
材料	C20 现浇砼 碎石 40 细砂 P.S42.5	m³	164.60	10.150	10.150
	二等板枋材	m³	960.00	0.023	0.023
	支撑枋木	m³	960.00	0.012	0.012
	金属周转材料摊销	m³	1.60	5.080	6.900
机械	走管式柴油打桩机(综合)	台班	513.05	1.120	1.600
	机动翻斗车(装载质量 1 t)	台班	60.18	2.240	3.200
	滚筒式砼搅拌机(电动)出料容量 400 L	台班	82.79	1.120	1.600

本工程桩基础为三类工程时,请按定额价列式计算其砼:

①按桩砼以 1 根为单位计算工程量清单综合单价;

②按桩砼以 1 m 桩长为单位计算工程量清单综合单价。

并将计算结果填写入《工程量清单综合单价分析表》中。

提示:

1.参照现场记录每 m 桩的成桩平均时间为 3 分 20 秒,定额规定每 m 桩的成桩平均时间大于 2 分,其土壤级别划为二级土。

2.计算清单工程量

砼灌注桩计算规则规定:"按设计图示尺寸以桩长(包括桩尖)或根数计算。"

清单工程量 =1 根

或清单工程量 =1 m

3.计算消耗量定额工程量

砼灌注桩计算规则规定:"按设计桩长减去桩尖长度再加 0.5 m,乘以设计桩径断面面积以体积计算。"

4.打桩工程(三类工程)的利润率按 18% 计算;打桩工程的管理费率按 30% 计算。

解 (1)按桩砼以 1 根为单位计算工程量清单综合单价

按工程量清单计价方法:

1)计算工程量

计算清单工程量:砼灌注桩计算规则规定:"按设计图示尺寸以桩长(包括桩尖)计算。"

清单工程量 =1 根

2)计算 1 根桩的消耗量定额工程量

砼灌注桩计算规则规定:"按设计桩长减去桩尖长度再加 0.5 m,乘以设计桩径断面面积以体积计算。"

消耗量定额工程量 = 桩的截面面积 × 桩长 × 桩的根数

$$= \left(\frac{\pi}{4} \times D^2 \right) \times (设计桩长 - 桩尖长度 + 0.5) \times 1(根)$$

$$= \left(\frac{\pi}{4} \times 0.400^2\right) \times (8.00 - 0.43 + 0.5) \times 1(根)$$

$$= 1.014\ 106(\text{m}^3)$$

3)工程量 $= \dfrac{消耗量定额工程量}{清单工程量} \times \dfrac{1}{消耗量定额中分项工程的定额单位}$

$$= \frac{1.014\ 106}{1} \times \frac{1}{10} = 0.101\ 410\ 6$$

4)计算分项工程各项费用

分项工程人工费:$0.101\ 410\ 6 \times 1\ 127.12 = 114.30(元)$

分项工程材料费:$0.101\ 410\ 6 \times 1\ 715.33 = 173.95(元)$

分项工程机械费:$0.101\ 410\ 6 \times 1\ 145.92 = 116.21(元)$

管理费:(分项工程人工费 + 分项工程机械费) × 管理费率

$$= (114.30 + 116.21) \times 30\% = 69.15(元)$$

利润:(分项工程人工费 + 分项工程机械费) × 利润率

$$= (114.30 + 116.21) \times 18\% = 41.49(元)$$

5)计算砼灌注桩1根的工程量清单综合单价

分项工程人工费 + 分项工程材料费 + 分项工程机械费 + 管理费 + 利润

$= 114.30 + 173.95 + 116.21 + 69.15 + 41.49$

$= 515.10(元/根)$

方法一:按传统预算表填写的方法,计算砼灌注桩1根的工程量清单综合单价(见表5.7和表5.8)。

(2)砼灌注桩以1 m桩长为单位计算工程量清单综合单价

按工程量清单计价方法:

1)计算工程量

计算清单工程量:砼灌注桩计算规则规定:"按设计图示尺寸以桩长(包括桩尖)或根数计算。"

清单工程量 = 1 m

1根桩的清单工程量桩长 = 8.000 m

2)计算1根桩消耗量定额工程量

砼灌注桩计算规则规定:"按设计桩长减去桩尖长度再加0.5 m,乘以设计桩径断面面积以体积计算。"

消耗量定额工程量 = 桩的截面面积 × 消耗量定额计算桩长

$$= \left(\frac{\pi}{4} \times D^2\right) \times (设计桩长 - 桩尖长度 + 0.5)$$

$$= \left(\frac{\pi}{4} \times 0.400^2\right) \times (8.00 - 0.43 + 0.5)$$

$$= 1.014\ 106\ 109(\text{m}^3)$$

表 5.7 工程量清单综合单价分析表

工程名称：

序号	项目编码	项目名称	计量单位	清单数量	项目特征	定额编码	分项名称	单位	工程量	人工	机械	材料	管理费率/%	利润率/%	人工	机械	材料	管理费	利润	合计	综合单价/元
											单价/元					合价/元					
1	010201003001	混凝土灌注桩	根	1	略	01020045	走管式柴油桩机打孔灌注砼桩	10 m³	0.101 4106	1 127.12	1 145.92	1 715.33	30	18	114.30	116.21	173.95	69.15	41.49	515.10	515.10
									Σ						114.30	116.21	173.95	69.15	41.49	515.10	

注：清单工程量为 1 根时，灌注砼桩的工程量清单综合单价分析。

表 5.8 分部分项工程量清单综合单价分析表

工程名称：

序号	细目编码	细目名称	细目单位	定额编码	定额名称	定额单位	工程量	人工费	材料费	机械费	管理费	利润	小计	综合单价/元
										单价分析/元				
1	010201003001	混凝土灌注桩	根	010200045	走管式柴油桩机打孔灌注砼桩	10 m³	0.101 410 6	114.30	173.95	116.21	69.15	41.49	515.10	515.10
							Σ	114.30	173.95	116.21	69.15	41.49	515.10	

注：清单工程量为 1 根时，灌注砼桩的工程量清单综合单价分析。

3)清单工程量 1 m 对应的消耗量定额工程量 $= \dfrac{1 \text{ 根桩消耗量定额工程量}}{1 \text{ 根桩清单工程量桩长}}$

$$= \dfrac{1.014\ 106\ 109}{8.000}$$

$$= 0.126\ 763\ 3\ (\text{m}^3/\text{m})$$

4)工程量 $= \dfrac{\text{消耗量定额工程量}}{\text{清单工程量}} \times \dfrac{1}{\text{消耗量定额中分项工程的定额单位}}$

$$= \dfrac{0.126\ 763\ 3}{1} \times \dfrac{1}{10} = 0.012\ 676\ 3$$

5)计算分项工程各项费用

分项工程人工费:$0.012\ 676\ 3 \times 1\ 127.12 = 14.29(\text{元})$;

分项工程材料费:$0.012\ 676\ 3 \times 1\ 715.33 = 21.74(\text{元})$;

分项工程机械费:$0.012\ 676\ 3 \times 1\ 145.92 = 14.53(\text{元})$;

管理费:(分项工程人工费 + 分项工程机械费) × 管理费率

$\qquad = (14.29 + 14.53) \times 30\% = 8.65(\text{元})$;

利润:定额单位的工程量 × (定额人工费 + 定额机械费) × 利润率

$\qquad = (14.29 + 14.53) \times 18\% = 5.19(\text{元})$;

6)计算砼灌注桩 1 m 的工程量清单综合单价

分项工程人工费 + 分项工程材料费 + 分项工程机械费 + 管理费 + 利润

$= 14.29 + 21.74 + 14.53 + 8.65 + 5.19$

$= 64.39(\text{元}/\text{m})$

方法二:如果已知 1 根灌注桩砼的工程量清单综合单价,可用下式计算为

砼灌注桩 1 m 的工程量清单综合单价 $= \dfrac{1 \text{ 根灌注桩砼的工程量清单综合单价}}{1 \text{ 根桩的清单规则计算桩长}}$

$$= \dfrac{515.10}{8.000}$$

$$= 64.39(\text{元}/\text{m})$$

方法三:按传统预算填写预算表的方法计算砼灌注桩 1 m 的工程量清单综合单价(见表5.9)。

按工程量清单综合单价计算方法计算砼灌注桩 1 m 的工程量清单综合单价(见表5.10)。

【案例48】 某工程根据设计资料确定为四类工程,按《某省建筑工程消耗量定额》所包括该工程基础部分从开工起至 ±0.000(含室内外地坪面层和基础防潮层)全部分项工程项目的工程量清单综合单价,并填入《工程量清单综合单价分析表》中。

表 5.9 工程量清单综合单价分析表

工程名称：

序号	项目编码	项目名称	计量单位	清单数量	工程内容				单价/元			管理费率/%	利润率/%	合价/元						综合单价/元
					定额编码	分项名称	单位	工程量	人工	机械	材料			人工	机械	材料	管理费	利润	合计	
1	0102010003	混凝土灌注桩	m	1	01020045	走管式柴油打桩机打孔灌注砼桩	10 m³	0.012 676 3	1 127.12	1 145.92	1 715.33	30	18	14.29	21.74	14.53	8.65	5.19	64.39	64.39
						略		∑						14.29	21.74	14.53	8.65	5.19	64.39	64.39

注：清单工程量为 1 m 时，灌注桩砼的工程量清单综合单价分析。

表 5.10 分部分项工程清单综合单价分析表

工程名称：

序号	细目编码	细目名称	细目单位	工程内容				单价分析/元					
				定额编码	定额名称	定额单位	工程量	人工费	材料费	机械费	管理费	利润	小计
1	010201001003	混凝土灌注桩	m	01020045	走管式柴油打桩机打孔灌注砼桩	10 m³	0.012 676 3	14.29	21.74	14.53	8.65	5.19	64.39
							∑	14.29	21.74	14.53	8.65	5.19	64.39

注：清单工程量为 1 m 时，灌注桩砼的工程量清单综合单价分析。

已知清单工程量如表 5.11 所示。

表 5.11　清单工程量

序号	细目名称	细目编码	工程量	主要工程内容
1	平整场地	0101010010 [0][1]	93.30 m²	土方挖填、场地找平
2	挖基础土方	0101010030 [0][1]	67.20 m³	挖地槽土（干土）、土方运输
3	室内土石方回填	0101030010 [0][1]	17.47 m³	挖土方、回填、分层夯实
4	基础土石方回填	0101030012 [0][1]	29.91 m³	挖土方、回填、分层夯实
5	直形砖基础	0103010010 [0][1]	12.06 m³	铺设垫层、砌石、防潮层铺设
6	毛石基础	0103050010 [0][1]	23.68 m³	铺设垫层、砌砖、防潮层铺设
7	水泥砂浆楼地面	0201010010 [0][1]	87.36 m²	垫层铺设、抹找平层、防水层铺设、抹面层

另按《某省建筑工程消耗量定额》所包括该工程基础部分从开工起至 ±0.000（含室内外地坪面层和基础防潮层）全部分项工程项目的消耗量定额工程量如下：

1）乱毛石基础工程量 22.10 m³；

2）挖Ⅲ类干土地槽，深 0.9 m，工程量 73.26 m³；

3）底层建筑面积：93.30 m²；

4）100 mm 厚砼基础垫层（垫层底标高）6.72 m³；

5）±0.000 以下 M5.0 水泥砂浆砌筑砖基础工程量 12.06 m³；

6）室外地坪（-0.30 m）以下 M5.0 水泥砂浆砌筑砖基础的体积是 6.89 m³；

7）平整场地消耗量定额计算工程量（外墙外边线每边各增加 2 m 所围面积）：205.22 m²；

8）房心回填土：17.47 m³；

9）人力装车自卸汽车外运余土：9.99 m³，运输距离 8 km；

10）地坪垫层砼：5.24 m³；

11）20 mm 厚水泥砂浆找平层：87.36 m²；

12）20 mm 厚水泥砂浆面层：87.36 m²；

13）砖基础 20 mm 厚 1∶2 水泥砂浆（掺防水粉）防水：17.22 m²。

（3）消耗量定额中分部分项工程项目摘录，如表 5.12～表 5.19 所示。

表 5.12　人工挖坑槽土方、淤泥、流沙

工作内容：1.挖土、装土、把土抛于坑槽边自然堆放。2.沟槽基坑底夯实。　　　　　　　　单位：100 m³

定额编号		01010004	01010019
项　目		人工挖沟槽、基坑	
		三类土	
		深度（m 以内）	
		2	4
基价/元		1 429.71	1 714.67

续表

其中	人工费				1 424.36	1 712.16
	材料费				—	—
	机械费				5.35	2.51
	名　称		单位	单价/元	数　量	
人工	综合人工		工日	24.75	57.550	69.178
机械	夯实机(电动夯击能力 20~62 N·m)		台班	16.93	0.316	0.148

表 5.13　场地平整、填土、打夯、支挡土板

工作内容:1.平整场地,标高在 ±30 cm 以内的挖土找平。2.回填土 50 m 以内取土。3.原土打夯,包括碎
　　　　土、平土、找平、洒水。　　　　　　　　　　　　　　　　　　　　　　　　　单位:100 m³

定额编号			01010004	01010021	01010022
项　目			场地平整	夯　填	
				地坪	基础
			100 m²		
基价/元			77.96	686.67	862.75
其中	人工费			552.92	727.65
	材料费		—	—	—
	机械费		—	133.75	135.10
名　称		单位	单价/元	数　量	
人工	综合人工	工日	24.75	3.150	22.340	29.400
机械	夯实机(电动夯击能力 20~62 N·m)	台班	16.93	—	7.900	7.980

表 5.14　砖(石)基础

工作内容:1.砖基础:调运砂浆、铺砂浆、运砖、清理基槽坑、砌砖等;砌墙:调运砂浆、铺砂浆、运砖、砌砖
　　　　(包括窗台虎头砖)、腰线、门窗套,安放木砖、铁件等。2.选修石料、运石、调、运、铺砂浆、场内
　　　　运输、安放铁件。3.砌筑、平整墙角及门窗洞口处的石料加工等。　　　　　　单位:10 m³

定额编号		01030001	01030053
项　目		砖基础	毛石基础
基价/元		1 498.50	1 098.83
其中	人工费	301.46	272.50
	材料费	1 176.10	805.39
	机械费	20.94	20.94

续表

	名 称	单位	单价/元	数 量	
人工	综合人工	工日	24.75	12.180	11.010
材料	水泥砂浆 M5.0 细砂 P.S32.5	m³	134.78	2.490	3.300
	普通粘土砖	千块	160.00	5.240	—
	毛石	m³	32.00	—	11.220
	水	m³	2.00	1.050	0.790
机械	灰浆搅拌机 200 L	台班	53.69	0.390	0.390

表 5.15   地面垫层

工作内容:拌和、铺设、找平、夯实、调制砂浆、灌缝、洒水;混凝土搅拌、捣固、养护。   单位:10 m³

定 额 编 号				01080012	01080017
项 目				混凝土	
				地坪垫层	基础垫层
基价/元				1 782.54	2 031.43
其中	人工费			330.41	475.94
	材料费			1 364.92	1 520.53
	机械费			87.21	34.96
	名 称	单位	单价/元	数 量	
人工	综合人工	工日	24.75	13.350 0	19.230
材料	C10 现浇砼 碎石40 细砂 P.S32.5	m³	134.15	10.100 0	10.100
	木模板	m³	960.00	—	0.150
	水	m³	2.00	5.000 0	5.000
	其他材料费	元	1.00	—	11.610
机械	滚筒式砼搅拌机(电动)出料容量 400 L	台班	82.79	1.010 0	0.380
	混凝土振捣器（平板式）	台班	4.550	0.790 0	0.770

表 5.16   机动车运土方

工作内容:1.装土、运土、卸土。2.修理边坡。3.清理机下余土。   单位:1 000 m³

定 额 编 号	01010072	01010073
项 目	人工装车	
	自卸汽车运土方	
	深度(m 以内)	
	运距 1 km 以内	运距每增加 1 km

续表

		基价/元			8 876.99	873.62
其中		人工费			4 098.35	
		材料费			24.00	
		机械费			4 754.64	873.62
	名　称	单位	单价/元		数　量	
人工	综合人工	工日	24.75		165.590	——
材料	水	m³	2.00		12.000	
机械	履带式推土机(功率 75 kW)	台班	367.94		2.575	——
	自卸汽车(综合)	台班	248.33		14.771	3.518
	洒水车	台班	231.85		0.600	

表 5.17　涂膜防水

工作内容:清理基层、调制砂浆、涂水泥砂浆。　　　　　　　　　　　　　　单位:100 m²

定　额　编　号				01090127
项　目				防水砂浆
				平面
基价/元				705.73
其中	人工费			228.20
	材料费			459.28
	机械费			18.25
名　称		单位	单价/元	数　量
人工	综合人工	工日	24.75	9.220
材料	水泥砂浆 1:2	m³	207.39	2.040
	防水粉	kg	0.52	55.00
	水	m³	2.00	3.800
机械	灰浆搅拌机 200 L	台班	53.69	0.340

表 5.18　找平层

工作内容:清理基层、调运砂浆、铺设找平、压实、振捣、刷水泥浆。　　　　　　　　单位: m²

定 额 编 号				02010104	02010105
项　目				水　泥　砂　浆	
				在砼和硬基层上	每增减 5 mm
				面层 20 mm 厚	
基价/元				6.19	1.37
其中	人工费			1.94	0.37
	材料费			4.05	0.95
	机械费			0.20	0.05
名　称		单位	单价/元	数　量	
人工	综合人工	工日	24.75	0.078 5	0.015 0
材料	水泥砂浆 1:2.5	m³	186.69	0.020 2	0.005 1
	素水泥浆	m³	264.42	0.001 0	—
	水	m³	2.00	0.006 0	—
机械	灰浆搅拌机 200 L	台班	53.69	0.003 8	0.001 0

表 5.19　整体面层

工作内容:清理基层、调运砂浆、刷素水泥浆、抹面、压光、养护。　　　　　　　　单位:100 m²

定 额 编 号				02010106
项　目				水泥砂浆
				面层 20 mm 厚
基价/元				789.67
其中	人工费			287.84
	材料费			488.41
	机械费			13.42
名　称		单位	单价/元	数　量
人工	综合人工	工日	24.75	11.630 0
材料	水泥砂浆 1:2	m³	207.39	2.020 0
	素水泥浆	m³	264.42	0.100 0
	草席	m²	1.40	22.000 0
	水	m³	2.00	3.800 0
	其他材料费	元	1.00	4.640 0
机械	灰浆搅拌机 200 L	台班	53.69	0.250 0

(4)消耗量定额附录中半成品配合比表摘录,如表5.20和表5.21所示。

表5.20 现浇混凝土 单位:m³

定 额 编 号			15-68	15-69
项 目			碎石(最大粒径40 mm)细砂	
			C10	C15
材料费/元			134.15	141.36
材料	矿渣硅酸盐水泥 P.S32.5	t	245.00	0.226	0.263
	细砂	m³	62.00	0.690	0.660
	碎石20 mm	m³	40.00	0.890	0.890
	水	m³	2.00	0.200	0.200

表5.21 砌筑砂浆 单位:m³

定 额 编 号		15-245	15-246
项 目	单 位	水泥砂浆(细砂)	
		M5.0	M7.5
材料费/元		134.78	142.62
矿渣硅酸盐水泥 P.S32.5	t	0.236	0.268
材料 细 砂	m³	1.230	1.230
水	m³	0.350	0.350

提示:

1.解题过程中,找出题目中隐含的分项工程项目;

2.按某省消耗量定额的规定,本工程清单及消耗量定额分部分项工程量,如表5.22所示。

表5.22 清单及消耗量定额分部分项工程量

序号	细目名称	细目编码	清单工程量	主要工程内容		
				定额编码	分项名称	工程量
1	平整场地	0101010010 [0][1]	93.30 m²	01010019	平整场地	205.22 m²
2	挖基础土方	0101010030 [0][1]	67.20 m³	01010004	人工挖基础土方	73.26 m³
				01010072	自卸汽车运土1 km	9.98 m³
				01010073	自卸汽车运土增7 km	9.98 m³
3	室内土石方回填	0101030010 [0][1]	17.47 m³	01010021	室内土石方回填	17.47 m³
4	基础土石方回填	0101030012 [0][1]	29.91 m³	01010022	基础土石方回填	37.55 m³

续表

序号	细目名称	细目编码	清单工程量	主要工程内容		
				定额编码	分项名称	工程量
5	直形砖基础	0103010010 0 1	12.06 m³	01030001	砖基础	12.06 m³
				01090127	砖基础水泥砂浆防潮层	17.22 m²
6	乱毛石基础	0103050010 0 1	23.68 m³	01030053	乱毛石基础	22.10 m³
				01080017	基础垫层砼	6.72 m³
7	水泥砂浆楼地面	0201010010 0 1	87.36 m²	02010106	水泥砂浆面层	87.36 m²
				02010104	水泥砂浆找平层	87.36 m²
				01080012	地坪垫层砼	5.24 m³

3. 读者所在地消耗量定额与现行价不同时,在学完本部分内容后,再用当地定额和现行价(学习时也可自行假设现行价)计算。

4. 设计要求夯填土与天然密实土的体积比为 1∶1.15。

5. 土建工程的利润率:9%(按四类工程)。

6. 分项工程的其他相关情况,如表 5.23 所示。

表 5.23　分项工程的其他相关情况

序号	分项工程名称	分部	定额编号	工程量	费率/%		备注
					管理费	利润	
1	平整场地	1	01010019	205.22 m²	27	9	第一分部　土石方工程
2	人工挖基础土方	1	01010004	73.26 m³	27	9	第一分部　土石方工程
3	自卸汽车运土 1 km	1	01010072	9.99 m³	27	9	
4	自卸汽车运土增 7 km	1	01010073	9.99 m³	27	9	定额基价乘以 7
5	室内土石方回填	1	01010021	17.47 m³	27	9	第一分部　土石方工程
6	基础土石方回填	1	01010022	37.55 m³	27	9	第一分部　土石方工程
7	砖基础	3	01030001	12.06 m³	26	9	第三分部　砌筑工程
8	砖基础水泥砂浆防潮层	9	01090127	17.22 m²	26	9	
9	乱毛石基础	3	01030053	22.10 m³	26	9	第三分部　砌筑工程
10	基础垫层砼	8	01080017	6.72 m³	26	9	
11	水泥砂浆面层	装1	02010106	87.36 m²	32	18	第一分部　楼地面工程
12	水泥砂浆找平层	装1	02010104	87.36 m²	32	18	
13	地坪垫层砼	8	01080012	5.24 m³	32	18	

注:表中"装1"表示装饰装修定额第一分部楼地面工程。

其中:基础回填土工程量 $=V_{挖}-V_{室外地坪以下埋设量}$

$$=73.26-(6.889+22.10+6.72)$$

$$=37.551(m^3)\approx37.55(m^3);$$

室内回填土工程量 $=17.47\ m^3;$

余土外运 $=V_{挖}-(V_{基础回填土}+V_{室内回填土})\times1.15=73.26-(37.55+17.47)\times1.15$

$$=9.987(m^3)\approx9.99(m^3)\text{。}$$

7.装饰装修工程中某省在计算利润时,按三类工程计取费率;在计算管理费时,按不同分部区别取费,如本例为第一分部楼地面工程,管理费率为23%。

解 用消耗量定额基价分析工程量清单综合单价,以砖基础分项工程为例:

(1)方法一:按传统预算表的计算方法

1)定额单价栏目内

①定额单位的工程量:1.206;

②定额人工费:301.46;

③定额机械费:20.94;

④定额材料费:1 176.10;

⑤管理费率:26%;

⑥利润率:9%。

2)合价栏目内

①分项工程人工费:$1.206\times301.46=363.56($元$);$

②分项工程机械费:$1.206\times20.94=25.25($元$);$

③分项工程材料费:$1.206\times1176.10=1\ 418.38($元$);$

④分项工程管理费 $=($人工费 $+$ 机械费$)\times$管理费率

$$=(363.56+25.25)\times26\%=101.09($元$);$$

⑤分项工程利润 $=($人工费 $+$ 机械费$)\times$利润率 $=(363.56+25.25)\times9\%=34.99($元$);$

⑥分项工程项目费合计

人工费 $+$ 机械费 $+$ 材料费 $+$ 管理费 $+$ 利润 $=363.56+25.25+1\ 418.38+101.09+34.99$

$$=1\ 943.27($元$)\text{。}$$

3)同理,将"1:2防水砂浆(平面)"计算分项工程项目费,合计为136.38元,亦填写到工程量清单综合单价表中,如表5.24所示。

4)砖基础清单分部分项工程项目费合计值 $=1\ 943.27+136.38=2\ 079.65($元$)$

5)砖基础的工程量清单综合单价分析

$$\frac{分项工程项目费合计值}{清单工程量}=\frac{2\ 079.65}{12.06}=172.44(元/m^3)$$

(2)方法二:按工程量清单计算方法

1)工程量计算

$$工程量=\frac{消耗量定额工程量}{清单工程量\times定额单位}=\frac{12.06}{12.06\times10}=0.100\ 000\ 0$$

2)查消耗量定额分项工程定额单价

①定额人工费:301.46;

②定额机械费:20.94;

③定额材料费:1 176.10;

④管理费率:26%;

⑤利润率:9%。

3)工程量清单综合单价栏目内

①分项工程人工费:工程量×定额人工费=0.100 000 0×301.46=30.15(元);

②分项工程机械费:工程量×定额机械费=0.100 000 0×20.94=2.09(元);

③分项工程材料费:工程量×定额材料费=0.100 000 0×1 176.10=117.61(元);

④分项工程管理费=(人工费+机械费)×管理费率=(30.15+2.09)×26%

$$=8.38(元);$$

⑤分项工程利润=(人工费+机械费)×利润率=(30.15+2.09)×9%=2.90(元);

⑥分项工程项目费合计

人工费+机械费+材料费+管理费+利润=30.15+2.09+117.61+8.38+2.90

$$=161.13(元)。$$

4)同理,将"1:2防水砂浆(平面)"计算分项工程项目费,合计为11.31元,亦填写到工程量清单综合单价表中,如表5.25所示。

5)砖基础清单分部分项工程项目费合计值=161.13+11.31=172.44(元)

6)砖基础的工程量清单综合单价分析

砖基础清单分部分项工程项目费合计值=172.44元/m³

注:以后计价按此例数据计算。

表5.24 工程量清单综合单价分析表

工程名称：

序号	项目编码	项目名称	计量单位	清单数量	项目特征	定额编码	分项名称	单位	工程量	单价人工	单价机械	单价材料	管理费率/%	利润率/%	合价人工	合价机械	合价材料	管理费	利润	合计	综合单价/元
1	010101001001	平整场地	m²	93.30		01010019	平整场地	100 m²	2.0522	77.96	—	—	27	9	159.99	—	—	43.20	14.40	217.59	
														Σ	159.99	—	—	43.20	14.40	217.59	2.33
2	010101003001	挖基础土方	m³	67.20		01010004	人工挖沟槽(干土)	100 m³	0.7326	1424.36	5.35	—	27	9	1043.49	3.92	—	282.86	94.27	1424.48	
						01010072	余土外运(1 km以内)	1000 m³	0.00998	4098.35	4754.64	24.00	27	9	40.90	47.45	0.24	23.86	7.95	120.40	24.26
						01010073×7	余土外运增加7 km	1000 m³	0.00998	—	6115.34	—	27	9	—	61.03	—	16.48	5.49	83.00	
														Σ	1084.39	112.40	0.24	323.44	107.71	1627.88	
3	010301001001	直形砖基础	m³	12.06		01030001	砖基础	10 m³	1.206	301.46	20.94	1176.10	26	9	363.56	25.25	1418.38	101.09	34.99	1943.28	
						01090127	1:2防水砂浆(平面)	100 m²	0.1722	228.20	18.25	459.28	26	9	39.30	3.14	79.09	11.03	3.82	136.38	172.44
														Σ	402.86	28.40	1497.46	112.13	38.81	2079.66	
4	010305001001	乱毛石基础	m³	23.68		01030053	乱毛石基础	10 m³	2.210	272.50	20.94	805.39	26	9	602.23	46.28	1779.91	168.60	58.37	2655.39	
						01080017	基础垫层砼	10 m³	0.672	475.94	34.96	1520.53	26	9	319.83	23.49	1021.80	89.26	30.90	1485.28	174.86
														Σ	922.06	69.77	2801.71	257.86	89.27	4140.67	
5	010103001201	基础土石方回填	m³	29.91		01010022	基础回填土(夯填)	100 m³	0.3755	727.65	135.10	—	27	9	273.23	50.73	—	87.47	29.16	440.59	14.73
														Σ	273.23	50.73	—	87.47	29.16	440.59	
6	010103001001	室内土石方回填	m³	17.47		01010021	房心回填土(夯填)	100 m³	0.1747	552.92	133.75	—	27	9	96.60	23.37	—	32.39	10.80	163.15	9.34
														Σ	96.60	23.37	—	32.39	10.80	163.15	
7	020101001001	水泥砂浆楼地面	m²	87.36		02010106	水泥砂浆面层	m²	0.8736	287.84	13.42	488.41	32	18	251.46	11.72	426.67	84.22	47.37	821.45	
						02010104	水泥砂浆找平层	m²	87.36	1.94	0.20	4.05	32	18	169.48	17.47	353.81	59.82	33.65	634.23	28.61
						01080012	地坪垫层砼	10 m³	0.524	330.41	87.21	1364.92	32	18	173.13	45.70	715.22	70.03	39.39	1043.47	
														Σ	594.07	74.89	1495.70	214.07	120.41	2499.15	

表 5.25　工程量清单综合单价分析表

工程名称：

序号	项目编码	项目名称	计量单位	清单数量	项目特征	定额编码	工程内容 分项名称	工程量	合价/元 人工	机械	材料	管理费	利润	合计	综合单价/元
1	010101001001	平整场地	m²	93.30		01010100019	平整场地	0.0219957	1.71	—	—	0.46	0.15	2.33	2.33
								∑	1.71	—	—	0.46	0.15	2.33	2.33
2	010101003001	挖基础土方	m³	67.20		01010100004	人工挖沟槽（干土）	0.0109018	15.53	0.06	—	4.21	1.40	21.20	
						01010100072	余土外运（1 km 以内）	0.0001485	0.61	0.71	0.00	0.35	0.12	1.79	
						01010100073×7	余土外运增加 7 km	0.0001485	—	0.91	—	0.25	0.08	1.24	
								∑	16.20	1.67	0.00	4.82	1.61	24.30	24.30
3	010301001001	直形砖基础	m³	12.06		01030100001	砖基础	0.1000000	30.15	2.09	117.61	8.38	2.90	161.13	
						01090100127	1∶2 防水砂浆（平面）	0.0142786	3.26	0.26	6.56	0.91	0.32	11.31	
								∑	33.41	2.35	124.17	9.29	3.22	172.44	172.44
4	010305001001	乱毛石基础	m³	23.68		01030100053	乱毛石基础	0.0933277	25.44	1.95	75.17	7.12	2.46	112.14	
						01080100017	基础垫层砼	0.0283784	13.51	0.99	43.15	3.77	1.30	62.72	
								∑	38.95	2.94	118.32	10.89	3.76	174.86	174.86
5	010103001201	基础土石方回填	m³	29.91		01010100022	基础回填土（夯填）	0.0125543	9.14	1.70	—	2.92	0.97	14.73	
								∑	9.14	1.70	—	2.92	0.97	14.73	14.73
6	010103001001	室内土石方回填	m³	17.47		01010100021	房心回填土（夯填）	0.0100000	5.53	1.34	—	1.85	0.62	9.34	
								∑	5.53	1.34	—	1.85	0.62	9.34	9.34
7	020101001001	水泥砂浆楼地面	m²	87.36		02010100106	水泥砂浆面层	0.0100000	2.88	0.14	4.88	0.97	0.54	9.41	
						02010100104	水泥砂浆找平层	1.0000000	1.94	0.20	4.05	0.68	0.39	7.26	
						01080100012	地坪垫层砼	0.0059982	1.98	0.52	8.19	0.80	0.45	11.94	
								∑	6.80	0.86	17.12	2.45	1.38	28.61	28.61

【案例49】 用表5.26中的人工、材料现行价计算案例48中的清单计价综合单价,并填入《工程量清单综合单价分析表》中(未知材料单价、机械台班单价和其他材料费等不变化)。

表5.26 人工、材料现行价表

材料名称及规格	单 位	现行单价
水泥 P.S32.5	t	280.00
水泥 P.S42.5	t	360.00
乱毛石	m³	38.00
碎石(综合粒径)	m³	48.00
细砂(砼用)	m³	60.00
细砂(砂浆用)	m³	60.00
水	m³	2.50
普通粘土砖	千块	200.00
人工	工日	28.00

解 (1)按现行价对消耗量定额基价重新组价(见表5.27~表5.34)

表5.27 人工挖坑槽土方、淤泥、流沙

工作内容:1.挖土、装土、把土抛于坑槽边自然堆放。2.沟槽基坑底夯实。 单位:100 m³

定 额 编 号			01010004	01010019
项 目			人工挖沟槽、基坑	
			三类土	
			深度(m以内)	
			2	4
基价/元			1 616.75	1 939.49
其中	人工费		1 611.40	1 936.98
	材料费		—	—
	机械费		5.35	2.51
名 称		单位	单价/元	数 量
人工	综合人工	工日	28.00	57.550	69.178
机械	夯实机(电动夯击能力20~62 N·m)	台班	16.93	0.316	0.148

表 5.28 场地平整、填土、打夯、支挡土板

工作内容:1. 平整场地,标高在 ±30 cm 以内的挖土找平。2. 回填土 50 m 以内取土。3. 原土打夯包括碎土、平土、找平、洒水。

单位:100 m³

定 额 编 号			01010004	01010021	01010022
项 目			场地平整	夯 填	
			100 m²	地坪	基础
基价/元			88.20	759.27	958.30
其中	人工费		88.20	625.52	823.20
	材料费		—	—	—
	机械费		—	133.75	135.10
名 称	单位	单价/元	数 量		
人工	综合人工	工日	28.00	3.150	22.340	29.400
机械	夯实机(电动夯击能力 20~62 N·m)	台班	16.93	—	7.900	7.980

表 5.29 砖(石)基础

工作内容:1. 砖基础:调运砂浆、铺砂浆、运砖、清理基槽坑、砌砖等;砌墙:调运砂浆、铺砂浆、运砖、砌砖(包括窗台虎头砖)、腰线、门窗套,安放木砖、铁件等。2. 选修石料、运石、调、运、铺砂浆、场内运输、安放铁件。3. 砌筑、平整墙角及门窗洞口处的石料加工等。

单位:10 m³

定 额 编 号			01030001	01030053
项 目			砖基础	毛石基础
基价/元			1 763.10	1 222.06
其中	人工费		341.04	308.28
	材料费		1 401.12	892.84
	机械费		20.94	20.94
名 称	单位	单价/元	数 量	
人工	综合人工	工日	28.00	12.180	11.010
材料	水泥砂浆 M5.0 细砂 P.S32.5	m³	140.76	2.490	3.300
	普通粘土砖	千块	200.00	5.240	—
	毛石	m³	38.00	—	11.220
	水	m³	2.50	1.050	0.790
机械	灰浆搅拌机 200 L	台班	53.69	0.390	0.390

表 5.30 垫 层

工作内容:拌和、铺设、找平、夯实、调制砂浆、灌缝、洒水。混凝土搅拌、捣固、养护。 单位:10 m³

定 额 编 号				01080012	01080017
项 目				混凝土	
				地坪垫层	基础垫层
基价/元				1 967.30	2 235.30
其中		人工费		373.80	538.44
		材料费		1 506.29	1 661.90
		机械费		87.21	34.96
名 称		单位	单价/元	数 量	
人工	综合人工	工日	28.00	13.350	19.230
材料	C10 现浇砼 碎石 40 细砂 P.S32.5	m³	147.90	10.100	10.100
	木模板	m³	960.00	—	0.150
	水	m³	2.50	5.000	5.000
	其他材料费	元	1.00	—	11.610
机械	滚筒式砼搅拌机(电动)出料容量 400 L	台班	82.79	1.010	0.380
	混凝土振捣器(平板式)	台班	4.550	0.790	0.770

表 5.31 机动车运土方

工作内容:1.装土、运土、卸土。2.修理边坡。3.清理机下余土。 单位:1 000 m³

定 额 编 号				01010072	01010073
项 目				人工装车	
				自卸汽车运土方	
				深度(m 以内)	
				运距 1 km 以内	运距每增加 1 km
基价/元				9 421.16	873.62
其中		人工费		4 636.52	
		材料费		30.00	
		机械费		4 754.64	873.62
名 称		单位	单价/元	数 量	
人工	综合人工	工日	28.00	165.590	—
材料	水	m³	2.50	12.000	
机械	履带式推土机(功率 75 kW)	台班	367.94	2.575	
	自卸汽车(综合)	台班	248.33	14.771	3.518
	洒水车	台班	231.85	0.600	—

表 5.32　涂膜防水

工作内容:清理基层、调制砂浆、涂水泥砂浆。　　　　　　　　　　　　　　　　　　　　　　单位:100 m²

定额编号				01090127	
项　目				防水砂浆	
				平面	
基价/元				840.16	
其中	人工费			258.16	
	材料费			563.75	
	机械费			18.25	
名　称		单位	单价/元	数　量	
人工	综合人工	工日	28.00	9.220	
材料	水泥砂浆 1∶2	m³	257.67	2.040	
	防水粉	kg	0.52	55.00	
	水	m³	2.50	3.800	
机械	灰浆搅拌机 200 L	台班	53.69	0.340	

表 5.33　找平层

工作内容:清理基层、调运砂浆、铺设找平、压实、振捣、刷水泥浆。　　　　　　　　　　　　　单位: m²

定额编号				02010104	02010105
项　目				水泥砂浆	
				在砼和硬基层上	每增减 5 mm
				面层 20 mm 厚	
基价/元				7.79	1.69
其中	人工费			2.20	0.42
	材料费			5.39	1.22
	机械费			0.20	0.05
名　称		单位	单价/元	数　量	
人工	综合人工	工日	28.00	0.078 5	0.015 0
材料	水泥砂浆 1∶2.5	m³	238.95	0.020 2	0.005 1
	素水泥浆	m³	547.42	0.001 0	—
	水	m³	2.50	0.006 0	—
机械	灰浆搅拌机 200 L	台班	53.69	0.003 8	0.001 0

表5.34 整体面层

工作内容:清理基层、调运砂浆、刷素水泥浆、抹面、压光、养护。 单位:100 m²

定 额 编 号				02010106
项 目				水泥砂浆
				面层20 mm厚
基价/元				959.24
其中	人工费			325.64
	材料费			620.18
	机械费			13.42
名 称		单位	单价/元	数 量
人工	综合人工	工日	28.00	11.630 0
材料	水泥砂浆1:2	m³	257.67	2.020 0
	素水泥浆	m³	547.42	0.100 0
	草席	m²	1.40	22.000 0
	水	m³	2.50	3.800 0
	其他材料费	元	1.00	4.640 0
机械	灰浆搅拌机200 L	台班	53.69	0.250 0

(2)半成品材料现行价计算(见表5.35和表5.36)

表5.35 半成品材料现行单价计算表

定 额 编 号			15-68	15-245
项目	半成品名称		现浇砼	水泥砂浆
	半成品规格		C10 碎石40 细砂 P.S32.5	M5.0 细砂 P.S32.5
单价/元			147.90	140.76
材料名称	单位	单价	数 量	
矿渣硅酸盐水泥 P.S32.5	t	280.00	0.226	0.236
碎石40 mm	m³	48.00	0.890	—
细砂	m³	60.00	0.690	1.230
水	m³	2.50	0.200	0.350

表 5.36　半成品材料现行单价计算表

定额编号			15-279	15-280	15-276
项目	半成品名称		水泥砂浆	水泥砂浆	素水泥浆
	半成品规格		1：2 细砂 P.S42.5	1：2.5 细砂 P.S42.5	P.S42.5
单价/元			257.67	238.95	547.42
材料名称	单位	单价	数量		
矿渣硅酸盐水泥 P.S42.5	t	360.00	0.557	0.490	1.517
细砂	m³	60.00	0.94	1.03	—
水	m³	2.50	0.30	0.30	0.520

(3)用现行价分析工程量清单综合单价(以砖基础分项工程为例)

1)方法一:按传统预算表的计算方法

①定额单价栏目内

A.定额单位工程量:1.206;

B.定额人工费:341.04;

C.定额机械费:20.94;

D.定额材料费:1 401.12;

E.管理费率:26%;

F.利润率:9%。

②合价栏目内

A.分项工程人工费:1.206×341.04=411.29(元);

B.分项工程机械费:1.206×20.94=25.25(元);

C.分项工程材料费:1.206×1 401.12=1 689.75(元);

D.分项工程管理费=(人工费+机械费)×管理费率

　　　　　　　=(411.29+25.25)×26%=113.50(元)

E.分项工程利润=(人工费+机械费)×利润率

　　　　　　=(411.29+25.25)×9%=39.29(元)

F.分项工程项目费合计

人工费+机械费+材料费+管理费+利润=411.29+25.25+1 689.75+113.50+39.29

　　　　　　　　　　　　　　　　=2 279.08(元)

③同理,将"1：2 防水砂浆(平面)" 计算分项工程项目费,合计为 161.34 元,亦填写到工程量清单综合单价表中,如表 5.37 所示。

④砖基础清单分部分项工程项目费合计值=2 279.08+161.34=2 440.42(元)

⑤砖基础的工程量清单综合单价分析

$$\frac{分项工程项目费合计值}{清单工程量}=\frac{2\ 440.42}{12.06}=202.36\ (元/m^3)$$

表 5.37　工程量清单综合单价分析表

工程名称：　　　　　　　　　　　　　　　　　　　　　　　　　　　　　　　　　　　　　　第 1 页　共　　页

序号	项目编码	项目名称	计量单位	清单数量	项目特征	定额编码	分项名称	单位	工程量	单价/元 人工	单价/元 机械	单价/元 材料	管理费率/%	利润率/%	合价/元 人工	合价/元 机械	合价/元 材料	管理费	利润	合计	综合单价/元
1	010101 001001	平整场地	m²	93.30		01010019	平整场地	100 m²	2.0522	88.20	—	—	27	9	181.00	—	—	48.87	16.29	246.17	
														∑	181.00	—	—	48.87	16.29	246.17	2.64
2	010101 003002	挖基础土方	m³	67.20		01010004	人工挖沟槽（干土）	100 m³	0.7326	1611.40	5.35	—	27	9	1180.51	3.92	—	319.80	106.60	1610.83	
						01010072	余土外运（1 km 以内）	1000 m³	0.00998	4636.52	4754.64	30.00	27	9	46.27	47.45	0.30	25.30	8.44	127.76	
						01010073 ×7	余土外运增加 7 km	1000 m³	0.00998	—	6115.34	—	27	9	—	61.03	—	16.48	5.49	83.00	
														∑	1226.78	112.40	0.30	361.58	120.53	1821.59	27.11
3	010301 001001	直形砖基础	m³	12.06		01030001	砖基础	10 m³	1.206	341.04	20.94	1401.12	26	9	411.29	25.25	1689.75	113.50	39.29	2279.08	
						01090127	1:2 防水砂浆（平面）	100 m²	0.1722	258.16	18.25	563.75	26	9	44.46	3.14	97.08	12.38	4.28	161.34	
														∑	455.75	28.39	1786.83	125.88	43.57	2440.42	202.36
4	010305 001001	乱毛石基础	m³	23.68		01030053	乱毛石基础	10 m³	2.210	308.28	20.94	892.84	26	9	681.30	46.28	1973.17	189.17	65.48	2955.40	
						01080017	基础垫层砼	10 m³	0.672	538.44	34.96	1661.90	26	9	361.83	23.49	1116.80	100.18	34.68	1636.98	
														∑	1043.13	69.77	3089.97	289.35	100.16	4592.38	193.93
5	010103 001201	基础土石方回填	m³	29.91		01010022	基础回填土（夯填）	100 m³	0.3755	823.20	135.10	—	27	9	309.11	50.73	—	97.16	32.39	489.39	
														∑	309.11	50.73	—	97.16	32.39	489.39	16.36
6	010103 001001	室内土石方回填	m³	17.47		01010021	房心回填土（夯填）	100 m³	0.1747	625.52	133.75	—	27	9	109.28	23.37	—	35.81	11.94	180.40	
														∑	109.28	23.37	—	35.81	11.94	180.40	10.33
7	020101 001001	水泥砂浆楼地面	m²	87.36		02010106	水泥砂浆面层	100 m²	0.8736	325.64	13.42	620.18	32	18	284.48	11.72	541.79	94.78	53.32	986.09	
						02010104	水泥砂浆找平层	m²	87.36	2.20	0.20	5.39	32	18	192.19	17.47	470.87	67.09	37.74	785.37	
						01080012	地坪垫层砼	10 m³	0.524	373.80	87.21	1506.29	32	18	195.87	45.70	789.30	77.30	43.48	1151.65	
														∑	672.54	74.89	1801.96	239.18	134.54	2923.11	33.46

2)方法二:按工程量清单综合单价计算方法

①工程量

$$工程量 = \frac{消耗量定额工程量}{清单工程量 \times 定额单位} = \frac{12.06}{12.06 \times 10} = 0.100\ 000\ 0$$

②查消耗量定额分项工程定额单价

A. 定额人工费:341.04;

B. 定额机械费:20.94;

C. 定额材料费:1 401.12;

D. 管理费率:26%;

E. 利润率:9%。

③工程量清单综合单价栏目内

A. 分项工程人工费:工程量 × 定额人工费 = 0.100 000 0 × 341.04 = 34.10(元);

B. 分项工程机械费:工程量 × 定额机械费 = 0.100 000 0 × 20.94 = 2.09(元);

C. 分项工程材料费:工程量 × 定额材料费 = 0.100 000 0 × 1 401.12 = 140.11(元);

D. 分项工程管理费 = (人工费 + 机械费) × 管理费率 = (34.10 + 2.09) × 26% = 9.41(元);

E. 分项工程利润 = (人工费 + 机械费) × 利润率 = (34.10 + 2.09) × 9% = 3.26(元);

F. 分项工程项目费合计

$$人工费 + 机械费 + 材料费 + 管理费 + 利润 = 34.10 + 2.09 + 140.11 + 9.41 + 3.26$$
$$= 188.97(元)$$

④同理,将"1:2 防水砂浆(平面)"计算分项工程项目费,合计为13.39 元,亦填写到工程量清单综合单价表中,如表5.38 所示。

⑤砖基础分部分项工程项目费合计值 = 188.97 + 13.39 = 202.36(元/m³)

⑥砖基础的工程量清单综合单价分析:202.36 (元/m³)

表5.38　工程量清单综合单价分析表

工程名称：

第1页　共　页

序号	项目编码	项目名称	计量单位	清单数量	项目特征	定额编码	工程内容 分项名称	工程量	合价/元						综合单价/元
									人工	机械	材料	管理费	利润	合计	
1	010101001001	平整场地	m²	93.30		01010019	平整场地	0.0219957	1.94	—	—	0.52	0.17	2.64	2.64
								Σ	1.94	—	—	0.52	0.17	2.64	
2	010101003002	挖基础土方	m³	67.20		01010004	人工挖沟槽(干土)	0.0109018	17.57	0.06	—	4.75	1.59	23.97	
						01010072	余土外运(1 km以内)	0.0001485	0.69	0.71	0.00	0.38	0.12	1.90	
						01010073×7	余土外运增加7 km	0.0001485		0.91	—	0.25	0.08	1.24	
								Σ	18.26	1.68	0.00	5.38	1.79	27.11	27.11
3	010301001001	直形砖基础	m³	12.06		01030001	砖基础	0.1000000	34.10	2.09	140.11	9.41	3.26	188.97	
						01090127	1:2防水砂浆(平面)	0.0142786	3.69	0.26	8.05	1.03	0.36	13.39	
								Σ	37.79	2.35	148.16	10.44	3.62	202.36	202.36
4	010305001001	乱毛石基础	m³	23.68		01030053	乱毛石基础	0.0933277	28.77	1.95	83.33	7.99	2.77	124.81	
						01080017	基础垫层层砼	0.0283784	15.28	0.99	47.16	4.23	1.46	69.12	
								Σ	44.05	2.94	130.49	12.22	4.23	193.93	193.93
5	010103001201	基础土石方回填	m³	29.91		01010022	基础回填土(夯填)	0.0125543	10.33	1.70	—	3.25	1.08	16.36	
								Σ	10.33	1.70	—	3.25	1.08	16.36	16.36
6	010103001001	室内土石方回填	m³	17.47		01010021	房心回填土(夯填)	0.0100000	6.26	1.34	—	2.05	0.68	10.33	
								Σ	6.26	1.34	—	2.05	0.68	10.33	10.33
7	020101001001	水泥砂浆楼地面	m²	87.36		02010106	水泥砂浆面层	0.0100000	3.26	0.14	6.20	1.08	0.61	11.29	
						02010104	水泥砂浆找平层	1.0000000	2.20	0.20	5.39	0.77	0.43	8.99	
						01080012	地坪垫层砼	0.0059982	2.24	0.52	9.04	0.88	0.50	13.18	
								Σ	7.70	0.86	20.63	2.73	1.54	33.46	33.46

工程造价,包括完成招标文件规定的工程量清单项目所需的全部费用,包括:分部分项工程费、措施项目费、其他项目费和规费、税金;工程量清单项目中没有体现的,施工中又必须发生的工程内容所需的费用;考虑风险因素而增加的费用(如材料上涨等因素)。

工程量清单计价采用综合单价计价方式,包括完成规定计量单位和合格产品所需的全部费用。其综合有两个含义:一是单价本身的综合,包括人工费、材料费、机械费、管理费和利润;二是工程内容的综合。招标人自行采购的材料购置费,分部分项工程量清单的综合单价,不得包括招标人自行采购材料的价款。综合单价不仅适用于分部分项工程量清单,也适用于措施项目清单及其他项目清单等。

1)一份完整的工程量清单计价应采用统一格式。

2)工程量清单格式应由下列内容组成:

①封面。

②投标总价。

③工程项目总价表。

④单项工程费汇总表。

⑤单位工程费汇总表。

⑥分部分项工程量清单计价表。

⑦措施项目清单计价表。

⑧其他项目清单计价表。

⑨零星工作项目计价表。

⑩分部分项工程量清单综合单价分析表。

⑪措施项目费分析表。

⑫主要材料价格表。

以上表格按照不同地区、不同工程规模、不同建设阶段、不同编制单位和不同用途,有一定的取舍和变化。

3)工程量清单格式的填写应符合下列规定:

①投标总价应由投标人填写、签字、盖章。

②工程项目总价表应由投标人按下列规定填写。

a.表中单项工程名称应按单项工程费汇总表的工程名称填写；

b.表中金额应按单项工程费汇总表的合计金额填写。

③单项工程费汇总表应由投标人按下列规定填写。

a.表中单位工程名称应按单位工程费汇总表的工程名称填写；

b.表中金额应按单位工程费汇总表的合计金额填写。

④单位工程费汇总表应由投标人填写,表中金额应分别按照分部分项工程量清单、措施项目清单和其他项目清单的合计金额填写。

⑤分部分项工程量清单中金额应由投标人填写,其他应由招标人填写。

⑥措施项目清单中的金额应由投标人填写,其他应由招标人填写。

⑦其他项目清单,除投标部分的金额应由投标人填写以外,招标人部分应由招标人填写(包括金额),投标人部分应由投标人填写。

⑧零星工作项目费表中的金额应由投标人填写,其他应由招标人填写,并应遵守下列规定：

a.人工应按不同工种列项,计量单位应取工时(或工日)；

b.材料应按名称、规格和型号列项；

c.机械应按名称、规格和型号列项,计量单位应取台时(或台班)。

⑨分部分项工程量清单综合单价分析表和措施项目分析表应由招标人提出要求,由投标人填写。

⑩主要材料价格表中的单价应由投标人填写,其他应由招标人填写。所填写的单价必须与工程量清单计价中采用的相应材料的单价一致。

【案例50】 请将某工程基础部分的分部分项工程项目和措施项目,按基价区内工程的工程量清单计价办法,计算工程造价。

已知:(1)清单及消耗量定额分部分项工程量,如表6.1所示。

表6.1 清单及消耗量定额分部分项工程量

序号	细目名称	细目编码	清单工程量	主要工程内容		
				定额编码	分项名称	工程量
1	平整场地	0101010010 0 1	93.30 m²	01010019	平整场地	205.22 m²
2	挖基础土方	0101010030 0 1	67.20 m³	01010004	人工挖基础土方	73.26 m³
				01010072	自卸汽车运土1 km	9.98 m³
				01010073	自卸汽车运土增7 km	9.98 m³
3	室内土石方回填	0101030010 0 1	17.47 m³	01010021	室内土石方回填	17.47 m³
4	基础土石方回填	0101030012 0 1	29.91 m³	01010022	基础土石方回填	37.55 m³

序号	细目名称	细目编码	清单工程量	主要工程内容		
				定额编码	分项名称	工程量
5	直形砖基础	0103010010 ⓪①	12.06 m³	01030001	砖基础	12.06 m³
				01090127	砖基础水泥砂浆防潮层	17.22 m²
6	乱毛石基础	0103050010 ⓪①	23.68 m³	01030053	乱毛石基础	22.10 m³
				01080017	基础垫层砼	6.72 m³
7	水泥砂浆楼地面	0201010010 ⓪①	87.36 m²	02010106	水泥砂浆面层	87.36 m²
				02010104	水泥砂浆找平层	87.36 m²
				01080012	地坪垫层砼	5.24 m³

（2）措施项目清单,如表6.2所示。

表6.2 措施项目清单

工程名称:×××住宅楼   第3页 共5页

序号	项目名称
	一、通用项目
1	混凝土、钢筋混凝土模板及支架
2	脚手架
	二、专业项目
	1.建筑工程
1	垂直运输机械
	2.装饰装修工程
1	垂直运输机械

根据设计资料:

×××住宅楼工程,砖混结构二层,室内外高差0.15 m,墙面及天棚抹水泥砂浆后再刷石灰浆。

1)圈梁支模板:砼工程量12.39 m³;

2)脚手架

①砌筑综合脚手架,层高3.30 m,建筑面积:163.27 m²;

②屋面楼屋面现浇板外围面积:188.41 m²;

3)垂直运输采用井字吊一座;

4)装饰工程的定额人工费:19 800 元。

（未列措施项目不考虑）

（3）相关措施项目消耗量定额,如表6.3~表6.7所示。

表6.3 梁模板

工作内容:工具式钢模板组合、安装、拆除、清理、刷润滑剂、集装箱装运、木模制作、安装、
拆除。 单位:10 m³

定 额 编 号				C0101039	C0101040
项 目				圈梁	过梁
基价/元				1 324.49	4 006.93
其中	人工费			782.35	1 899.81
	材料费			493.35	1 934.87
	机械费			48.79	172.25
名 称		单位	单价/元	数 量	
人工	综合人工	工日	24.75	31.610 0	76.760 0
材料	工具式钢模板(综合)	kg	3.96	61.740 0	103.110 0
	U 型卡	kg	3.55	0.140 0	—
	L 型插销	kg	3.55	1.410 0	2.900 0
	支撑钢管及扣件	kg	3.30	—	—
	连杆	kg	3.55	—	—
	顶柱	kg	3.30	—	59.330 0
	模板板枋材	m³	960.00	0.074 0	0.956 0
	梁柱卡具	kg	3.55	22.580 0	40.760 0
	铁钉	kg	5.30	3.650 0	24.530 0
	桁架	kg	2.94	—	—
	回库维修费	元	1.00	28.180 0	47.870 0
	其他材料费	元	1.00	44.630 0	80.130 0
机械	木工圆锯机 直径 500 mm	台班	14.78	0.044 0	1.750 0
	载荷汽车 载重质量6 t	台班	209.18	0.130 0	0.396 0
	汽车式起重机 提升质量5 t	台班	240.71	0.087 0	0.264 0

表6.4 综合脚手架

工作内容:场内外材料搬运、搭设、拆除脚手架、斜道、上料台、安全网、上下翻板子和拆除后
的材料堆放。 单位:100 m²

定 额 编 号	C0102001	C0102002
项 目	砌筑脚手架(钢制)	
	建筑物高度米(层数)内	
	20 m	30 m
	(6)	(7~10)

续表

基价/元			853.90	899.76
其中	人工费		227.45	258.14
	材料费		595.07	608.15
	机械费		31.38	33.47
名 称		单位	单价/元	数 量
人工	综合人工	工日	24.75	9.190 0	10.430 0
材料	焊接钢管 $\phi 48 \times 3.5$	kg	2.75	47.480 0	54.130 0
	直角扣件	个	5.00	8.330 0	7.950 0
	对接扣件	个	3.30	2.310 0	2.060 0
	回转扣件	个	5.20	1.670 0	1.700 0
	底座	个	8.42	0.380 0	0.140 0
	木脚手板	m³	960.00	0.100 0	0.110 0
	垫木 60 mm×60 mm×60 mm	块	0.43	1.420 0	0.770 0
	镀锌铁丝 8#	kg	4.18	17.220 0	14.810 0
	铁钉	kg	5.30	3.010 0	2.630 0
	防锈漆	kg	7.50	3.920 0	4.110 0
	油漆溶剂油	kg	2.78	0.440 0	0.460 0
	钢丝绳 8	kg	6.03	0.140 0	0.250 0
	安全网	m²	14.67	12.770 0	12.770 0
机械	载重汽车 6 t	台班	209.18	0.150 0	0.160 0

表 6.5 浇灌运输道

工作内容:场内外材料搬运、搭设、拆除脚手架、斜道、上料台、安全网、上下翻板子和拆除后
的材料堆放。

单位:100 m²

定 额 编 号			C0102020	C0102021
项 目			钢制	
			架子高度在(m)以内	
			1	3
基价/元			636.48	1 208.02
其中	人工费		102.71	284.87
	材料费		533.77	923.15
	机械费		—	—

续表

名 称		单位	单价/元	数 量	
人工	综合人工	工日	24.75	4.150 0	11.510 0
材料	焊接钢管 $\phi48 \times 3.5$	kg	2.75	—	54.140 0
	一等板材	m³	960.00	0.150 0	0.150 0
	一等枋材	m³	960.00	0.320 0	0.320 0
	镀锌铁丝 8#	kg	4.18	—	52.070 0
	其他材料费	元	1.00	82.570 0	105.410 0

表6.6 建筑物垂直运输

20(6层)以内卷扬机施工

工作内容:包括单位工程在合理工期内完成建筑工程项目所需要的卷扬机台班。　　　　　　单位:100 m²

定 额 编 号		C0103001	C0103002
项 目		住 宅	
		混合结构	现浇框架
基价/元		499.23	665.65
其中	人工费	—	—
	材料费	—	—
	机械费	499.23	665.65
名 称	单位	单价/元	数 量	
机械	电动卷扬机 单筒快速牵引力 5 kN	台班	46.38	10.764 0	14.352 0

表6.7 多层建筑物垂直运输

装饰装修工程施工

工作内容:1.各种材料垂直运输。2.施工人员上下班使用外用电梯。　　　　　　单位:100 工日

定 额 编 号	C0202001	C0202002
项 目	建筑物檐口高度(m)以内	
	20	40
	垂直运输高度(m)	
	20 以内	
基价/元	144.74	315.46

续表

其中	人工费		—	—
	材料费		—	—
	机械费		144.74	315.46

机械	名　称	单位	单价/元	数　量	
	施工电梯(单笼)　75 m	台班	166.50	—	1.460 0
	卷扬机(单筒慢速)　5 t	台班	49.57	2.920 0	1.460 0

注意:1)本案例按消耗量定额基价计算;

2)屋面楼屋面现浇板脚手架按钢制计算;

3)装饰装修工程的定额工日数的计算式为

$$定额工日 = \frac{定额人工费}{定额日工资标准} = \frac{19\ 800}{24.75} = 800.00（工日）$$

4)措施项目的调整额不计算。

(4)其他

1)工程排污费不计算;

2)本案例中的材料不含业主自行采购的材料;

3)社会保障及劳动保险费按有关规定计算,如按定额直接费的人工费总和的26%计取;

4)按消耗量定额基价计算。

解　按本案例的已知条件,填写工程量清单计价相应表格,如表6.8、表6.10~表6.17所示。

表6.8　单位工程费汇总表

工程名称:　　　　　　　　　　　　　　　　　　　　　　　　　　　　　　　第　页　共　页

序号	项目名称	计算方法	金额/元
1	分部分项工程费	∑（分部分项工程工程量×综合单价）	11 173.77
2	措施项目费	2.1+2.2	6 207.41
2.1	通用措施费	各通用措施项目费用合计	4 234.40
2.2	专业措施费	各专业措施项目费用合计	1 973.01
3	其他项目费	其他项目费求和	71 855.83
4	规费	4.1+4.2+4.3	1 053.60
4.1	工程排污费	按有关规定计算	0.00
4.2	社会保障及劳动保险费	按《本规则》第三章规定计算	919.74
4.3	工程定额测定费	(1+2+3)×0.15%	133.86
5	税金	(1+2+3+4)×计算系数=90 290.61×0.034 1	3 078.91
6	单位工程造价	1+2+3+4+5	93 369.52

注:1.直接工程费中的人工费总和=3 537.48元(数据摘自工程量清单综合单价分析表),因此,社会保障及劳动保险费=直接工程费中的人工费总和×26%

=3 537.48×26%

=919.74(元)

2. 税金计算系数规定,如表6.9所示。本例税金计算系数取0.034 1。

3. 措施项目费的调整额不计算。

表6.9 税金计算系数

工程所在地	综合税率	计算系数
市区	3.30	0.034 1
县城、镇	3.24	0.033 5
其他	3.12	0.032 2

表6.10 分部分项工程量清单计价表

工程名称: 　　　　　　　　　　　　　　　　　　　　　　　　　　　　　　　第 页 共 页

序号	细目编码	细目名称	计量单位	工程数量	金额/元	
					综合单价	合 价
1	010101001001	平整场地	m²	93.30	2.33	217.39
2	010101003002	挖基础土方	m³	67.20	24.30	1 632.96
3	010301001001	直形砖基础	m³	12.06	172.44	2 079.63
4	010305001001	乱毛石基础	m³	23.68	174.86	4 140.68
5	010103001201	基础土石方回填	m³	29.91	14.73	440.57
6	010103001001	室内土石方回填	m³	17.47	9.34	163.17
7	020101001001	水泥砂浆楼地面	m²	87.36	28.61	2 499.37
				合 计		11 173.77

分部分项工程量清单计价表,也可如表6.11所示。

表6.11 分部分项工程量清单计价表

工程名称: 　　　　　　　　　　　　　　　　　　　　　　　　　　　　　　　第 页 共 页

序号	细目编码	细目名称	计量单位	工程数量	金额/元			
					综合单价	其中:人工费	合 价	其中:人工费
1	010101001001	平整场地	m²	93.30	2.33	1.71	217.39	159.54
2	010101003002	挖基础土方	m³	67.20	24.30	16.20	1 632.96	1 088.64

续表

序号	细目编码	细目名称	计量单位	工程数量	金额/元			
					综合单价	其中:人工费	合　价	其中:人工费
3	010301001001	直形砖基础	m³	12.06	172.44	33.41	2 079.63	402.92
4	010305001001	乱毛石基础	m³	23.68	174.86	38.95	4 140.68	922.34
5	010103001201	基础土石方回填	m³	29.91	14.73	9.14	440.57	273.38
6	010103001001	室内土石方回填	m³	17.47	9.34	5.53	163.17	96.61
7	020101001001	水泥砂浆楼地面	m²	87.36	28.61	6.80	2 499.37	594.05
合　计							11 173.77	3 537.48

表 6.12　措施项目计价表

工程名称:　　　　　　　　　　　　　　　　　　　　　　　　　　　　第 页 共 页

序号	项目名称	金额/元	备注
1	现浇混凝土圈梁模板	1 641.04	
2	脚手架	2 593.36	本项小计:4 234.40
3	建筑工程垂直运输机械(卷扬机)	815.09	
4	装饰装修工程垂直运输机械(卷扬机)	1 157.92	本项小计:1 973.01
合　计		6 207.41	

表 6.13　其他项目清单计价表

工程名称:　　　　　　　　　　　　　　　　　　　　　　　　　　　　第 页 共 页

序号	项目名称	金额/元
1	招标人部分: 　业主采购材料费: 　预留金:	35 800.00 30 000.00
小计		65 800.00
2	投标人部分: 　零星工作项目费:	6 055.83
小计		6 055.83
合计		71 855.83

表6.14　零星工作项目计价表

工程名称：　　　　　　　　　　　　　　　　　　　　　　　　　　　　第　页　共　页

序号	名　称		计量单位	数　量	金额/元	
					综合单价	合　价
1	人　工		工日	89.00	24.75	2 202.75
小计						2 202.75
2	材料	现浇混凝土 C10　粒径40 mm　细砂 P. S32.5	m³	25.00	134.15	3 353.75
		青红砖	千块	1.810	160.00	289.60
		水	m³	45.00	2.00	90.00
小计						3 733.35
3	机械	滚筒式砼搅拌机（电动）出料容量400 L	台班	1.20	82.79	99.35
		混凝土振捣器（平板式）	台班	4.48	4.55	20.38
小计						119.73
合计						6 055.83

注:表中的综合单价从本教材的消耗量定额表格中查取。

表 6.15　分部分项工程量清单综合单位分析表

工程名称：

序号	项目编码	项目名称	计量单位	清单数量	项目特征	定额编码	工程内容 分项名称	工程量	合价/元 人工	合价/元 机械	合价/元 材料	合价/元 管理费	合价/元 利润	合价/元 合计	综合单价/元
1	010101001001	平整场地	m²	93.30		01010019	平整场地	0.0219957	1.71	—	—	0.46	0.15	2.33	2.33
							Σ		1.71	—	—	0.46	0.15	2.33	
2	010101003002	挖基础土方	m³	67.20		01010004	人工挖沟槽（干土）	0.0109018	15.59	0.05	—	4.22	1.41	21.27	24.30
						01010072	余土外运（1 km 以内）	0.0001485	0.61	0.71	0.00	0.35	0.12	1.79	
						01010073×7	余土外运增加 7 km	0.0001485	—	0.91	0.00	0.25	0.08	1.24	
							Σ		16.20	1.67	0.00	4.82	1.61	24.30	
3	010301001001	直形砖基础	m³	12.06		01030001	砖基础	0.1000000	30.15	2.09	117.61	8.38	2.90	161.13	172.44
						01090127	1:2 防水砂浆（平面）	0.0142786	3.26	0.26	6.56	0.91	0.32	11.31	
							Σ		33.41	2.35	124.17	9.29	3.22	172.44	
4	010305001001	乱毛石基础	m³	23.68		01030053	乱毛石基础	0.0933277	25.44	1.95	75.17	7.12	2.46	112.14	174.86
						01080017	基础垫层砼	0.0283784	13.51	0.99	43.15	3.77	1.30	62.72	
							Σ		38.95	2.94	118.32	10.89	3.76	174.86	
5	010103001201	基础土石方回填	m³	29.91		01010022	基础回填土（夯填）	0.0125543	9.14	1.70	—	2.92	0.97	14.73	14.73
							Σ		9.14	1.70	—	2.92	0.97	14.73	
6	010103001001	室内土石方回填	m³	17.47		01010021	房心回填土（夯填）	0.0100000	5.53	1.34	—	1.85	0.62	9.34	9.34
							Σ		5.53	1.34	—	1.85	0.62	9.34	
7	020101001001	水泥砂浆楼地面	m²	87.36		02010106	水泥砂浆面层	0.0100000	2.88	0.14	4.88	0.97	0.54	9.41	28.61
						02010104	水泥砂浆找平层	1.0000000	1.94	0.20	4.05	0.68	0.39	7.26	
						01080012	地坪垫层砼	0.0059982	1.98	0.52	8.19	0.80	0.45	11.94	
							Σ		6.80	0.86	17.12	2.45	1.38	28.61	

表 6.16　措施项目费分析表

工程名称：　　　　　　　　　　　　　　　　　　　　　　　　　　　　第　页　共　页

序号	定额编码	措施项目名称	单位	数量	金额/元				
					人工费	材料费	机械费	调整额	小计
		一、通用项目							4 234.40
1	C0101039	圈梁模板	10 m³	1.239	969.33	611.26	60.45	0	1 641.04
								∑	1 641.04
2	C0102001	砌筑综合脚手架 20 m 以内(钢制)	100 m²	1.632 7	371.36	971.57	51.23	0	1 394.16
3	C0102020	现浇板浇灌运输道 1 m 以内(钢制)	100 m²	1.884 1	193.52	1 005.67	—	0	1 199.19
								∑	2 593.35
		二、专业项目							1 973.01
1	C0103001	建筑工程垂直运输机械(卷扬机)	100 m²	1.632 7	—	—	815.09	0	815.09
2	C0202001	装饰装修工程垂直运输机械(卷扬机)	100 工日	8.000	—	—	1 157.92	0	1 157.92
		汇总							6 207.41

注：调整额为必须增加的其他开支或要以竞争优惠的金额，以"＋"、"－"表示。

表 6.17　主要材料价格表

工程名称：　　　　　　　　　　　　　　　　　　　　　　　　　　　　第　页　共　页

序号	材料编码	材料名称	规格、型号等特殊要求	单位	数量	单价/元	合价/元
1	b070100072	矿渣硅酸盐水泥	P.S32.5	t	13.030	245.00	3 192.35
2	b080101001	普通粘土砖		千块	8.129	160.00	1 300.64
3	b080300060	细砂		m³	42.810	62.00	2 654.22
4	b080401017	碎石	40 mm	m³	33.001	40.00	1 320.04
5	B090110010	一等板材		m³	0.283	960	271.68
6	B090110011	一等枋材		m³	0.603	960	578.88
7	B090110040	模板板枋材		m³	0.092	960	88.32
8	b180100000	水		m³	70.886	2.00	141.77

第 **7** 章
工 料 分 析

工料分析是将单位工程中各分部分项工程项目所含人工、材料、施工机械台班消耗量分别计算并汇总的过程。

(1) 工料分析的作用

1) 编制施工计划,安排生产,统计完成工程量的依据。

2) 工人班组组织,调配劳动力,编制工资计划的依据。

3) 编制材料采购供应计划,进行材料储备,安排加工计划的依据。

4) 分析技术经济指标的依据。

5) "两算"对比的依据。

6) 工程计价中人工、材料调差的依据。

(2) 工料分析的方法

工料分析的内容,就是按照分部分项工程项目计算人工和各种材料的消耗量。一般采用如表 7.1 所示的形式进行计算分析。

表 7.1 工料分析表

序号	定额编号	分项工程名称	单位	工程量	人工数		材料名称							
					定额	数量	定额	数量	定额	数量	定额	数量		

计算顺序如下:

1) 按照分项工程的定额编号及分部分项工程名称、单位、数量顺序抄写在工料分析表中。

2) 从消耗量定额中查出所分析分项工程的人工、材料的名称和计量单位,依次分别填入"材料名称"栏下的列中,再将相应定额人工、材料的数量,填入表格中所对应的"定额"栏内。

3）用分项工程"工程量"栏中的数量乘以相应项目的"定额"栏中人工、材料的数量,计算结果为相应分项工程的人工用量及材料的用量。

4）累计单位工程各种人工、材料的总用量。

用公式表示为

单位工程人工用量 = $\sum$（分项工程定额单位的工程量×相应分项工程定额工日消耗量）

单位工程材料用量 = $\sum$（分项工程定额单位的工程量×相应分项工程定额材料消耗量）

5）定额材料用量为砂浆、混凝土等半成品材料,还应进行二次分析后,才能计算出砂、石子及水泥等原材料的用量。

用公式表示为

半成品中原材料的用量 = 半成品材料用量×1 m^3半成品中相应原材料的定额用量

（3）**工料分析的计算方法与步骤**

一般工料分析在如表7.1所示的"工料分析表"中计算,计算方法与步骤如下:

1）填写项目名称和工程量

将分部分项工程的序号、定额编号、分项工程的名称、单位及工程量（数量）逐一填写到工料分析表的相应栏目中。

在"分项工程名称"栏目中要用最精练、最简洁的文字写清楚做什么,在哪里做,其规格、型号（半成品的配合比、强度等级、运输距离、厚度、直径及涂刷遍数等）是多少,等等。

在"单位"栏目中填写定额单位。

在"工程量"栏目中填写定额单位的工程量。

例如,某工程要用 M5.0 混合砂浆砌筑一砖厚的混水砖墙 125.00 m^3,当地的预算定额（或消耗量定额）砌筑砖墙的定额单位为 10 m^3,则在"分项工程的名称"栏目中,填写"M5.0 混合砂浆砌筑一砖混水砖墙"或"一砖混水墙 M5.0 混合砂浆砌筑"或"一砖混水砖墙（M5.0 混合砂浆）"或"M5.0 混合砂浆砌筑混水砖墙（一砖）"等;在"单位"栏目中填写 10 m^3;在"工程量"栏目中填写 12.50（即定额单位的工程量,一般定额规定保留两位小数）,即 12.50 × 10 m^3（定额单位）= 125.00 m^3（分部分项的工程量）,如表7.2所示。

表 7.2　工料分析表

序号	定额编号	分项工程名称	单位	工程量	人工数		材料名称					
					定额	数量	定额	数量	定额	数量	定额	数量
1	010300××	M5.0 混合砂浆砌筑一砖混水砖墙	10 m^3	12.50								

2）查抄工料名称和定额消耗量

根据分部分项工程项目,从预算定额中查出所需分析的工料名称、计量单位（用圆括号把计量单位括上)填入到工料分析表中"定额"栏和"数量"栏正上方的材料名称栏目中,再把分项工程的定额用量,填入到定额栏目(注意该定额栏目与分项工程名称同一行所相交的栏目)中,依次填写其他需分析的工料名称、计量单位和定额用量。同理,查抄其他分项工程的工料名称和定额消耗量。如果遇到上面分项工程的工料名称、规格、型号和单位等完全一致时,可不再新增工料名称列,直接在上面分项工程的工料名称列下与新分项工程行中对应的"定额"栏目中填写工料的定额用量。

3)计算工料数量

①第一次工料分析:计算人工、直接性材料及半成品(如混凝土、砂浆等)的使用量。

查抄完成各分项工程的工料名称和定额消耗量后,分析工料使用量,即

分项工程的工料使用量 = 分项工程定额单位的工程量 × 分项工程工料的定额用量

亦即在表格中的"数量" = "工程量"×"定额",将计算的分项工程工料使用量填入"工料分析表"内对应的栏目中。合计各分项工程的人工、直接性材料及半成品的使用量。如果需得到半成品中的水泥、砂、碎石和水等材料的使用量,还要对半成品进行第二次材料分析。

②二次材料分析:从第一次分析得到的半成品材料中,进行第二次分析。

半成品中材料用量 = 半成品的用量 × 1 m³半成品中相应材料的定额用量。

第二次材料分析也可在工料分析表上计算,其方法是:在"分项工程名称"栏目中,填写半成品材料的名称、配合比或强度等级等;在"单位"栏目中,填写"m³";在"工程量"栏目中,填入第一次工料分析合计的半成品用量;在"材料名称"栏目中填入半成品中的各种材料的名称、规格、型号和计量单位(用圆括号把计量单位括上),在"定额"栏目中,对应填入 1 m³半成品中材料的定额用量;在"数量"栏目中,填入"半成品的用量 × 1 m³半成品中材料的定额用量"(即工料分析表中的"工程量"栏目中的数据与"定额"栏目中的数据之乘积,亦即"工程量"×"定额")的计算结果。按以上的方法分析完所有的半成品材料后,合计各种材料的用量。

4)进行工料汇总

当单位工程所有分项工程在"工料分析表"中计算完成后,合计综合人工工日数量、汇总材料名称、规格及型号相同的各种材料的用量,最后填入"工料汇总表"中。

5)计算每 m²(建筑面积)主要材料使用量(如钢材、水泥及木材等)

$$每\ m^2\ 材料用量 = \frac{单位工程材料的用量}{建筑面积}$$

(4)工料分析注意事项

1)工料分析时,应将消耗量定额和单位估价表配合使用。凡换算的定额子目在工料分析时要注意其含量的变化,以求工料分析数量完全和统一。

2)半成品材料,如砂浆强度等级、混凝土强度等级等,按定额附表进行材料分析计算。

3)在个别工程项目机械费用需单独调整时,必须按机械规格、型号进行机械使用台班用量的分析。

4)当设计变更等影响用工量及材料用量时,根据分项工程增减量编制相应的工料分析,对有关人工、材料用量做出相应的调整。

5)分类汇总人工、材料数量,必要的文字说明,便于有关部门查询。

(5)工料分析案例

【案例51】 某单位工程的消耗量定额分部分项工程项目及其工程量,如表7.3所示。试分析其中的"普通粘土砖、水、毛石、模板板枋材、一等板材、一等枋材、木模板、矿渣硅酸盐水泥P. S32.5、细砂、碎石40 mm"等的用量。

表7.3 消耗量定额分部分项工程量

序号	定额编号	分项工程名称	单位	工程量
1	01010072	余土外运(1 km以内)	m³	9.98
2	01030001	砖基础	m³	12.06
3	01090127	1∶2防水砂浆(平面)	m²	17.22
4	01030053	乱毛石基础	m³	22.10
5	01080017	基础垫层砼	m³	6.72
6	01080012	地坪垫层砼	m³	5.24
7	02010106	水泥砂浆面层	m²	87.36
8	02010104	水泥砂浆找平层	m²	87.36
9	C0101039	圈梁支模板	m³	12.39
10	C0102020	钢制浇灌运输道(1 m内)	m²	188.41

解 (1)第一次分析工料(见表7.4和表7.5)

表7.4 工料分析表

序号	定额编号	分项工程名称	单位	工程量	水泥砂浆 M5.0 P.S32.5 /m³		普通粘土砖 /千块		水 /m³		水泥砂浆 1:2 /m³		毛石 /m³		C10 现浇砼 碎石 40 mm 细砂 P.S32.5/m³		木模板 /m³	
					定额	数量	定额	数量	定额	数量	定额	数量	定额	数量	定额	数量	定额	数量
1	01010072	余土外运（1 km 以内）	1000 m³	0.00998					12.000	0.120								
2	01030001	砖基础	10 m³	1.206	2.490	3.003	5.240	6.319	1.050	1.266								
3	01090127	1：2 防水砂浆（平面）	100 m²	0.1722					3.800	0.654	2.040	0.351						
4	01030053	乱毛石基础	10 m³	2.210	3.300	7.293			0.790	1.746			11.220	24.796				
5	01080017	基础垫层砼	10 m³	0.672					5.000	3.360					10.100	6.787	0.150	0.101
6	01080012	地坪垫层砼	10 m³	0.524					5.000	2.620					10.100	5.292		
			∑			10.296		6.319		9.766		0.351		24.796		12.079		0.101

续表

序号	定额编号	分项工程名称	单位	工程量	水泥砂浆 1:2 /m³		素水泥浆 /m³		水 /m³		水泥砂浆 1:2.5 /m³		一等板材 /m³		一等枋材 /m³		模板枋材 /m³	
					定额	数量	定额	数量	定额	数量	定额	数量	定额	数量	定额	数量	定额	数量
7	02010106	水泥砂浆面层	100 m²	0.8736	2.020	1.765	0.1000	0.087	3.800	3.320								
8	02010104	水泥砂浆找平层	m²	87.36			0.0010	0.087	0.0060	0.524	0.0202	1.765						
9	C0101039	圈梁支模板	10 m³	1.239									0.1500	0.283	0.3200	0.603	0.074	0.092
10	C0102020	钢制浇灌运输道(1 m内)	100 m²	1.8841										0.283		0.603		0.092
				∑		1.765		0.174		3.844		1.765						

材料名称

表 7.4 中工料分析合计:

水泥砂浆 M5.0 P. S32.5:10.296 m³

普通粘土砖:6.319 千块

水:9.766 m³

水泥砂浆 1:2:0.351 m³

毛石:24.796 m³

C10 现浇砼 碎石 40 mm 细砂 P. S32.5:12.079 m³

木模板:0.101 m³

续表 7.4 中工料分析合计:

水泥砂浆 1:2:1.765 m³

素水泥浆:0.174 m³

水:3.844 m³

水泥砂浆 1:2.5:1.765 m³

一等板材:0.283 m³

一等枋材:0.603 m³

模板板枋材:0.092 m³

本单位工程需二次分析的半成品材料汇总:

水泥砂浆 M5.0 P. S32.5:10.296 m³

水泥砂浆 1:2:0.351 + 1.765 = 2.116(m³)

水泥砂浆 1:2.5:1.765 m³

素水泥浆:0.174 m³

C10 现浇砼 碎石 40 mm 细砂 P. S32.5:12.079 m³

(2)第二次分析(见表 7.5)

表 7.5　工料分析表

序号	分项工程名称	单位	工程量	矿渣硅酸盐水泥 P.S32.5 /t		碎石 40 mm /m³		细砂 /m³		水 /m³		数量
				定额	数量	定额	数量	定额	数量	定额	数量	
1	水泥砂浆 M5.0 P.S32.5	m³	10.296	0.236	2.430			1.230	12.664	0.350	3.604	
2	水泥砂浆 1:2	m³	2.116	0.571	1.208			1.079	2.283	0.300	0.635	
3	水泥砂浆 1:2.5	m³	1.765	0.467	0.824			1.156	2.040	0.300	0.530	
4	素水泥浆	m³	0.174	1.075	0.187					0.520	0.090	
5	C10 现浇砼 碎石 40 mm 细砂 P.S32.5	m³	12.079	0.226	2.730	0.890	10.750	0.690	8.335	0.200	2.416	
			∑		7.379		10.750		25.322		7.275	

如果单位工程还有其他的分部分项工程需要工料分析,以及施工机械台班使用量分析,则其分析原理、方法和步骤都相同,读者可如法分析。当一个单位工程所有分项工程的工料分析完成后,对各种不同的工料按名称、规格及型号等分别进行汇总计算。

(3)单位工程材料汇总

普通粘土砖:6.319 千块

水:(9.766 + 3.844) + 7.275(半成品) = 20.885(m³)

毛石:24.796 m³

模板板枋材:0.092 m³

一等板材:0.283 m³

一等枋材:0.603 m³

木模板:0.101 m³

矿渣硅酸盐水泥 P. S32.5:7.379 t

细砂:25.322 m³

碎石40 mm:10.750 m³

汇总计算完成后,填入材料汇总表中,如表7.6所示。

表7.6　材料汇总表

工程名称：　　　　　　　　　　　　　　　　　　　　　　　　　　年　月　日

序号	材料名称	规　格	单　位	数　量	备　注
1	普通粘土砖		千块	6.319	
2	水		m³	20.885	
3	毛石		m³	24.796	
4	模板板枋材		m³	0.092	
5	一等板材		m³	0.283	
6	一等枋材		m³	0.603	
7	木模板		m³	0.101	
8	矿渣硅酸盐水泥	P. S32.5	t	7.379	
9	细砂		m³	25.322	
10	碎石	40 mm	m³	10.750	

(1)软件概述

现有建筑市场招标、投标的技术含量越来越高,时间要求紧迫,掌握利用计算机软件编制清单及报价成为当今工程造价管理人员必备的基本技能。

《××省建筑装饰清单计价软件》适用于编制建筑、装饰工程预(结)算、拦标价、工程量清单和工程量清单报价。

(2)计价软件流程图

计价软件流程图,如图8.1所示。

清单报价软件操作流程,如图8.2所示。

(3)计价软件使用

1)进入软件系统的基本界面

双击【××省建筑装饰造价软件】图标(或单击【开始】→【程序】→【××建筑装饰工程计价软件】→在弹出命令菜单上单击【××省建筑、装饰工程计价软件】),系统进入《××省建设工程消耗量定额(电子版)》主界面,如图8.3所示。

2)新建(或打开)工程造价文件

在标题栏上,单击【工程造价】,在弹出的主菜单中,单击【新建(工程造价)】选项(或单击【新建(工程造价)】快捷图标(屏幕左上角的工具条行的左边第一个图标,即图标上有个"#")),在弹出的窗口中,输入文件名(按实际工程项目名称,本例假如"模拟工程",自行在计算机上输入)后,单击【打开】按钮(或按【回车】键)即可,如图8.4所示。同样方法,也可打开一个已有的工程造价文件进行预算编辑处理。

3)选择工程模板、录入工程信息

在新建或打开的工程造价文件窗口中,单击【选择模板】(即根据工程计价要求选择【××建筑清单报价模板】或【××建筑装饰计价模板】(只针对编制定额计价方式时使用)或【××装饰清单报价模板】,如选择【××建筑清单报价模板】,即以工程量清单报价的拦标价为例),在弹出的【打开(工程造价)模板】窗口中,双击【××建筑清单报价模板】行(也可单击【××建筑清单报价模板】行,再点击【打开】按钮),如图8.5所示,弹出一个【请选择】对话框,在【打开(工程造价)模板?】栏下方,点击【确认】按钮,如图8.6所示。光标进入【工程信息】窗

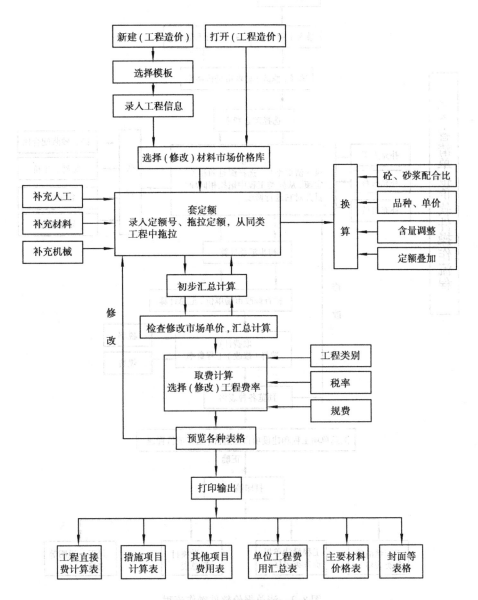

图 8.1　计价软件操作流程

口,输入【工程编号】和【工程名称】等栏目的相关内容,如图 8.7 所示。

　　4)保存工程计价文件

　　在输入完成【工程信息】栏目的内容后,将保存工程计价数据,其方法是:单击菜单栏的【工程造价】,在弹出的菜单中,单击【保存(工程造价)】,如图 8.8 所示。

　　5)价格信息设置

　　注意:下述内容重点掌握"设置当前价格库",其余内容,如"新建价格库"、"修改价格

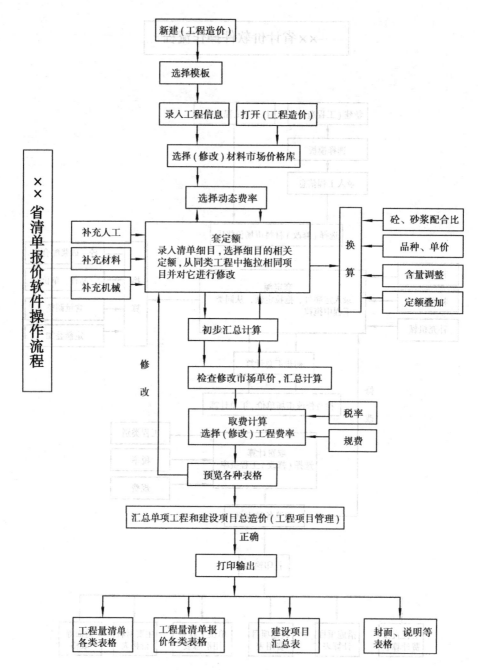

图8.2 清单报价软件操作流程

库"、"价格库的加权"和"删除价格库文件"等内容可暂不掌握,作为提高软件的应用能力,以后再掌握。

①设置当前价格库

在屏幕左上方,单击【价格信息】选项卡,将鼠标移至屏幕右侧【当前价格库】的窗口内,单击鼠标右键,在弹出的命令菜单中单击【打开】命令,如图8.9所示。在弹出的【打开】对话框中,在要采用的价格材料库文件夹(如【建筑装饰材料库】文件夹)上双击后,再双击打开选用的价格材料库(如××土建装饰价格库-2005年3月)。此时当前价格库设置完成,如图8.10

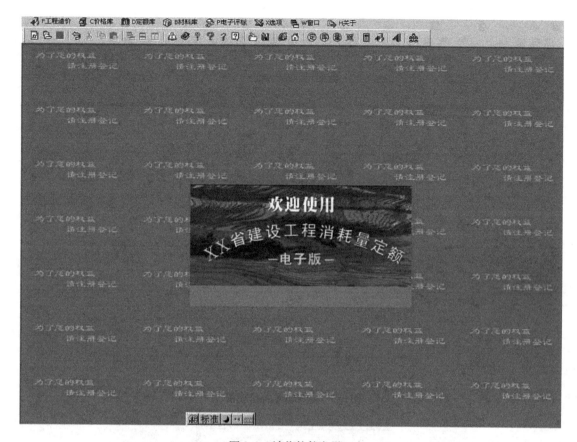

图 8.3　计价软件主界面

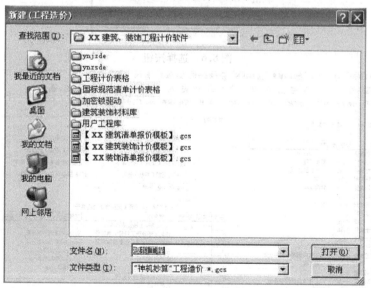

图 8.4　新建工程

和图 8.11 所示。

②修改价格库

单击菜单栏的【价格库】,在弹出的主菜单中,单击【打开(价格库)】,如图 8.12 所示。在

图 8.5　选择清单报价模板

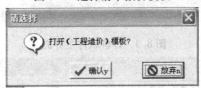

图 8.6　选择按钮

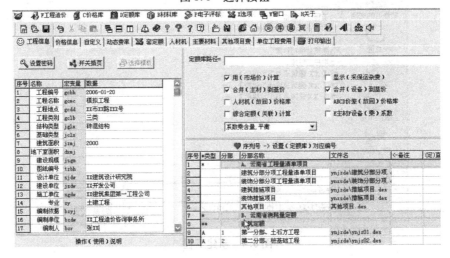

图 8.7　工程信息填写

弹出的【打开(价格库)】窗口中,双击【建筑装饰材料库】文件夹,在弹出【××土建装饰价格库】等文件(即要修改的价格库文件)上双击后,则弹出【(编辑,修改)价格库】窗口,在【市场

图 8.8　保存工程造价文件

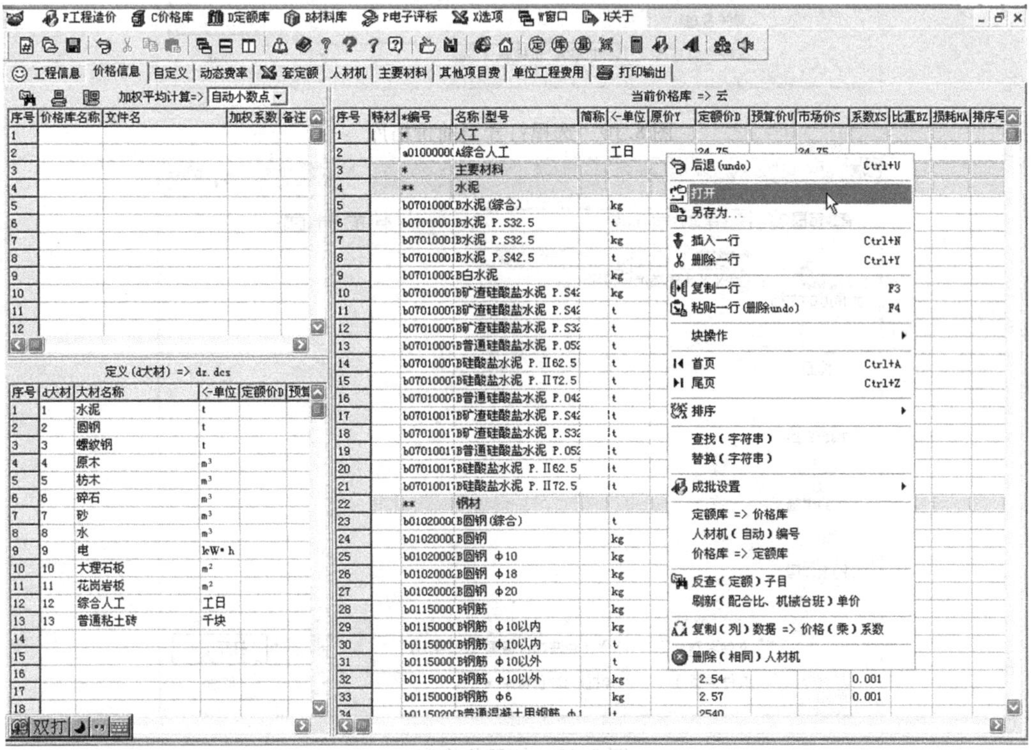

图 8.9　打开当前价格库

价】列中修改各种材料的价格,如图 8.13 和 8.14 所示。然后,保存价格库(方法是:单击【价格库】,在弹出的主菜单中,单击【保存(价格库)】)。当然,也可改变价格库的名称,单击【另存为(价格库)】即可。

③批处理【价格信息】库中的一列数据复制成另一列数据的操作

将【定额价】列复制到【市场价】列,其方法是:单击屏幕左上方的【价格信息】选项卡,在弹出的【当前价格库】中,将要复制列数据的所有【当前价格库】中项目(如人工、材料和施工机械的全部或其中的某些部分,本例为人、材、机的全部)定义红色块。定义红色块的方法是:在【当前价格库】中单击要定义的第一行(即【人工】行),右击【当前价格库】窗,单击【块操作】菜

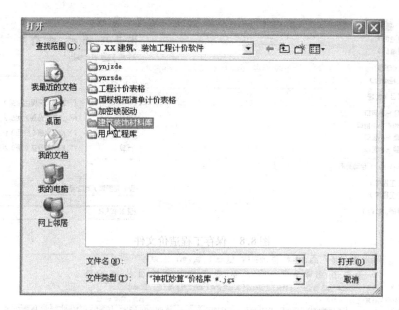

图 8.10　选择打开当前价格库

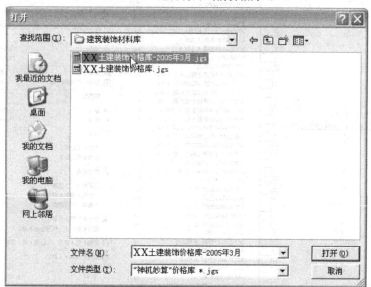

图 8.11　打开价格库

图 8.12　打开修改价格库

单中的【块首】命令(也可用快捷键:【Ctrl】+【B】),如图 8.15 所示。再将光标移至要复制列

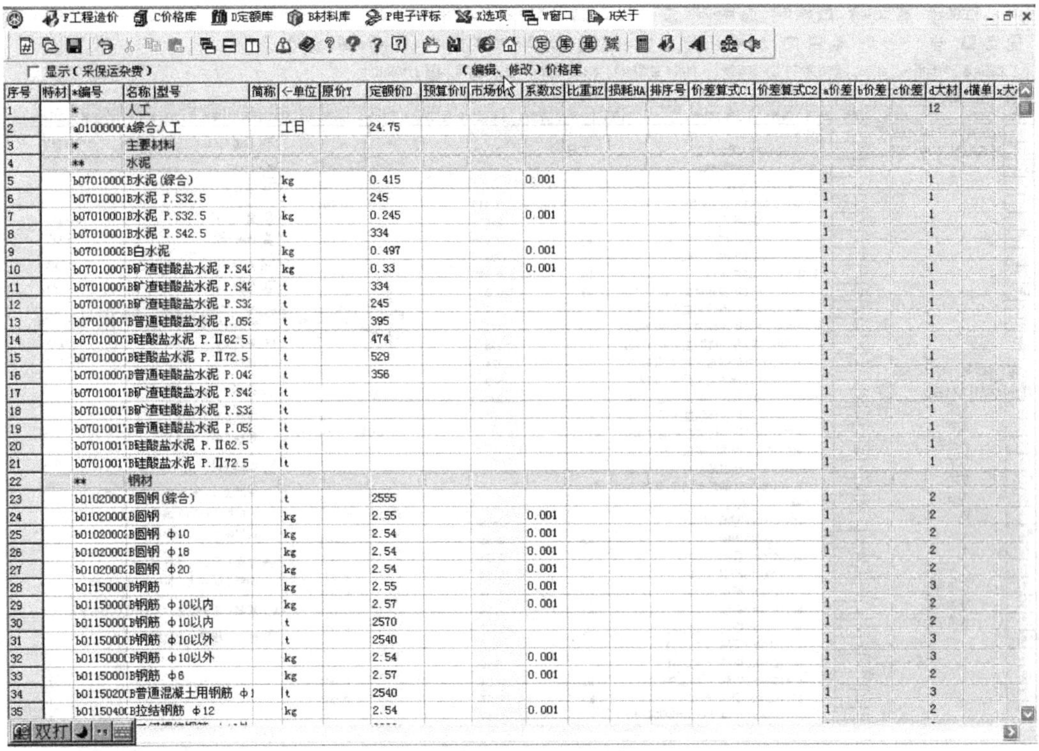

图 8.13 修改价格库

图 8.14 修改价格库

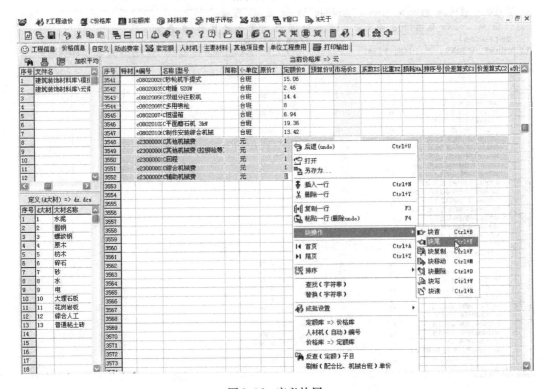

图 8.15　定义块首

图 8.16　定义块尾

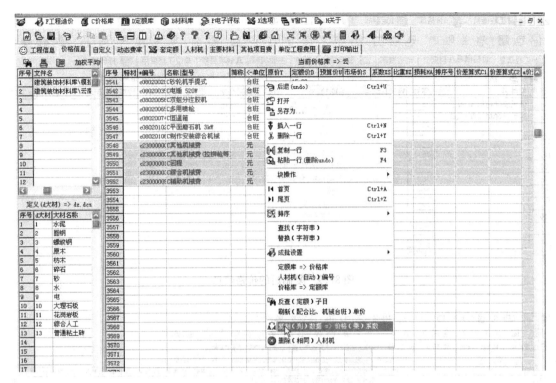

图 8.17 复制(列)数据命令

数据价格库的最后一行(如本例最后一行机械行)上单
击后,又单击【块操作】菜单中的【块尾】命令(也可用快
捷键:【Ctrl】+【E】),如图 8.16 所示。然后,右击【当前
价格库】,在弹出的菜单中,单击【复制(列)数据】命令,
则弹出【复制(列)数据】窗口,如图 8.17 所示,在该窗口
【复制(源)】列中选取要复制的项目(即点击要选取项
目前的圆圈),例如,选中【定额价】项,同样在窗的右侧
【复制(目的)】列中选择要复制的项目,如选中【市场
价】项。接着单击【确认】按钮,在弹出的【请选择】对话
框中,单击【确认】按钮,如图 8.18 所示,则【当前价格
库】中的【定额价】列数据就全部复制到【市场价】的列
上,如图 8.19 所示。

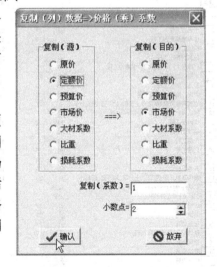

图 8.18 选择源与目的数据

6)动态费率设置

单击【动态费率】选项卡,输入实际工程项目要修改
的管理费率(管理费率一般不用修改)、利润率(按工程类别)和措施费率,如图 8.20 所示。特
别提醒:有的地区规定建筑工程的"桩与地基基础工程"分部和所有的"建筑装饰装修工程"各
分部,利润率按"三类工程"计取。具体情况详见表 8.1 所示。

图 8.19　复制后的价格信息

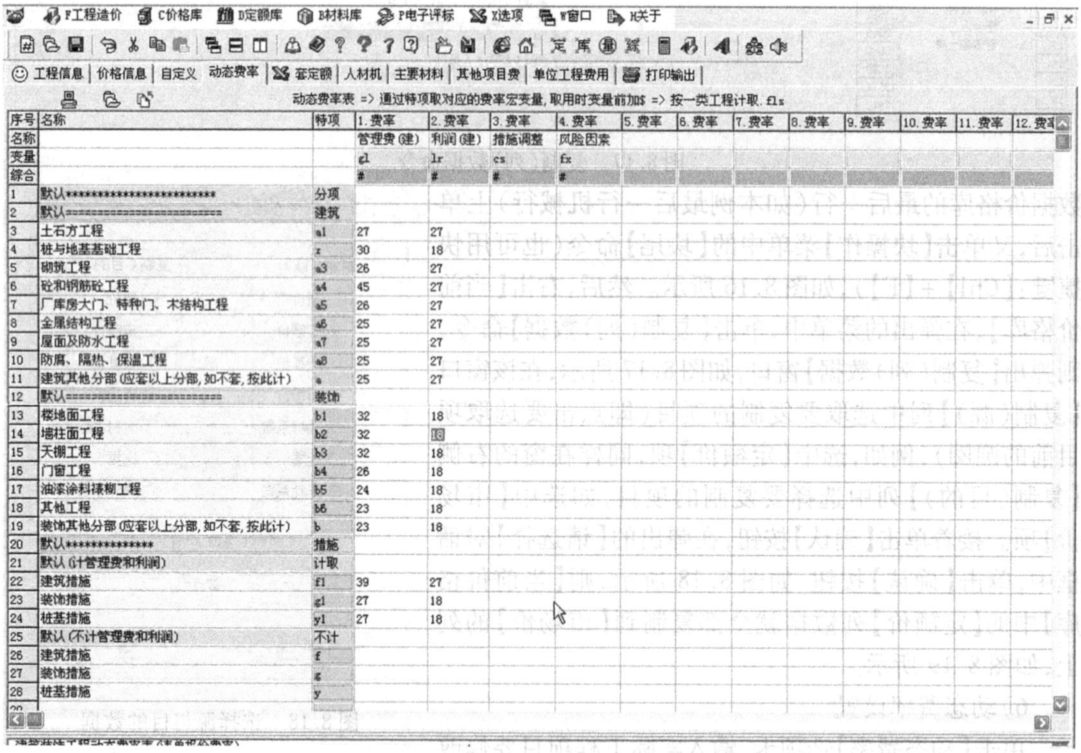

图 8.20　动态费率设置

表8.1 建筑装饰工程清单报价动态费率表

分 部 工 程	管理费、利润计算基数	管理费费率/%	利 润 率			
土石方工程		27	按工程类别	其中	工程类别	利润率/%
桩与地基基础工程		30	按三类工程		一类工程	27
砌筑工程		26	按工程类别		二类工程	21
砼和钢筋砼工程		45			三类工程	18
厂库房大门、特种门、木结构工程		26			四类工程	9
金属结构工程	人机费之和	25				
屋面及防水工程		25				
防腐、隔热、保温工程		25				
建筑其他分部(不能套以上分部)		25				
楼地面工程		32				
墙柱面工程		32				
天棚工程		32				
门窗工程		26	按三类工程			
油漆涂料裱糊工程		24				
其他工程		23				
装饰其他分部(不能套以上分部)		23				

注:一般软件中:

①报价时,以上计费费率可根据需要自由修改。

②如果要采用不平衡报价法,可自己增设特项和相应的费率。

③措施费调整系数默认为0,报价时可根据实际情况填写,如要增加10%,填10即可。

④利润率暂按三类,请按实际修改。

7)录入工程量清单细目和套定额子目

在输入分项工程子目中,应注意下列事项:

①修改单位名称

【套定额】窗口中的【单位】栏,有的清单细目单位有两个,要根据工程实际选用其中一个。如打桩工程的清单细目的单位:根/m,在套定额时,【单位】栏修改成"根"或"m",如图8.21所示。

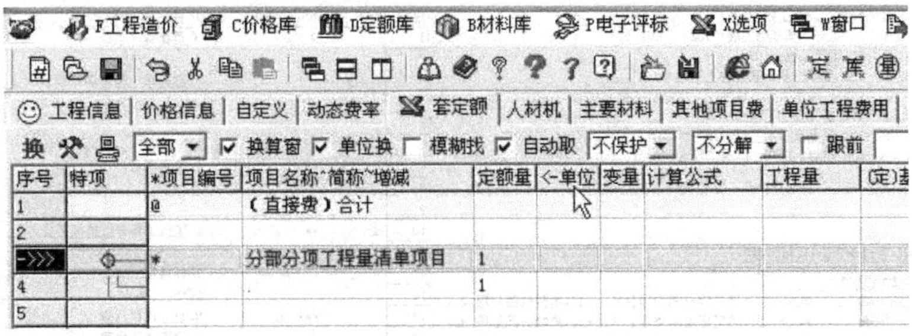

图8.21 修改单位

②按清单细目所在分部修改定额子目的管理费率

在【套定额】窗口的【特项】栏中,要使每一个在【分部分项工程量清单项目】栏中的定额子目的管理费率与清单细目所在分部的管理费率相同,有时需要修改清单细目所在分部以外的其他分部定额子目的管理费率。其方法是:单击要修改管理费率的定额子目的【序号】栏,在弹出的分部工程名称窗口中的清单细目所在分部工程名称上双击即可,即按清单细目分部的管理费率修改了定额子目的管理费率,如图 8.22 所示。

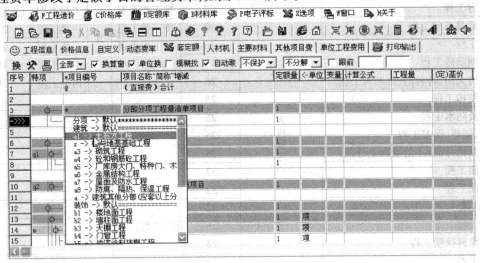

图 8.22　特项修改

此项工作可在完成【套定额】工作后进行修改,也可边套定额子目,边修改完成。

③工程量清单项目(定额库)选择

在套定额子目前,应选择定额子目所在的定额库,如:"建筑分部分项工程量清单项目",或"装饰分部分项工程量清单项目",或"建筑措施项目",或"装饰措施项目",或"其他项目"。其方法是:先在快捷键图标栏上将"定(带圆圈)"(即定额子目(拖拉)窗口)和"库(带圆圈)"(即定额库列表(拖拉)窗口)打开,在屏幕左下方的【定额库列表(拖拉)】窗口中,双击"××省工程量清单项目"行,则弹出了上述各种清单项目(定额库),再在要采用的清单项目上双击后,在其正上方的【定额子目(拖拉)】窗口中列出了"清单项目(定额库)"的各分部分项工程或组成项目的名称,如图 8.23 所示。这样为输入定额子目选定了"清单项目(定额库)"。

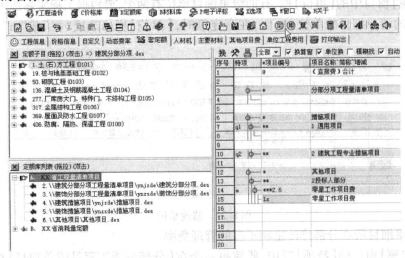

图 8.23　工程量清单项目定额库选择

④学会举一反三,反复训练,达到熟练应用软件的目的

A. 直接套用定额方法

单击【套定额】选项卡,在屏幕左下方弹出【定额库列表(拖拉)】窗口,双击要选择的定额库(如【××省工程量清单项目】)后,在要选定的【建筑分部分项工程量清单项目】(或者是【装饰分部分项工程量清单项目】)上双击后,则在屏幕左上方的【定额子目(拖拉)】栏上显示出各分部工程,如图 8.24 和图 8.25 所示。在要输入的定额子目所在的分部工程上,先按住左键,将分部工程名称拖曳至屏幕右上方的【套价库】窗口中的相应行,当鼠标在该行中出现一个白色矩形框时,释放左键,则分部工程名称就在该行被复制完成。再将鼠标回到屏幕左上方的【定额子目(拖拉)】中的分部工程名称上双击后(或单击"田"字型符号),则弹出第二级分项工程名称。同理,拖曳至相应分部工程名称的下一行,再回第二级分项工程名称上双击后,在弹出的一系列的项目中,双击将要选择的定额项目,弹出【定额换算】窗口,双击要选择的分项项目名称,弹出一项或多项定额子目,将要选取的定额子目前打"√"(即在定额子目前的正方形框中,单击一次即可,见图 8.26)。同样的方法,选取与清单细目相关的其他定额子目,最后在【定额换算】栏右下角的【确定】按钮上单击后,所选取的定额子目全部选到了【套价库】窗口中。在【计算公式】栏中分别输入清单工程量和定额子目的工程数量(或计算公式)后,按【回车】键,即输入了工程数量,如图 8.27 所示。

图 8.24　定额子目分部选择

B. 定额换算方法

a. 土方换算方法

输入定额子目,如"人工挖土方/深度 1.5 米以内/三类湿土"。在输入定额子目时,首先考虑定额是否换算,本例要考虑的是:首先挖湿土时,人工乘以系数 1.18,其次才是套定额,具体方法如下:

Ⅰ. 套定额

将【土(石)方工程】分部工程名称和【土方工程】分项工程名称拖曳至【套定额】窗口中后,在【定额子目(拖拉)】窗口中双击【土方工程】,在打开的定额细目中双击【挖土方】,如图8.28 所示。在弹出的窗口中双击【人工挖土方】,选取定额子目"人工挖土方/深度 1.5 米内/三类土"(即单击该子目前的小方框,即打"√")。同法,还可选择窗口中的其他定额子目(此

191

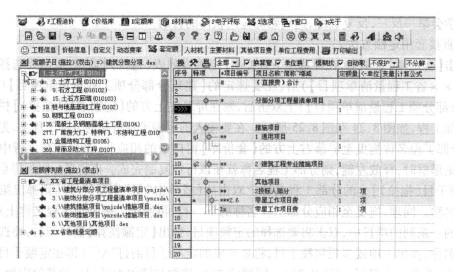

图 8.25　定额子目分项选择

图 8.26　定额子目选定

处略),再单击【确认】按钮,如图 8.29 所示,则"人工挖土方/深 1.5 米以内/三类土"的定额子目就填入了【套定额】的窗口中,如图 8.30 所示。

Ⅱ.修改定额子目名称

将"三类土"中的"土"字前加"湿"字,则【套定额】窗口中将"深 1.5 米以内/三类土"改为"深 1.5 米以内/三类湿土"。

Ⅲ.调整定额含量

修改定额子目名称后,必须对定额子目中的人工含量进行调整。

图 8.27　工程量输入

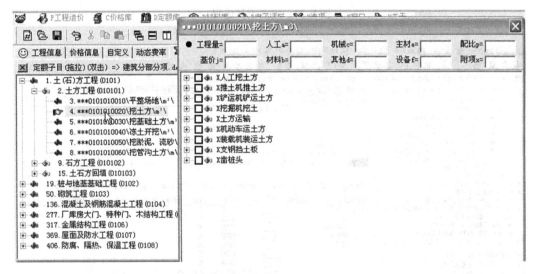

图 8.28　定额子目选择

打开屏幕右上方的【定额含量】选项卡,在弹出的【定额含量】窗口中的【综合人工】行上与【计算式】所在列的交叉栏中,输入"*1.18",按【回车】键,则人工含量由原来的"32.640"变为"38.515 2"(即 32.640×1.18=38.515 2),如图 8.31 所示。

Ⅳ. 查看含量换算

打开"附注说明"选项卡,在窗口中查看换算记录。如人工调整情况和定额子目的工作内容等,如图 8.32 所示。

Ⅴ. 输入定额子目的工程量

在【套定额】窗口的【计算公式】栏中,输入定额子目的工程数量(如挖土方的工程量为

图 8.29　定额子目选定

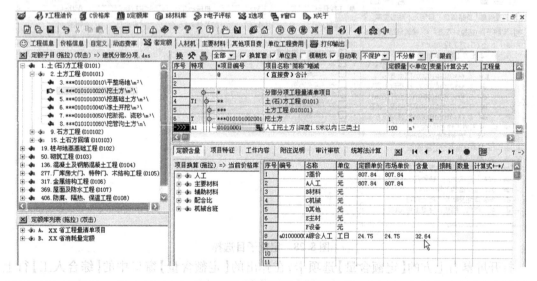

图 8.30　定额子目含量查询

80 m³)后,按【回车】键即可,如图 8.33 所示。

以上挖土方定额子目的方法适用于挖地槽等其他定额子目的乘系数换算。

b. 定额子目材料和机械种类或单价的换算

同理,输入乱毛石基础定额项目,如图 8.34 ~ 图 8.40 所示。

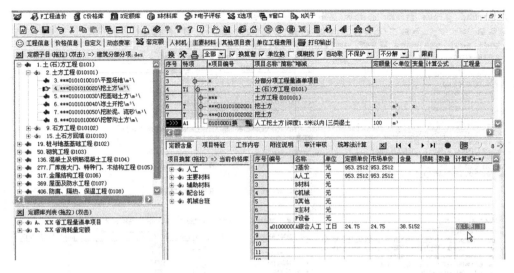

图 8.31　定额含量调整

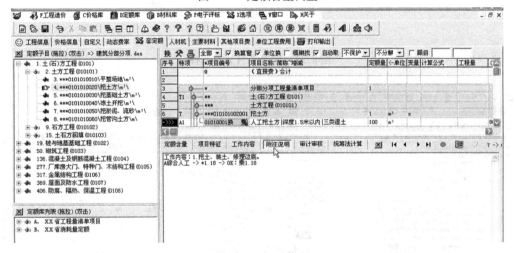

图 8.32　含量换算情况查询

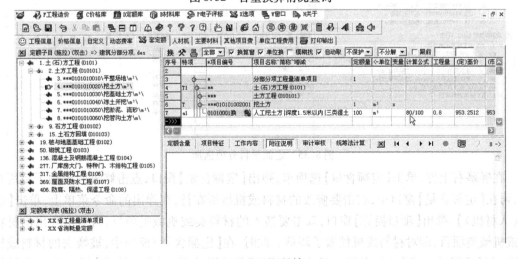

图 8.33　工程量输入

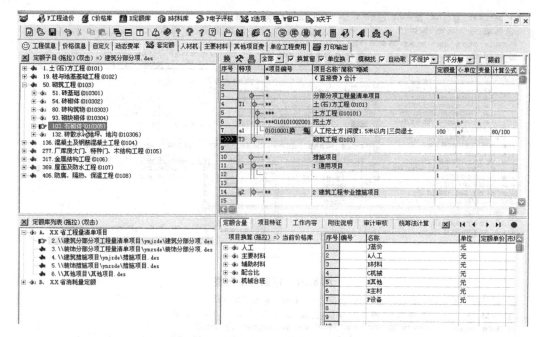

图 8.34　定额子目分部选择

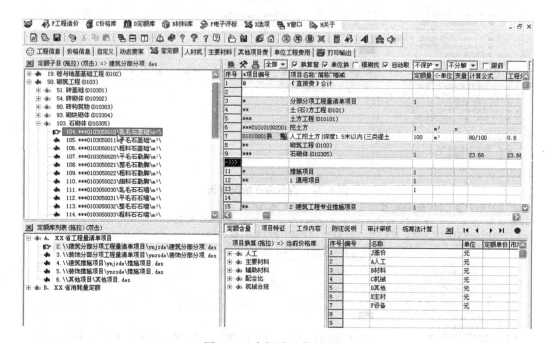

图 8.35　定额子目分项选择

在屏幕右上方,单击【定额含量】选项卡,弹出【定额含量】窗口,点击修改的定额子目所在行,再在【定额含量】窗口中,右击要修改的材料或机械所在行,在弹出的命令菜单上,单击【换算(人材机)】,弹出【项目换算】窗口,双击要换入的材料类或机械类项目,再双击弹出的材料类或机械类项目,即对材料或机械做了调整。此时,在【定额含量】窗口中,被换去的材料或机械以"灰色"行显示,不参与定额子目计价。最后修改其含量(在【计算式】栏中进行含量换

图 8.36　定额子目选定

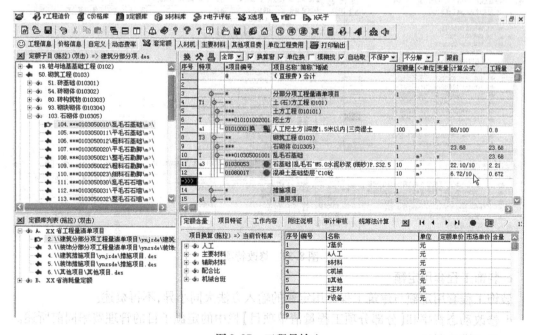

图 8.37　工程量输入

算)或市场单价的修改或换算(亦可在后面修改市场单价)。例如,本教材将乱毛石基础定额中的"M5.0 水泥砂浆(细砂)P.S32.5"换算为"M7.5 水泥砂浆(细砂)P.S32.5",软件执行过程如图 8.41 ~ 图 8.45 所示。

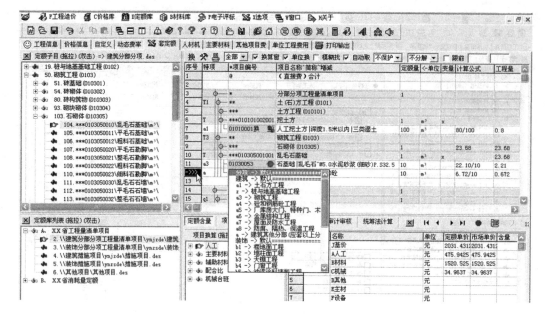

图8.38　特项修改项目选择

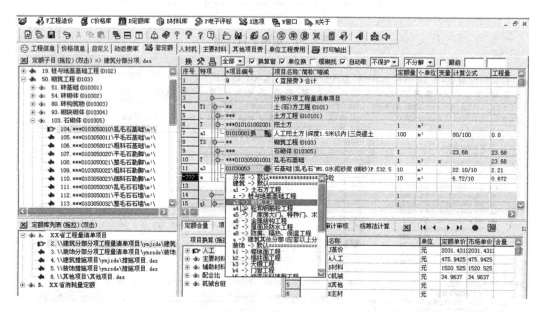

图8.39　修改特项

c.装饰工程套用定额

装饰工程套用定额与建筑工程套用定额的输入方法大同小异,不再赘述。

d.修改动态费率和【分部分项工程量清单项目】栏中的定额子目的管理费率同前所述。

e.建筑措施项目

在建筑、装饰和桩基础等的分部分项工程量清单细目套定额完成以后,在左下角的【定额库列表(拖拉)】栏上,双击【建筑措施项目】行,则在【定额子目(拖拉)】窗口中,列出了"通用项目"和"建筑工程专业措施项目",如图8.46所示。根据工程实际选取"通用项目"中的建

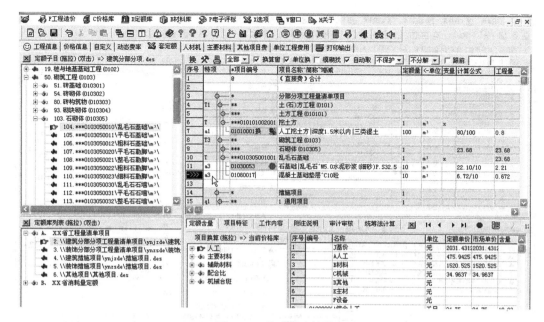

图8.40　特项修改结果

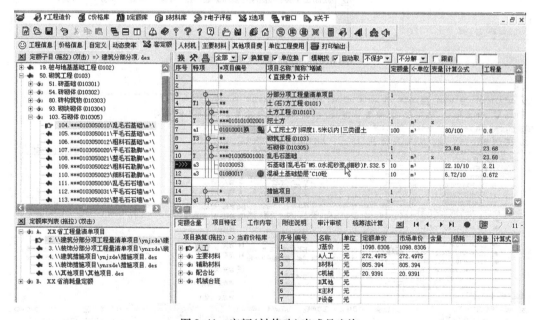

图8.41　定额(被修改)半成品查询

筑措施定额子目到【套定额】窗口中相应位置。其方法如下:

在【定额子目(拖拉)】窗口中,双击"通用项目"行,则弹出了一系列的通用项目的组成项目,如"环境保护费"和"安全文明施工费"等,如图8.47所示。这些项目的套定额的方法如下:

Ⅰ.环境保护费

在【套定额】窗口中单击将要列算【环境保护】所在行,在【定额子目(拖拉)】栏中双击【环境保护】行,即将【环境保护】项列算到了【套定额】窗口中,如图8.48所示。

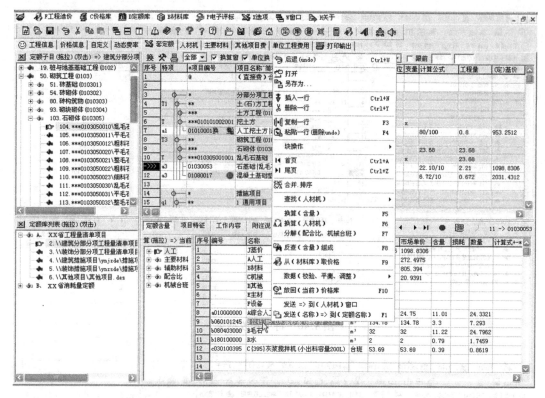

图 8.42　查询修改半成品命令

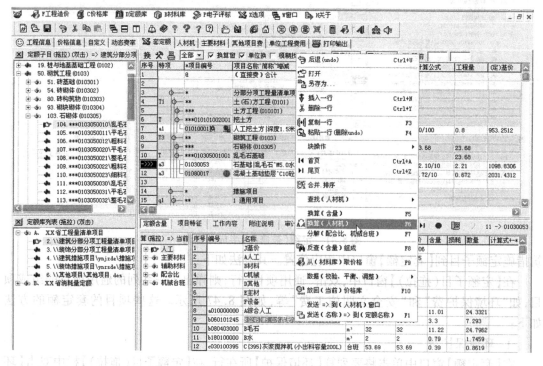

图 8.43　修改半成品命令

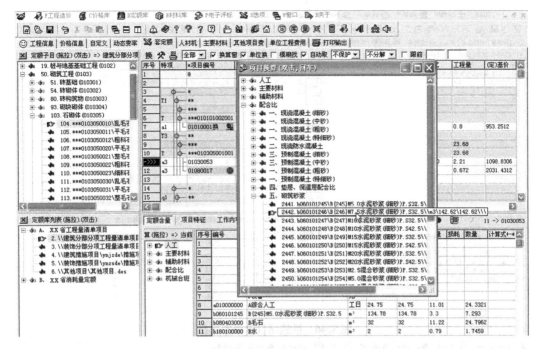

图 8.44　修改半成品选定

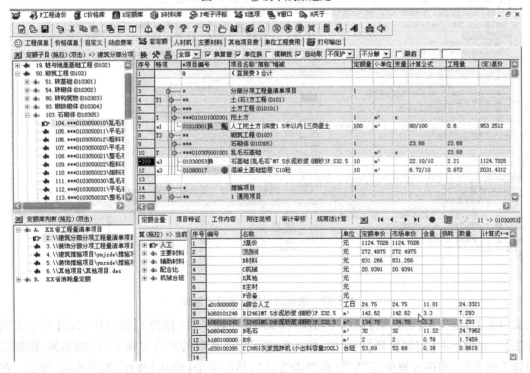

图 8.45　半成品被修改后的结果

同理,在【套定额】窗口中输入【已完工程及设备保护】项目和【二次搬运】项目。

Ⅱ.安全文明施工费

若发生安全文明施工费用,则在【定额子目(拖拉)】栏中单击【安全文明施工】,并将【安

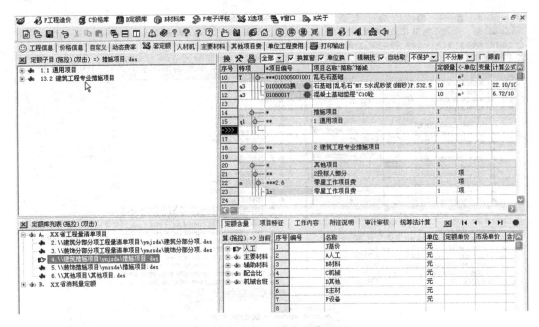

图 8.46　措施项目定额库选择

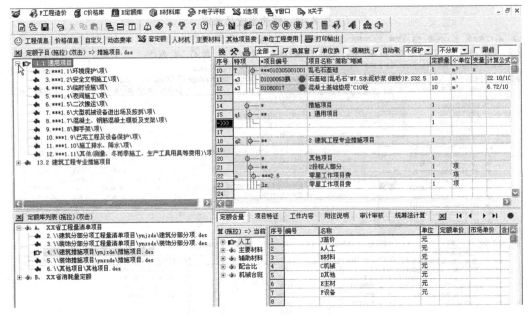

图 8.47　选定通用措施项目定额库

全文明施工】拖曳至【套定额】窗口中相应行(或在【定额子目(拖拉)】窗口中双击【安全文明施工】),在弹出的【定额换算】窗口中,按工程实际需要选取的所有定额子目(如本例:钢制文明施工标志牌)前的方框中打"√"(即单击方框),然后单击【确认】按钮,如图 8.49 所示。在【套定额】窗口中的【计算公式】列上输入每个定额子目的工程量(如本例在"计算公式"栏输入 5.00,即 5.00 m²)后,按【回车】键即可。

　　同理,输入【施工排水、降水】措施费。

　　Ⅲ.临时设施费、夜间施工费和(测量、冬雨季施工、生产工具用具等费用)其他费用

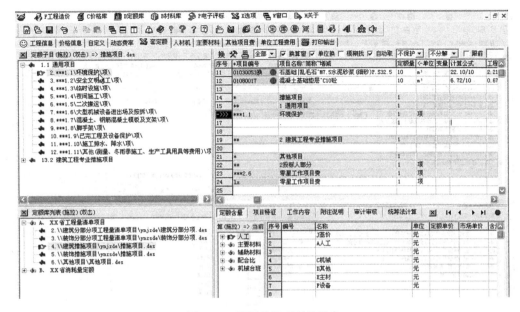

图 8.48　通用措施项目的选定

图 8.49　通用措施定额子目的选定

若要输入临时设施费,则在【套定额】窗口中,在要输入临时设施费的行上单击选定行,再双击【定额子目(拖拉)】窗口中的【临时设施费】,在弹出的【定额换算】窗口中单击【放弃】按钮,如图 8.50 所示。在【套定额】窗口中,右击要输入临时设施费所在行,在弹出的菜单(见图8.51)中,单击【(拖拉)自定义项目】,如图 8.52 所示,则弹出【选择自定义(拖拉)】窗口,如图8.53 所示。打开【建筑工程其他措施项目】(即双击【建筑工程其他措施项目】,后同)、【装饰工程其他措施项目】和【桩基础工程其他措施项目】,将工程所用到【临时设施费】中的定额子目,全部拖曳至【套定额】窗口中临时设施费下的相应位置,在【计算公式】栏输入工程量(一般为"1"),如图 8.54 所示。

图 8.50　通用措施自定义项目的选择

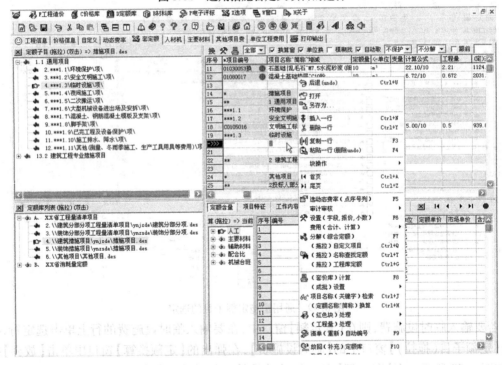

图 8.51　通用措施自定义项目命令查询

同理,输入【夜间施工增加费】和【其他(测量、冬雨季施工、生产工具用具等费用)】。

Ⅳ.大型机械设备进出场及安拆

在【套定额】窗口中,单击将要列算【大型机械设备进出场及安拆】所在行,在屏幕左上方的【定额子目(拖拉)】窗中,双击【大型机械设备进出场及安拆】行,弹出【大型机械设备进出场及安拆】窗口,打开【安装拆卸费】(即双击【安装拆卸费】行,后同)和【场外运输费】细目,在

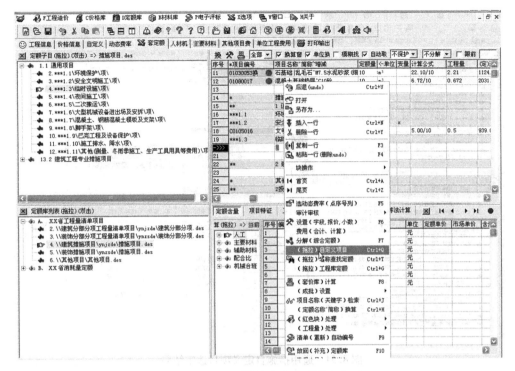

图 8.52　通用措施自定义项目命令

图 8.53　通用措施自定义项目选择

工程用到的定额子目前的方框中打"√",如混凝土搅拌站。再单击【确定】按钮,最后在【计算公式】栏中输入工程量(如 1 座的"1")后,按【回车】键,如图 8.55 所示。

Ⅴ.混凝土、钢筋混凝土模板及支架

按前述方法输入现浇砼圈梁项目后,可采用下列方法输入"混凝土、钢筋混凝土模板及支架"项目:

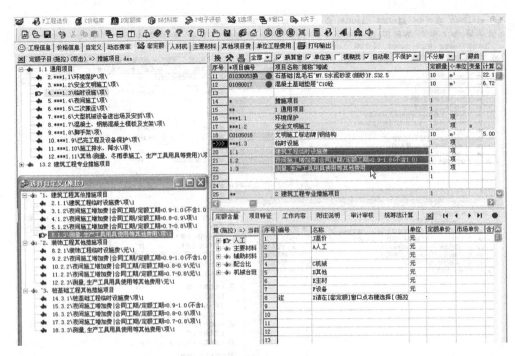

图 8.54　通用措施自定义项目选定结果

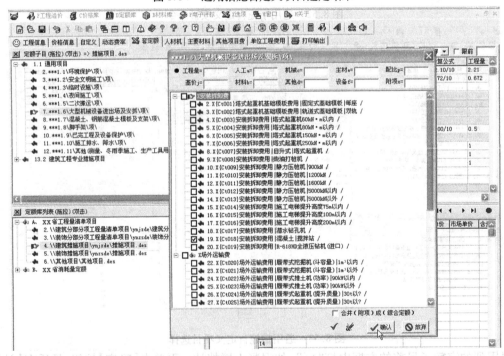

图 8.55　通用措施项目选定

方法一:红色块处理(批处理),其方法如下:

i.将屏幕左上方【定额子目(拖拉)】窗口中的【混凝土及钢筋混凝土模板及支架】,拖曳至【套定额】的【通用项目】行,如图 8.56 所示。

ii.定义红色块(块首、块尾):同前所述,即在【套定额】窗口中,右击最前面的【分部分项

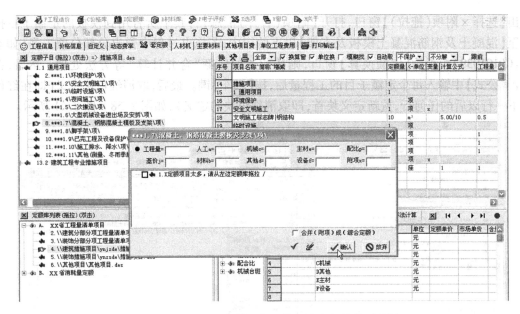

图 8.56　混凝土及钢筋混凝土模板及支架的输入选择

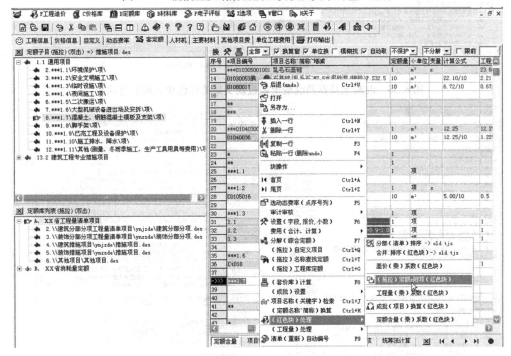

图 8.57　混凝土及钢筋混凝土模板及支架的红色块处理

工程量清单细目】行的下一行,在弹出的菜单中,选择【块操作】,单击弹出的菜单【块首】命令行。又将光标移到【分部分项工程量清单细目项】的最后一行(即在【措施项目】上一行或上二行,即分部分项工程量清单项目的最后定额子目行)上点击左键,然后点击右键,在弹出的菜单上,选择【块操作】,单击弹出的菜单【块尾】命令行,则所选范围显示成红色。

iii. 光标回到【混凝土及钢筋混凝土模板及支架】行(即单击该行)后右击,在弹出的菜单中将光标放到【(红色块)处理】行,单击弹出的【(拖拉)定额×附项(红色块)】(见图 8.57),

弹出【选择×附项(拖拉)】窗口,打开【附项(合并)汇总】将其中所有用到模板的定额子目拖曳至【混凝土及钢筋混凝土模板及支架】以下的行中,若拖曳过程中弹出分部分项工程(如本例:C0101039)模板的【定额换算】窗口,则按前述的定额"合并计算"等方法处理。然后,在【计算公式】中输入每个定额子目的工程量后,按【回车】键。最后,取消红色块定义(即在红色块下一行以后的任何行,重新定义块首,即取消红色块的定义),如图8.58~图8.61所示。

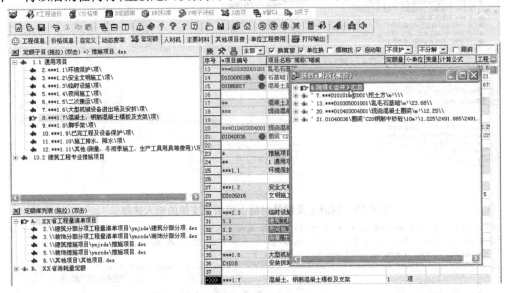

图8.58 混凝土及钢筋混凝土模板及支架的红色块处理汇总项目

图8.59 混凝土及钢筋混凝土模板及支架的拖拉项目选择

方法二:在【定额子目(拖拉)】窗中,首先双击【混凝土、钢筋混凝土模板及支架】,在弹出的【混凝土、钢筋混凝土模板及支架】窗口中,单击【确定】按钮。在屏幕左下方【定额库列表(拖拉)】窗口中,双击【××省消耗量定额】,在弹出的【建筑定额】中的【第十四分部、措施项目】行上双击后,则在【定额子目(拖拉)】窗口中弹出【模板工程】、【脚手架工程】等分部工程。

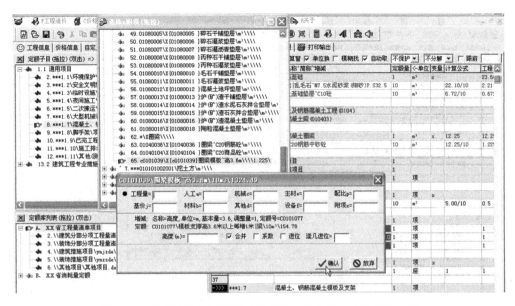

图8.60 混凝土及钢筋混凝土模板及支架的拖拉项目参数选择

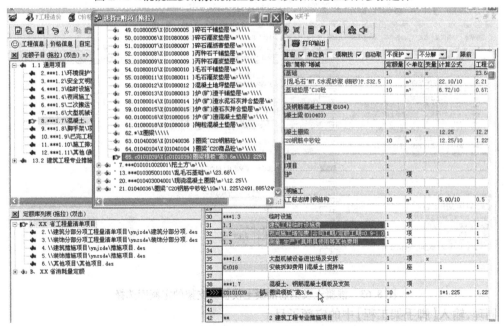

图8.61 混凝土及钢筋混凝土模板及支架的拖拉项目处理结果

然后双击【模板工程】,则弹出【现浇砼模板】、【预制砼模板】等分项目,根据工程需要,双击现浇砼模板或预制砼模板等项目,又弹出【基础】、【柱】和【梁】等不同结构构件项目,再根据工程实际,双击相应构件行,则弹出了若干个定额子目,双击选定的定额子目,弹出【定额换算】窗口,在窗口中输入子目对应的高度。在3.6 m以下不输数据,超过3.6 m才输其准确数据,并在【合并】前面的方框中打"√",单击【确认】按钮,则混凝土构件的模板定额子目录入至【套定额】窗口中。同理,输入模板其他的定额子目。最后在【计算公式】中输入每个定额子目的工程量后,按【回车】键即可,如图8.62~图8.68所示。

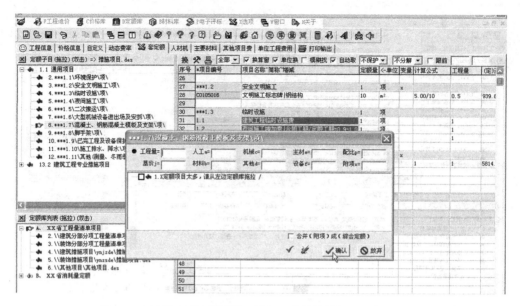

图 8.62 混凝土及钢筋混凝土模板及支架的拖拉项目参数选择

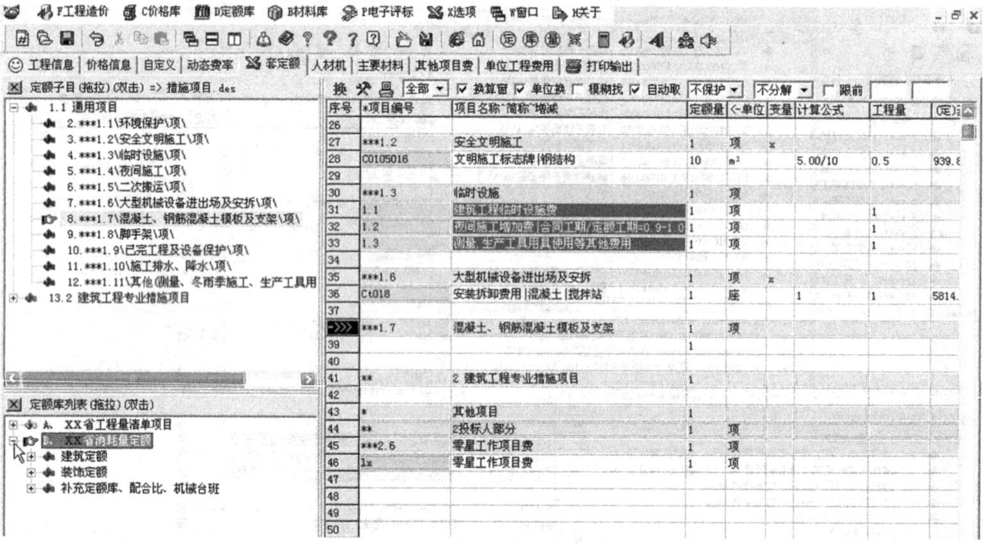

图 8.63 混凝土及钢筋混凝土模板及支架的定额库选择

同理,输入【脚手架工程】中的定额子目。

f. 建筑工程专业措施项目

垂直运输机械:套定额子目的方法同【混凝土、钢筋混凝土模板及支架】(即方法二)或【脚手架工程】,此处不再赘述。

g. 装饰措施项目

装饰措施项目与建筑措施项目大同小异,只是在装饰装修工程专业措施项目中,增加了"室内空气污染测试"项目,其输入方法类似,不再赘述。

h. 其他项目

Ⅰ. 零星工作项目费的编制

在投标人部分中,在屏幕左下角的【定额库列表(拖拉)】窗中,双击【其他项目】行,在【定

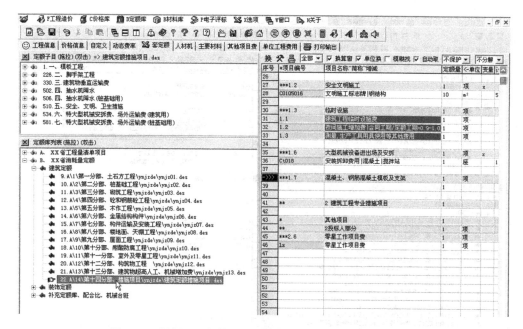

图8.64　混凝土及钢筋混凝土模板及支架所在定额分部选择

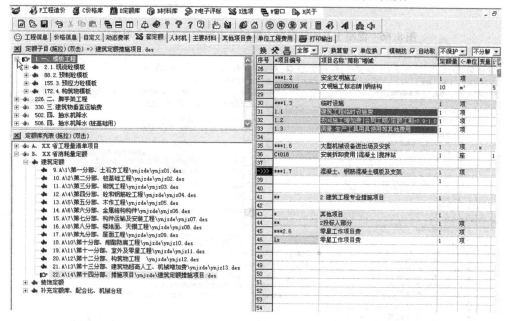

图8.65　混凝土及钢筋混凝土模板及支架所在的定额分项选择

额子目(拖拉)】窗中,双击【投标人部分】,弹出【零星工作项目费】,双击【零星工作项目费】,则在【套定额】窗中输入【零星工作项目费】一行,再在【工程量】栏输入工程数量(一般为"1")。当然也可直接用清单模板中的【零星工作项目费】行(即【套定额】窗口中的最后一行)。最后输入人工、材料和机械台班等用量和单价等。其方法如下:

在【套定额】窗口中,首先单击【零星工作项目费】的下一行,按工程实际输入"编号"和"名称"的内容后,在屏幕下方中间的【项目换算(拖拉)】窗口中,分别将【人工】、【主要材料】、【辅助材料】、【配合比】及【机械名称】项目双击打开,里面备有综合人工和各种不同类型、规

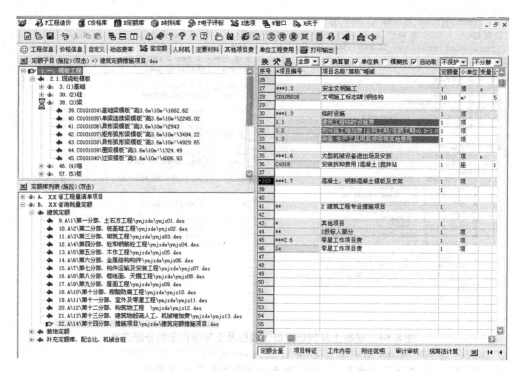

图 8.66　混凝土及钢筋混凝土模板及支架所在的定额分项选定

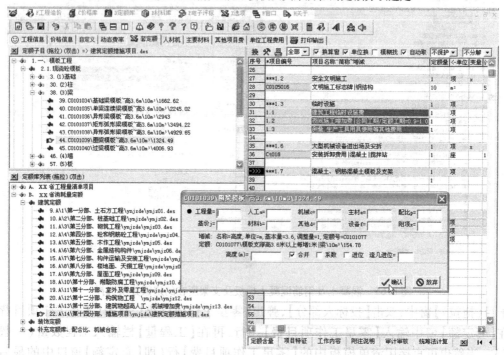

图 8.67　混凝土及钢筋混凝土模板及支架所在的定额分项参数输入

格的材料或机械,然后将零星工作项目用到的人工、材料、机械对应的名称、型号规格等项目拖曳至【定额含量】窗口内,再将人工、材料、机械的相应含量输入至【定额含量】窗口中的【含量】栏。再单击【定额含量】窗口中的【计算(当前行)定额】(即计算机图标),则在【套定额】

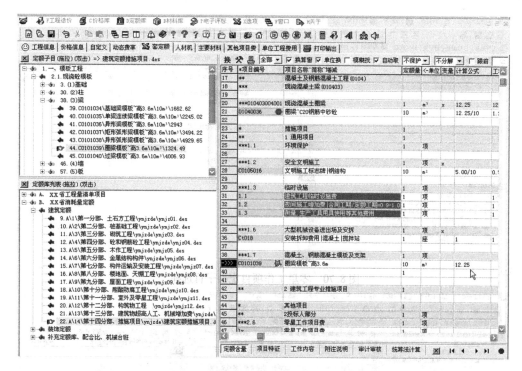

图 8.68 混凝土及钢筋混凝土模板及支架的定额子目工程量输入

窗口中,计算出了【零星工作项目费】行中的【(定)基价】。若还要按当前材料库中的【市场单价】计算零星工作项目费,则在【套定额】窗口中,单击【(套价库)计算】图标(即计算机图标),即正算。然后用【人材机】按钮再倒算(方法详见后述的"定额子目的汇总计算"),这样计算出【零星工作项目费】行中的【(定)基价】和【(市)基价】。例如,本例零星工作项目:人工为10 工日,水泥(综合)10 kg,如图 8.69 ~ 图 8.73 所示。

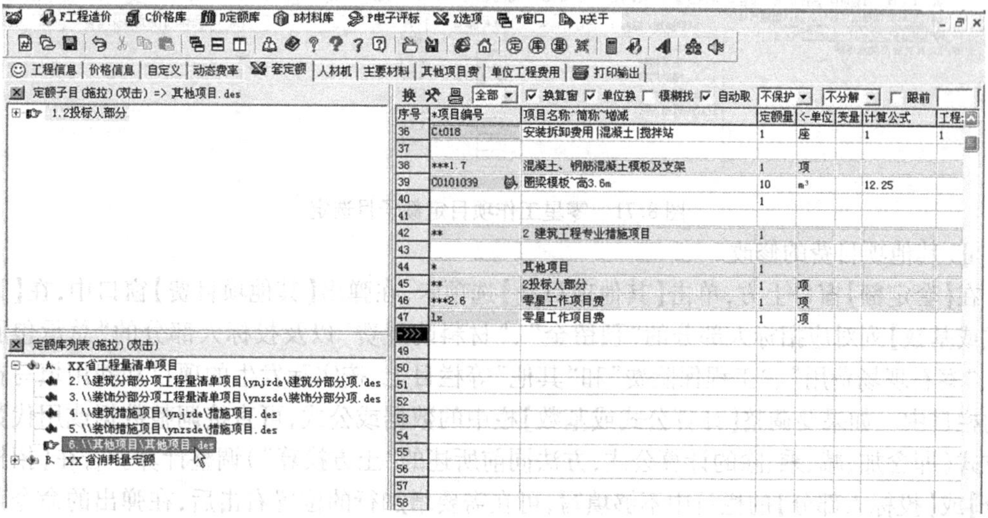

图 8.69 零星工作项目定额库选择

如果还有其他的零星工作项目费需输入,则按上述方法处理。

此项方法还适用于增补定额子目。

图 8.70 零星工作项目定额子目选择

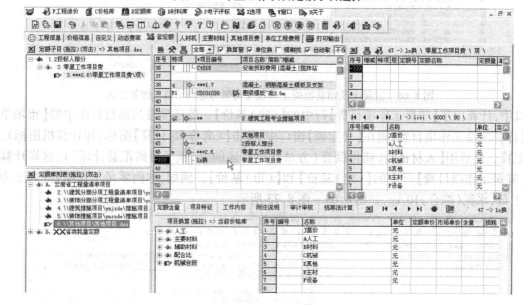

图 8.71 零星工作项目定额子目选定

Ⅱ.其他项目费的修改

在【套定额】窗口上方,单击【其他项目费】选项卡,在弹出【其他项目费】窗口中,在【计算公式或基数】列对应招标人部分的"预留金"、"材料购置费"以及投标人部分的"总承包服务费"、"察看现场费用"、"工程保险费"和"其他"等栏目上,按实际发生的项目和费用填写在相应的栏目中。如果要调整【计算公式或基数】栏中的数据或公式,可直接调整数据或用代数式的方式(即含加、减、乘、除的计算公式,方法同前所述的"土方换算")调整计算。若在【招标人部分】或【投标人部分】的栏目中不够填写,可在需要增加行的位置右击后,在弹出的命令菜单上,单击【插入一行】,则在该窗口中插入了一空行,将空行的序号列按原有顺序继续编号,在【变量】栏输入 b6(空行在【投标人部分】时)等,并在【名称】栏输入对应的增加项目的名称,如"成品保护费"等,在【计算公式或基数】栏,输入其费用,并在【小计】行的【计算公式或基数】

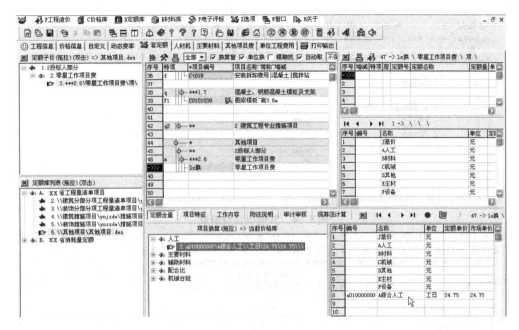

图 8.72 零星工作项目的定额子目数据输入

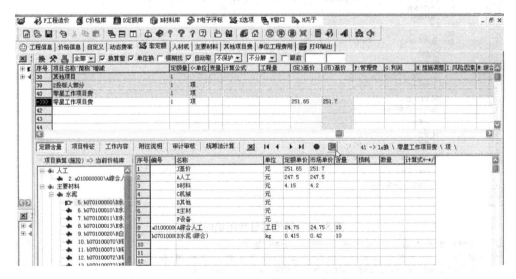

图 8.73 零星工作项目费的计算结果

栏代数式的最后输入"+b6"等。若要打印增加行的项目内容,在【打印】栏中,输入"1",最后点击【其他费计算】(【打印】栏正上方的计算机图标)按钮,即对"其他项目费"进行汇总计算,如图 8.74 ~ 图 8.76 所示。

8)定额子目的汇总计算

在上述的【套定额】工作完成后,需进行汇总计算,即单击【(套价库)计算】(即【套定额】窗口左上方的"卧式计算机"图标或称"汇总"图标)图标,如图 8.77 所示。在弹出的【(套价库)计算】窗口中选定【人材机(放回)价格库】等项目(也可默认)后,单击【确定】按钮,则进行汇总计算,即正算,如图 8.78 所示。

9)人工、材料和机械的市场单价的修改

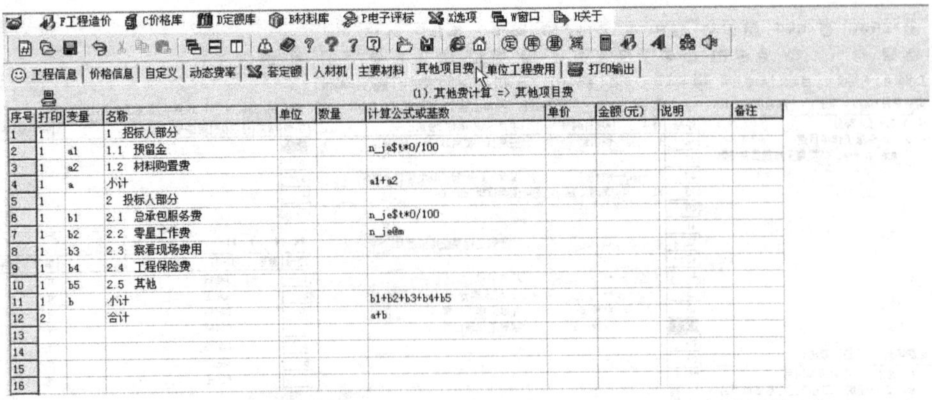

图 8.74　其他项目费组成

图 8.75　其他项目费组成的添加

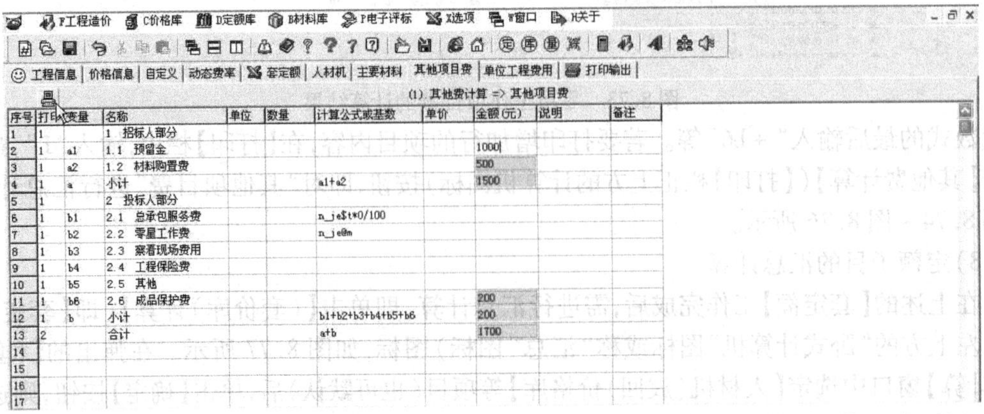

图 8.76　其他项目费的计算结果

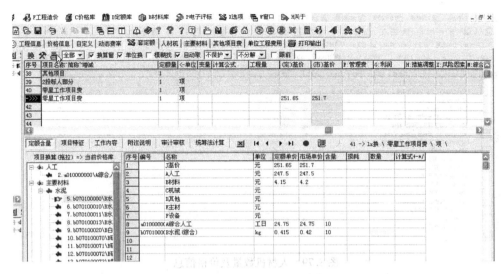

图 8.77　工程造价汇总计算

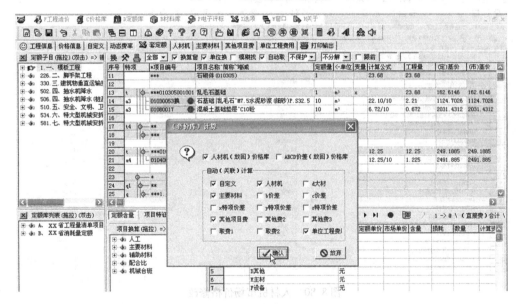

图 8.78　（套价库）计算

待正算完成后,单击【套定额】窗口中的【人材机】选项卡,则弹出工程所用到的人工、各种材料和各种机械的品种、规格、用量和单价等,逐一修改(注意检查)人工、材料和机械的市场价格,然后单击【倒算(套价库)】按钮(即圆形逆时针红色箭头中间有感叹号的图标),在弹出的【倒算(套价库)】菜单中(本例不选择),单击【确认】按钮,则软件就按修改后的市场价格进行重新组价计算,如图 8.79～图 8.82 所示。

10)单位工程费用计算

首先单击【单位工程费用】选项卡,在弹出的窗口中,单击屏幕左上方的【选择费率】按钮,则弹出【选择(取费)费率】窗口,如图 8.83 所示。点击右边各种费率的下拉按钮,分别选取相应费率(如税金计算系数等),然后单击【确认】按钮,在弹出的【请选择】窗口中,继续单击【确认】按钮,则单位工程费用汇总计算完毕,如图 8.84 所示。

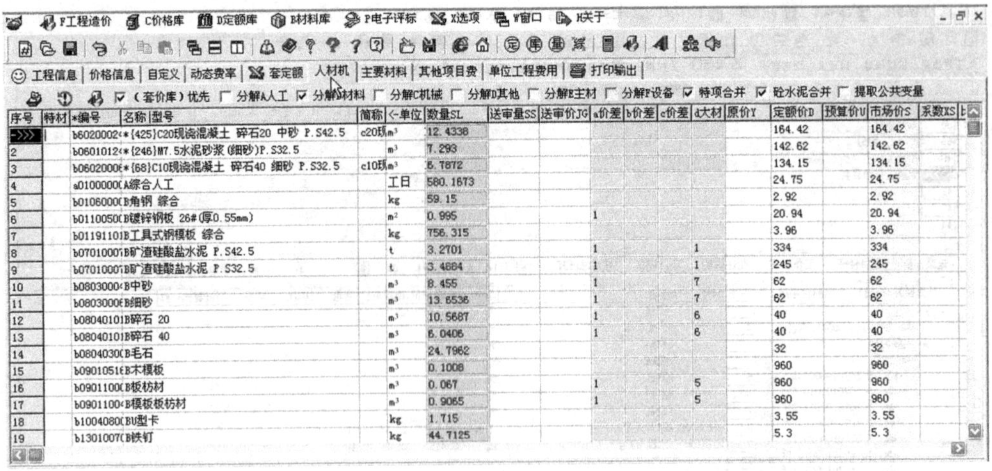

图 8.79　人材机数量及价格信息

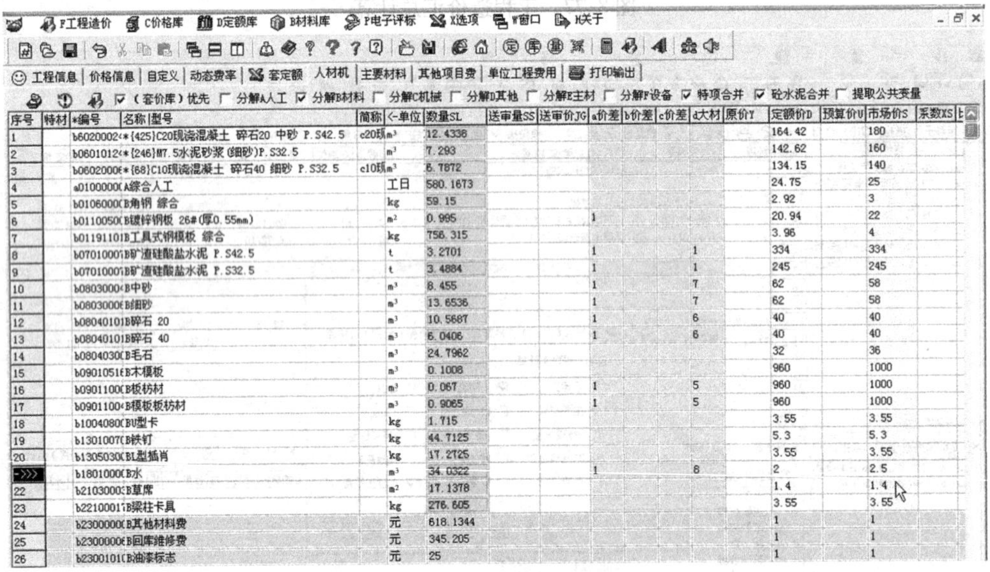

图 8.80　人材机市场价格修改

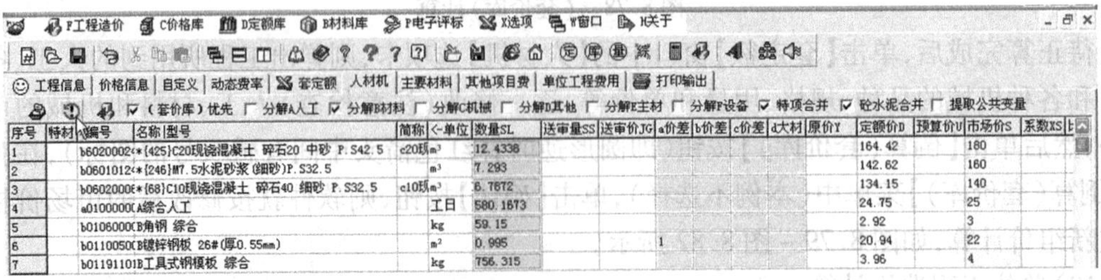

图 8.81　倒算（套价库）

11）打印输出

在检查每项定额子目、换算、工程量、有无重（漏）项、工程类别、费率、市场单价及汇总计算等均无误后，即可打印工程造价文件。

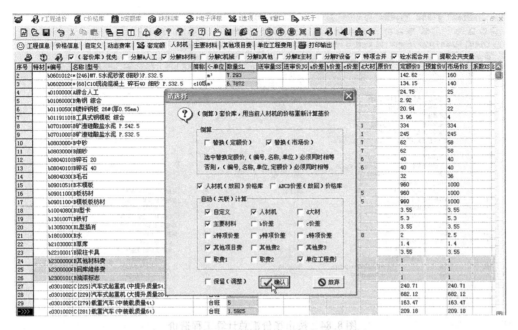

图 8.82　按市场价计算工程造价参数选择

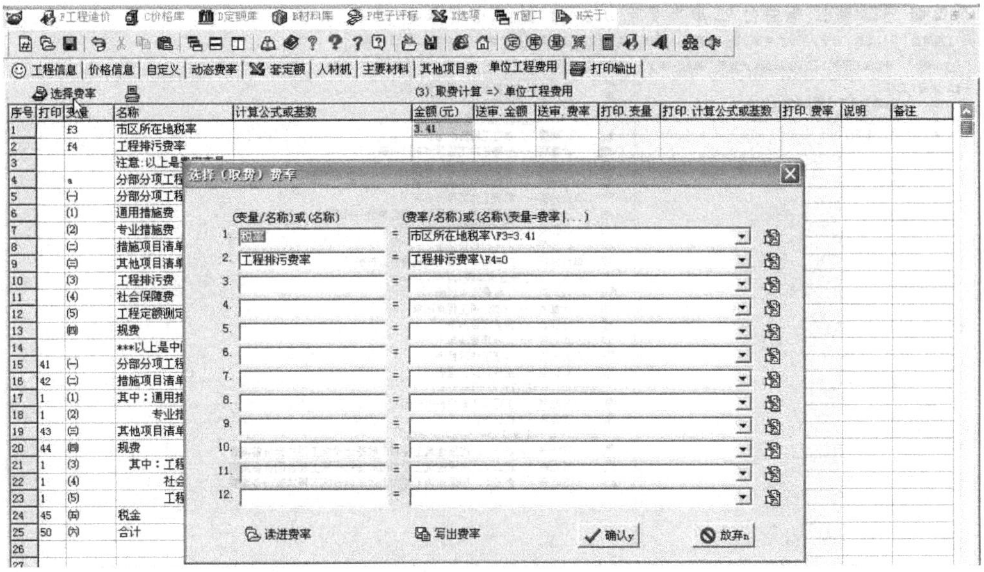

图 8.83　（取费）费率选择

首先单击【打印输出】选项卡,在弹出【打印】窗口中,有《工程量清单报价表》、《工程量清单表》和《拦标价》三套报表,如图 8.85 所示。对需要打印的报表,单击选中后,即可点击【预览】按钮,检查报表是否正确,若无误,要打印报表,则取消【预览】。然后单击【打印】("打印机"图标)按钮,即开始打印报表,如图 8.86 所示。

报表打印完毕后,可按预算文件顺序装订成册。

按照上述步骤操作预算软件,即可完成一个土建工程的单位工程施工图预算文件的编制工作。

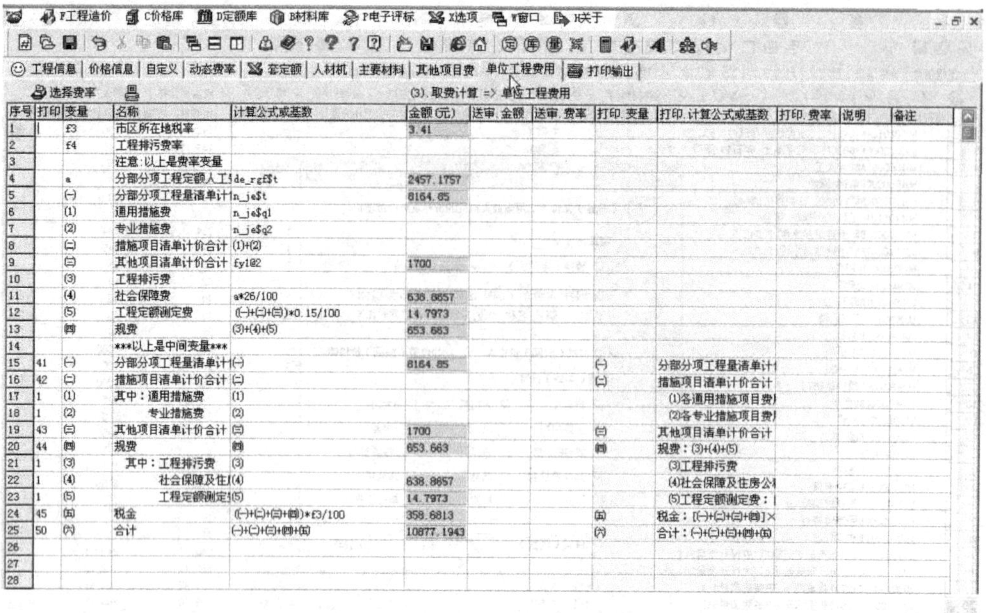

图 8.84　按市场价汇总计算工程造价

图 8.85　打印输出选项

若读者按此步骤重复按照《示例工程》输入操作三次以上,定能较熟练地掌握软件的使用方法,编制一份满意的预算文件。虽然此教学内容便于自学,但仍需要读者触类旁通、灵活运用。

(4)工程造价数据的转移

根据工程造价的工作需要,有时需将工程造价的数据备份到不同的计算机上使用,要用软盘或 U 盘或移动硬盘等存储设备转移数据。其方法如下:

首先插入软盘或接上外接存储盘(注意:内存容量要足够),单击【工程造价】菜单栏,在弹出的命令菜单中,单击【备份压缩(工程库)】,如图 8.87 所示。弹出【压缩(工程库)】窗口,在

图 8.86　打印输出报表的选定

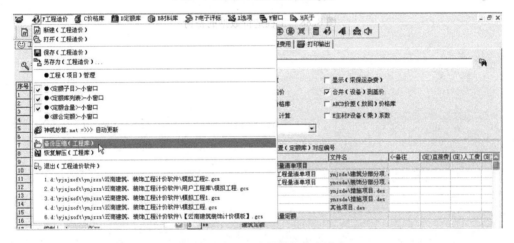

图 8.87　工程造价数据的备份命令

【(工程库)文件列表】窗口的下面的【(压缩)路径】栏上,双击【我的电脑】,弹出了 A 盘或其他外接硬盘的盘符,双击选定的盘符(若存入某个文件夹中,还可双击该文件夹),在【压缩文件名】栏上输入文件名(如本例:"模拟工程"),单击【确认】按钮,在弹出的【请选择】窗口中,单击【确认】按钮,则该文件数据就被备份到相应的备份盘中,如图 8.88 所示。

　　反之,若要将备份盘上的造价文件备份到计算机中,其方法如下:

　　首先单击【工程造价】菜单栏,则可单击【恢复解压(工程库)】命令,弹出【解压(文件列表)】窗口,然后打开备份盘上的造价文件,最后将其备份到计算机中,方法与【备份压缩(工程库)】的方法相似,此处不再赘述。

图 8.88 工程造价数据的备份

第 **9** 章
建筑工程结(决)算编制

竣工结算和竣工决算是两个不同的概念,由于它们分别反映了两个不同的内容,因此,编制竣工结算和竣工决算时,一定要注意区分。

9.1 竣工结算的编制

在建筑工程的建设过程中,施工图预算所确定的工程造价,都是在开工前进行编制的。工程在施工过程中,往往由于条件的变化、设计意图的变更和材料的代用等,使原设计有所改变。因此,原有的施工图预算就不能反映工程的实际造价,而竣工结算是在工程竣工后,根据施工过程中实际发生的变更情况,修正原有施工图预算,重新确定工程造价的文件。

9.1.1 概念

竣工结算是指工程完工、交工验收后,施工单位根据原施工图预算,加上补充修改预算向建设单位办理竣工工程价款结算的文件。它是调整工程计划,确定和统计工程进度,考核基本建设投资效果,以及进行工程成本分析的依据。

9.1.2 竣工结算的编制依据

为了使竣工结算符合实际情况,避免多算或少算、重复和漏项,预算工作人员必须在施工过程中经常深入现场,了解工程情况,并与施工人员密切配合,随时了解和掌握工程修改和变更情况,为竣工结算积累和收集必备的原始资料。因此,竣工结算的编制依据主要有以下方面:

1)设计单位修改或变更设计的通知单。

2)招投标工程的招标文件及中标书、施工合同、监理合同和有关协议。

3)建设单位有关工程的变更资料、现场签证、竣工图、追加、削减和修改的通知单。

4)施工单位、设计单位、建设单位会签的图纸会审记录;施工图纸;施工组织设计方案。

5)开工报告、隐蔽工程检查验收记录。

6)特殊工艺及材料的定价分析,零部件、加工品的加工订货计划。

7)其他材料代用,调换及现场决定工程变更等项目的原始记录。

8)工程现场签证单。现场签证单的内容是:凡属施工图预算未能包括的工程项目,而在施工过程中实际发生的工程项目,按实际耗用的人工、材料、机械台班填写工程签证单,并经工程监理代表签字加盖公章。如:

①施工中旧有建筑物或障碍物的拆除。

②砍伐树木和移植树木。

③基础及基坑内的积水或地下水的处理。

④由建设单位或设计单位造成的返工。

⑤施工过程中不必进行设计修改的一些小的变更项目。

9.1.3 竣工结算的编制步骤和方法

竣工结算的编制大体与施工图预算的编制相同,现分述如下:

1)仔细了解有关竣工结算的原始资料。结算的原始资料是编制竣工结算的依据,必须收集齐全,在了解情况时要深入细致,并进行必要的归纳整理,一般按分部分项工程的顺序进行。

2)对竣工工程进行观察和对比。根据原有施工图纸,结算的原始资料,对竣工工程进行观察和对比,必要时应进行实际丈量和计算,并做好记录。如果工程的做法与原设计施工要求有出入时,也应做好记录。在编制竣工结算时,要本着实事求是的原则,对有出入的部分进行调整。

3)计算工程量。根据原始资料和对竣工工程进行观察的结果,计算增加和减少的工程量,这些增加或减少的工程量是由设计变更和设计修改而造成的,对其他原因造成的现场签证项目,也应一一计算出工程量。如果设计变更及设计修改的工程量较多、影响又大时,可将所有的工程量按变更或修改后的设计重新计算工程量。

4)设计变更等新增的工程量清单细目,再依据消耗量定额,计算其工程量清单综合单价分析。

5)计算工程结算造价。工程竣工结算的组成可分为以下三个部分:

①原有施工图预算的造价(或合同价)。

②增加工程部分的造价。

③减少工程部分的造价。

竣工结算的造价 = (1) + (2) − (3)

竣工结算的具体计算操作过程是:将增减变化的分部分项工程量计算出来后,填写分部分项工程量清单计价的相关计价表格,汇总后的数据填入到单位工程费汇总表中,再考虑规费、税金等费用后,计算出增减变化的分部分项工程的全部费用。最后计算工程竣工结算造价。

9.1.4 案例

【案例52】 竣工结算编制实例。

按本教材案例50工程,开工当日承包商接到业主的设计变更通知单,如表9.1所示。变更要求在①~②轴线之间的垂直中线上预留一条重型管道基础,做法同内墙,两端与外墙相连接,基顶与室内地坪同高,其余没有变化。试计算本工程结算造价。

表 9.1　设计变更通知单　　　　　　　　　　(No. 20050023)

工程名称	××住宅工程	变更部位	基础部位
设 计 号	××设计院 2005—089	签发日期	2005 年 2 月 4 日
原 设 计	无		
现 设 计	在①~②轴线之间的垂直中线上预留一条重型管道基础,做法同内墙基础,基础两端与外墙相连接,顶面与室内地坪同高。		
变更理由	业主要求在新建建筑处预留一条同内墙的重型管道基础。		
设计单位:××设计院 设计负责人:张××		建设单位:××大学 施工单位:××市第一建筑工程有限责任公司	

解　(1)设计变更后增加或减少的分部分项清单工程量

1)挖地槽工程量

内墙:$[(3.6+2.4)-(0.4+0.1)\times2-(0.8+0.1\times2)]\times(0.8+0.1\times2)\times(1.3-0.3)$

$\qquad=4.0\times1.0\times1.0$

$\qquad=4.00\ (m^3)$

2)砖基础工程量

内墙:$[(3.6+2.4)-0.12\times2-0.24]\times0.7\times0.24$

$\qquad=5.52\times0.7\times0.24$

$\qquad=0.93\ (m^3)$

3)乱毛石基础工程量

内墙:毛石基础顶面净长$\times(0.8+0.52)\times0.25$

$\qquad=[(3.6+2.4)-(0.12+0.14)\times2-(0.24+0.14\times2)]\times(0.8+0.52)\times0.25$

$\qquad=1.64\ (m^3)$

4)室外地坪以下(-0.30 m 以下)埋设砖基础的体积

内墙:$[(3.6+2.4)-0.12\times2-0.24]\times0.4\times0.24$

$\qquad=0.53\ (m^3)$

5)基础回填土(夯填)的工程量

①基础垫层砼工程量

内墙:$[(3.6+2.4)-0.5\times2-0.5\times2]\times(0.8+0.1\times2)\times0.1$

$\qquad=0.40\ (m^3)$

②基础回填土(夯填)的工程量

$\qquad4.00-(0.40+1.64+0.53)$

$\qquad=1.43\ (m^3)$

6)室内回填土(夯填)工程量

主墙间的净面积×回填土的厚度

$=[(3.6+2.4)-0.12\times2-0.24]\times0.24\times[0.3-(0.02\times2+0.060)]$

$=5.52\times0.24\times0.2$

$= 0.26$（m^3）

7）水泥砂浆面层工程量

$(6.0 - 0.12 \times 2 - 0.24) \times 0.24$

$= 1.32$（m^2）

（2）设计变更后的工程量汇总（见表9.2）

表9.2　清单工程量

序号	细目名称	细目编码	工程量	主要工程内容	增或减量
1	挖基础土方	0101010030 01	4.00 m³	挖地槽土（干土）、土方运输	增
2	直形砖基础	0103010010 01	0.93 m³	铺设垫层、砌石、防潮层铺设	增
3	乱毛石基础	0103050010 01	1.64 m³	铺设垫层、砌砖、防潮层铺设	增
4	基础土石方回填	0101030012 01	1.43 m³	挖土方、回填、分层夯实	增
5	室内土石方回填	0101030010 01	0.26 m³	挖土方、回填、分层夯实	减
6	水泥砂浆楼地面	0201010010 01	1.32 m²	垫层铺设、抹找平层、防水层铺设、抹面层	减

（3）结算造价

1）分部分项工程量清单计价（见表9.3）

其中，综合单价摘自"表5.25 工程量清单综合单价分析表"。

表9.3　分部分项工程量清单计价表

工程名称：　　　　　　　　　　　　　　　　　　　　　　　　　第　页　共　页

序号	细目编码	细目名称	计量单位	工程数量	金额/元			
					综合单价	其中：人工费	合价	其中：人工费
1	010101003002	挖基础土方	m³	4.00	24.30	16.20	97.20	64.80
2	010301001001	直形砖基础	m³	0.93	172.44	33.41	160.37	31.07
3	010305001001	乱毛石基础	m³	1.64	174.86	38.95	286.77	63.88
4	010103001201	基础土石方回填	m³	1.43	14.73	9.14	21.06	13.07
5	010103001001	室内土石方回填	m³	-0.26	9.34	5.53	-2.43	-1.44
6	020101001001	水泥砂浆楼地面	m²	-1.32	28.61	6.80	-37.77	-8.98
合　　　计							525.20	162.40

2）单位工程费汇总（见表9.4）

表9.4　单位工程费汇总表

工程名称：　　　　　　　　　　　　　　　　　　　　　　　　　　　第　页　共　页

序号	项目名称	计算方法	金额/元
1	分部分项工程费	$\sum$（分部分项工程工程量×综合单价）	525.20
2	措施项目费	2.1 + 2.2	0.00
2.1	通用措施费	各通用措施项目费用合计	0.00
2.2	专业措施费	各专业措施项目费用合计	0.00
3	其他项目费	其他项目费求和	0.00
4	规费	4.1 + 4.2 + 4.3	43.01
4.1	工程排污费	按有关规定计算	0.00
4.2	社会保障及劳动保险费	按《本规则》第三章规定计算	42.22
4.3	工程定额测定费	(1 + 2 + 3)×0.15%	0.79
5	税金	(1 + 2 + 3 + 4)×计算系数 = 568.21×0.034 1	19.38
6	单位工程造价	1 + 2 + 3 + 4 + 5	587.59

注：直接工程费中的人工费总和 = 162.40元，其中，定额日工资标准为24.75元，市场日工资单价为24.75元。

$$社会保障及劳动保险费 = 直接工程费中的人工费总和 \times 26\%$$
$$= 162.40 \times 26\%$$
$$= 42.22（元）$$

3）工程结算造价

本教材案例50中的工程预算造价是93 369.52元，如表6.8所示。则

$$工程结算造价 = 工程预算造价 + 设计变更等增减工程造价$$
$$= 93\ 369.52 + 587.59$$
$$= 93\ 957.11（元）$$

即设计变更后的工程结算造价为93 957.11元。

9.1.5　工程备料款和工程进度款

作为工程造价人员还需掌握工程备料款和工程进度款的拨付与扣还的相关知识。

(1)工程备料款的预收

在工程开工前(或施工过程中的某一个阶段)根据施工合同规定，施工单位要向建设单位收取工程备料款，或者说建设单位向施工单位预付(拨付)工程备料款。备料款是以形成工程实体材料的需用量和材料储备时间的长短来计算的。其公式为

$$工程备料款的预收数额 = \frac{工程总造价（元）\times 主要材料比重（\%）}{合同施工日历天数} \times 材料储备天数$$

式中，材料储备天数，可根据当地材料(包括结构构件)供应情况而确定。也可按下式近似计算为

$$某材料储备天数(T) = \frac{某材料经常储备量 + 安全储备量 + 季节性储备量}{每天平均需用量}$$

其中,材料储备天数取各种材料储备天数中的最大值(T_{max})。

在实际工作中,为简化计算也常用下面公式计算:

$$工程备料款的预收数额 = 工程总造价(元) \times 工程备料款额度$$

式中,工程备料款额度,是根据各地区工程类型、施工工期及供应条件等因素来确定的,一般为工程建筑安装工作量的25%左右。对于工期较长的工程,也可采用年度建筑安装工作量来代替工程总的建筑安装工程量代入上面各公式来计算备料款的预收金额。

(2)工程备料款的扣还

在一般的情况下,预收备料款是以当年承包工程总价作为计算基数,因此,当工程施工进行到一定阶段,需要的材料储备随之减少,预收备料款就应当陆续在月度工程进度款拨付时扣还给建设单位,在工程竣工结算前全部扣完。起扣时间,应以未完工程所需主要材料、结构构件耗用额与备料款数额相等为准。其计算公式为

$$预收备料款起扣时的工程进度(起扣点)(\%) = \left(1 - \frac{预收备料款额度(\%)}{主要材料比重(\%)}\right) \times 100\%$$

或

$$预收备料款起扣时的工程造价(元) = \frac{工程总造价 \times 材料比重(\%) - 备料款数额}{主要材料比重(\%)}$$

某工程主要材料占工程总造价的比重为60%,预收备料款额度为24%,则预收备料款起扣时的工程进度为$\left(1 - \frac{24\%}{60\%}\right) \times 100\% = 60\%$。这时,未完工程还有40%,它所需要的主要材料耗用额与备料款数额相等。因此,从本月工程进度款中开始扣还预收备料款,计算公式为

应扣还预收备料款数额 = (累计至本月末已完工程造价 - 起扣点数额) × 主要材料比重(%)

应收取工程进度款数额 = 本月已完工程造价 - 应扣还预收备料款的数额

式中　累计至本月末已完工程造价 = 本月已完工程造价 + 上月累计已完成工程造价

　　　未完工程造价 = 工程总造价 - 本月止累计完成工程造价

以后各月应扣还预收备料款数额和应收取工程进度款数额的计算公式为

应扣还预收备料款数额 = 本月已完工程造价 × 主要材料比重(%)

应收取工程进度款数额 = 本月已完工程造价 - 应扣还预收备料款数额

= 本月已完工程造价 × (1 - 主要材料比重)

注意:在支付工程进度款时,还要按合同约定扣除合同规定的保留金,一般为工程合同总造价的5%左右,大工程在合同中可规定一个固定的保留金额度。

9.1.6　案例

【案例53】 某建筑工程施工合同中规定工程合约总金额200万元,其主要材料的比重62.5%,开工前备料款预付额度25%,第三月止累计完成工程造价为95万元,第四月以后各月完成工程造价如表9.5所示。

表9.5　各月实际完成产值　　　　　　　　单位:万元

月　份	1~3	4	5	6	7	合计
完成产值	95	45	25	22	13	200

合同规定:保留金为工程总造价的 5%,从工程结束前两个月的工程进度款中扣除,其中,倒数第二个月扣 60%,倒数第一个月扣 40%。

计算:(1)工程备料款数额;

(2)备料款起扣时工程进度;

(3)备料款起扣时工程造价;

(4)各月业主应收工程备料款的数额;

(5)各月承包商应收取工程进度款的数额。

注:计算结果保留两位小数,单位为万元。

解　(1)工程备料款的数额

$$200 \times 25\% = 50.00(万元)$$

(2)备料款起扣时的工程进度(%)

$$\left(1 - \frac{25\%}{62.5\%}\right) \times 100\% = 60\%$$

(3)备料款起扣时的工程造价

$$\frac{200 \times 62.5\% - 50}{62.5\%} = 120.00(万元)$$

(4)第一次(4 月末)业主应收工程备料款的数额

$$(95 + 45 - 120.00) \times 62.5\% = 12.50(万元)$$

第一次(4 月末)承包商应收取工程进度款的数额

$$45 - 12.50 = 32.50(万元)$$

(5)第二次(5 月末)业主应收工程备料款的数额

$$25 \times 62.5\% = 15.63(万元)$$

第二次(5 月末)承包商应收取工程进度款的数额

$$25 - 15.63 = 9.37(万元)$$

(6)第三次(6 月末)业主应收工程备料款的数额

$$22 \times 62.5\% = 13.75(万元)$$

第三次(6 月末)承包商应收取工程进度款的数额

$$22 - 13.75 - (200 \times 5\% \times 60\%) = 2.25(万元)$$

(7)第四次(7 月末)业主应收工程备料款的数额

$$13 \times 62.5\% = 8.13(万元)$$

第四次(7 月末)承包商应收取工程进度款的数额

$$13 - 8.13 - (200 \times 5\% \times 40\%) = 0.87(万元)$$

(8)第一次(4 月末)~第四次(7 月末)业主应收工程备料款的数额合计

$$12.50 + 15.63 + 13.75 + 8.13 = 50.01(万元)$$

即为业主预付工程备料款 50 万元,已扣回。

(9)第一次(4 月末)~第四次(7 月末)承包商应收取工程进度款的数额合计

$$32.50 + 9.37 + 2.25 + 0.87 + 10.00(保留金) = 54.99(万元)$$

即为从起扣点起各月应收取的工程进度款数额合计为 55.00 万元。

因此,承包商共收取工程款数额 = 工程备料款数额 + 起扣点前的各月(1,2,3 月)累计完

成工程造价 + 各月(4,5,6,7 月)承包商应收取的工程
进度款数额合计
= 50.00 + 95.00 + 55.00 = 200.00(万元)

即承包商获得工程款数额为工程总造价 200 万元,其中,还有 10.00 万元为保留金(待付)。

9.2 竣工决算的编制

9.2.1 概念

竣工决算(亦称工程决算)是建设单位在全部工程或某一期工程完工后编制,反映竣工项目的建设成果和财务情况的总结性文件。它是办理竣工工程交付使用验收的依据,是交工验收文件的组成部分。竣工决算包括竣工工程概算表、竣工财务决算表、交付使用财产总表、交付使用财产明细表和文字说明。它综合反映建设计划的执行情况,工程的建设成本,新增的生产能力以及定额和技术经济指标的完成情况等。小型工程项目的竣工决算,一般只做竣工财务决算表。

9.2.2 竣工决算的编制要求

编制报表除了要按照现行地区政府的《〈基本建设项目竣工财务决算报表〉及〈基本建设项目竣工财务决算报表编制说明〉的通知》外,还要制止和纠正各种违反财经制度的行为,完整、真实、准确、及时地反映 1 年中单位基本建设财务活动,进一步加强基本建设财务管理和会计核算工作,围绕提高投资效益,认真贯彻执行财政部有关基本建设财务管理的各项规章制度,结合财务决算的编制、审查和汇总工作,加强和改善基本建设财务管理工作。

9.2.3 竣工决算的编制方法及注意事项

(1)建设项目竣工决算的组成

建设项目竣工决算由决算报表和竣工决算说明书组成。

1)大、中型建设项目竣工决算,一般包括:
①竣工工程概况表;
②竣工财务决算表;
③交付使用资产总表;
④交付使用资产明细表。

2)小型建设项目竣工决算,一般包括:
①竣工决算总表;
②交付使用资产明细表。

竣工决算应在竣工项目办理动用验收后 1 个月内编好,上报主管部门,并同时抄送有关设计单位和开户银行。主管部门和建设银行对报送的竣工决算审查批复后,建设单位和经办行应立即办理决算调整和结束工作。

3)竣工决算编制的相关表格有封面及表一～表六,如表 9.6～表 9.12 所示。

表 9.6　封　面

建设项目名称：_____

基本建设项目竣工财务决算报表

编报单位(签章)：_____

报　送　日　期：_____

表9.7 基本建设项目竣工财务决算审批表

表一：

建设项目法人(建设单位)		建设性质	
建设项目名称		主管部门	

开户银行意见：

盖 章
年 月 日

专员办(审批)审核意见：

盖 章
年 月 日

主管部门或地方财政部门审批意见：

盖 章
年 月 日

表 9.8 大、中型基本建设项目概况表

表二:

建设项目(单项工程)名称			建设地址					项目	概算	实际/元	主要指标
主要设计单位			主要施工企业				基建支出	建筑安装工程 设备 工具 器具 待摊投资 其中:建设单位 管理费 其他投资 待核销基建支出 非经营项目转出投资			
占地面积	计划	实际	总投资/万元	设计		实际					
				固定资产	流动资金	固定资产	流动资金				
新增生产能力	能力(效益)名称	设计		实际							
建设起止时间	设计	从 年 月开工至 年 月竣工						合计			
	实际	从 年 月开工至 年 月竣工									
设计概算批准文号							主要材料消耗	名称	单位	概算	实际/元
完成主要工程量	建筑面积/m²		设备/台(套、吨)					钢材 木材 水泥	t m³ t		
	设计	实际	设计		实际						
收尾工程	工程内容		投资额		完成时间		主要技术经济指标				

表9.9　大、中型基本建设项目竣工财务决算表

表三：　　　　　　　　　　　　　　　　　　　　　　　　　　　　　　　　单位：元

资金来源	金额	资金占用	金额
一、基建拨款		一、基本建设支出	
1. 预算拨款		1. 交付使用资产	
2. 基建基金拨款		2. 在建工程	
3. 进口设备转账拨款		3. 待核销基建支出	
4. 器材转账拨款		4. 非经营项目转出投资	
5. 煤代油专用基金拨款		二、应收生产单位投资借款	
6. 自筹资金拨款		三、拨付所属投资借款	
7. 其他拨款		四、器材	
二、项目资本		其中：待处理器材损失	
1. 国家资本		五、货币资金	
2. 法人资本		六、预付及应收款	
3. 个人资本		七、有价证券	
三、项目资本公积		八、固定资产	
四、基建借款		固定资产原价	
五、上级拨入投资借款		减：累计折旧	
六、企业债券资金		固定资产净值	
七、待冲基建支出		固定资产清理	
八、应付款		待处理固定资产损失	
九、未交款			
1. 未交税金			
2. 未交基建收入			
3. 未交基建包干节余			
4. 其他未交款			
十、上级拨入资金			
十一、留成收入			
合　计		合　计	

补充资料：基建投资借款期末余额：_____元；

　　　　　应收生产单位投资借款期末数：_____元；

　　　　　基建结余资金：_____元。

表9.10 大、中型建设项目交付使用资产总表

表四:

单项工程项目名称	总计	固定资产				流动资产	无形资产	递延资产
		建安工程	设备	其他	合计			

交付单位   接收单位

盖 章   年   月   日   盖 章   年   月   日

表 9.11 小型基本建设项目竣工财务决算总表

表五：

建设项目名称			建设地址					资金来源		资金运用	
初步设计概算批准文号								项目	金额/元	项目	金额/元
占地面积	计划	实际	总投资/万元	计划		实际		一、基本拨款 其中：预算拨款 二、项目资本 三、项目资本公积 四、基建借款 五、上级拨入投资借款 六、企业债券资金 七、待冲基建支出 八、应付款 九、未交款 其中：未交基建收入 未交包干节余 十、上级拨入资金 十一、留成收入		一、交付使用资产 二、待核销基建支出 三、非经营项目转出投资 四、应收生产单位投资借款 五、拨付所属投资借款 六、器材 七、货币资金 八、预付及应收款 九、有价证券 十、固定资产	
				固定资产	流动资金	固定资产	流动资金				
新增生产能力	能力(效益)名称		设计	实际							
建设起止时间	计划		从 年 月开工至 年 月竣工								
	实际		从 年 月开工至 年 月竣工								
基建支出		项目		概算/元	实际/元						
		建筑安装工程 设备工具器具待摊投资 其中：建设单位管理费 其他投资 待核销基建支出 非经营性项目转出投资 合计									
						合 计			合 计	

表 9.12　基本建设项目交付使用资产明细表

表六：

单项工程项目名称	建设工程			设备、工具、器具、家具						流动资产		无形资产		递延资产	
	结构	面积/m²	价值/元	名称	规格型号	单位	数量	价值/元	设备安装费/元	名称	价值/元	名称	价值/元	名称	价值/元

交付单位　　　　　　　　　　　　　　接收单位

盖　章　　年　月　日　　　　　　盖　章　　年　月　日

4）建设项目竣工（财务）决算报表的填制说明：

①基本建设项目竣工财务决算审批表（后称"表一"，见表9.7）

A. 表中"建设性质"按新建、扩建、改建、迁建和恢复建设项目等分类填列。

B. 表中"主管部门"是指建设单位的主管部门。

C. 有关意见的签署：

a. 所有项目均须先经开户银行签署意见。

b. 中央级小型项目由主管部门签署审批意见，财政监察专员办和地方财政部门不签署意见。

c. 中央级大、中型项目报所在地财政监察专员办签署意见后，再由主管部门签署意见报财政部审批。

d. 地方级项目由同级财政部门签署审批意见，主管部门和财政监察专员办不签署意见。

②大、中型基本建设项目概况表（后称"表二"，见表9.8）

本表主要反映竣工的大、中型建设项目的建设工期、新增生产能力、基本建设支出以及主要技术经济指标等内容，为全面考核、分析计划和概算执行情况提供依据。填写时应注意下列事项：

A. 表中各有关项目的设计、概算、计划等指标，根据批准的设计文件、概算和计划等确定的数字填列。

B. 表中所列新增生产能力、完成主要工程量及主要材料消耗等指标的实际数，根据建设单位统计资料和施工企业提供的有关成本核算资料填列。

C. 表中主要技术经济指标是根据概算和主管部门规定的内容分别按概算数和实际数填列，包括单位面积造价、单位生产能力投资、单位投资增加的生产能力、单位生产成本及投资回收年限等反映投资效果的综合指标。

D. 表中基建支出是指建设项目从开工起至竣工止发生的全部基本建设支出，包括形成资产价值的交付使用资产（如固定资产、流动资产、无形资产和递延资产），以及不形成资产价值按规定应核销的非经营性项目的待核销基建支出和转出投资，根据财政部门历年批准的"基建投资表"中有关数字填列。

E. 表中初步设计和概算批准日期按最后批准日期填列。

F. 表中收尾工程是指全部工程项目验收后还遗留的少量尾工，这部分工程的实际成本，可根据具体情况进行估算，并作说明，完工以后不再编制竣工决算。

③大、中型基本建设项目竣工财务决算表（后称"表三"，见表9.9）

本表反映竣工的大、中型建设项目从开工起至竣工止全部资金来源和资金运用情况，是分析考核基建资金和其他资金使用效果，并落实结余的基建资金和物资的依据。填写时应注意下列事项：

A. 表中"交付使用资产"、"预算拨款"、"自筹资金拨款"、"其他拨款"、"项目资本"、"基建投资借款"、"其他借款"等项目，填列自开工建设至竣工止的累计数，上述指标根据历年批复的年度基本建设财务决算和竣工年度的基本建设财务决算中资金平衡表相应项目的数字进行汇总填列。

B. 表中其余各项目反映办理竣工验收时的结余数，根据竣工年度财务决算中资金平衡表的有关项目期末数填列。

C. 资金占用总额应等于资金来源总额。

D. 补充资料的"基建投资借款期末余额"反映竣工时尚未偿还的基建投资借款数,应根据竣工年度资金平衡表内的"基建投资借款"项目期末数填列;"应收生产单位投资借款期末数",应根据竣工年度资金平衡表内的"应收生产单位投资借款"项目的期末数填列;"基建结余资金"反映竣工时的结余资金,应根据竣工财务决算表中有关项目计算填列。

E. 基建结余资金的计算。

基建结余资金按以下公式计算:

基建结余资金 = 基建拨款 + 项目资本 + 项目资本公积 + 基建投资借款 + 企业债券资金 + 待冲基建支出 − 基本建设支出 − 应收生产单位投资借款。

④大、中型建设项目交付使用资产总表(后称"表四",见表9.10)

A. 表中各栏数字应根据"交付使用资产明细表"中相应项目的数字汇总填列。

B. 表中第2栏、第6栏、第7栏和第8栏的合计数,应分别与竣工财务决算表交付使用的固定资产、流动资产、无形资产和递延资产的数字相符。

⑤小型基本建设项目竣工财务决算总表(后称"表五",见表9.11)

本表反映大、中型建设项目建成后新增固定资产、流动资产、无形资产、递延资产的价值,作为财产交接的依据。

小型基本建设项目竣工决算总表主要反映小型基本建设项目的全部工程和财务情况。比照大、中型基本建设项目概况表指标和大、中型基本建设项目竣工财务决算表指标口径填列。

⑥基本建设项目交付使用资产明细表(后称"表六",见表9.12)

本表反映大、中、小型建设项目竣工交付使用各项资产的详细内容,是具体办理财产交接手续和生产使用单位登记资产明细账、卡的依据,适用于大、中、小型建设项目。编制时,固定资产部分要逐项盘点填列;工具、器具和家具等低值易耗品,可分类填列。

(2)编制竣工决算相关的信息

在编制竣工决算表时,除了应按照基本建设项目竣工财务决算报表的填制说明外,还应注意下列事项:

1)待摊投资:包括设计费、无形资产、地质勘察费、招投标标底编制费、城市规划管理费、施工许可证工本费及工程质量检测费等。

2)大、中型基本建设项目竣工财务决算表在填写时如果一个建设项目有竣工的,还有在建的工程,则所有工程的财务状况均要在表的科目中反映,其余的表主要填写已竣工工程项目的财务决算情况。在一定程度上讲,后者是前者的补充。

3)在建工程中若购置了器材,应归入表三的"器材"科目、表四的"设备"科目,同时,在表六的"设备、工具、器具、家具"中列入其明细。

4)"预付及应收款"科目内容是业主先期垫付应由施工单位承担的费用,如档案保证金、绿化保证金、散水泥保证金、劳动保险基金和新墙体专项使用费等费用。

5)"货币资金"科目列入的是在建工程的未完建设工程的费用和已竣工的属于同一基本建设项目的工程应付的"结算尾款"数额等。

6)"待核销基建支出"科目填写的内容包括国家政策变化造成的工程增加的费用、政策变化发生设计大变化增加的工程费用及不可抗力造成工程损失的费用等。

7)表四的"其他"科目,应填入待摊投资等费用。

9.2.4　案例

【案例 54】　经×市计委"市计投资(2005)274 号"文批准×校自筹建设 6 层框架结构教学实习用房 4 000 m²,计划投资 250 万元。该项目由×省城乡建筑设计所设计,×县建筑公司负责施工。建筑面积 3 947.33 m²,结转资产 2 990 732.17 元。资金拨付情况为:第一次财政拨款 250 万元,第二次学校自筹拨款 100 万元,第三次财政拨款 49 万元,合计拨款 399 万元,现结余资金 999 267.83 元。按工程项目合同规定于 2005 年 2 月下旬开工,2005 年 11 月竣工,实际于 2005 年 3 月 1 日开工建设,2005 年 11 月竣工。

请按以上条件填写相应基本建设项目竣工决算报表。

解　按题目条件编写的基本建设项目竣工决算文件如下:

(1)沐浴综合楼资产结转说明书

沐浴综合楼资产结转说明书

经×市计委"市计投资(2005)274 号"文批准×校自筹建设 6 层框架结构教学实习用房 4 000 m²,计划投资 250 万元。该项目由×省城乡建筑设计所设计,×县建筑公司负责施工。建筑面积 3 947.33 m²,结转资产 2 990 732.17 元。

资金拨付情况为:第一次财政拨款 250 万元,第二次学校自筹拨款 100 万元,第三次财政拨款 49 万元,合计拨款 399 万元,现结余资金 999 267.83 元。

(2)填写基本建设项目竣工决算报表

1)封面的填写如表 9.13 所示。

表 9.13　封　面

建设项目名称:<u>教学实习用房</u>

基本建设项目竣工财务决算报表

编报单位(签章):<u>××大学</u>

报送日期:<u>2006 年××月××日</u>

2）基本建设项目竣工财务决算审批表的填写如表9.14所示。

表9.14　基本建设项目竣工财务决算审批表

表一：

建设项目法人（建设单位）	××大学	建设性质	新建
建设项目名称	教学实习用房	主管部门	××市政府

开户银行意见：

盖　章
年　　月　　日

专员办（审批）审核意见：

盖　章
年　　月　　日

主管部门或地方财政部门审批意见：

盖　章
年　　月　　日

3）大、中型基本建设项目概况表的填写如表9.15所示。

表9.15　大、中型基本建设项目概况表

表二：

建设项目(单项工程)名称	教学实习用房		建设地址	××市人民西路×××号				项目	概算	实际/元	主要指标
主要设计单位	××省城乡建设设计所		主要施工企业	××县建筑公司				建筑安装工程		2 681 929.00	
占地面积	计划	实际	总投资/万元	设计		实际		设备 工具 器具 待摊投资 其中:建设单位管理费 其他投资 待核销基建支出 非经营项目转出投资		308 803.17	
				固定资产	流动资金	固定资产	流动资金				
	1 100 m²	1 100 m²		250		299					
新增生产能力	能力(效益)名称		设计	实 际							
	教学实习用房一幢		250万元	299万元							
建设起止时间	设计		从2005年6月开工至2005年12月竣工								
	实际		从2005年6月开工至2005年12月竣工					合计		2 990 732.17	
设计概算批准文号	市计投资[2005]274号							主要材料消耗	名称	单位	概算	实际/元
完成主要工程量	建筑面积/m²		设备/台(套、吨)						钢材	t		
	设 计	实 际	设 计		实 际				木材	m³		
	4 000	3 947.33							水泥	t		
收尾工程	工程内容		投资额		完成时间			主要技术经济指标			

4）大、中型基本建设项目竣工财务决算表的填写如表9.16所示。

表9.16 大、中型基本建设项目竣工财务决算表

表三： 单位：元

资金来源	金额	资金占用	金额
一、基建拨款	3 990 000.00	一、基本建设支出	2 990 732.17
1. 预算拨款		1. 交付使用资产	2 990 732.17
2. 基建基金拨款		2. 在建工程	
3. 进口设备转账拨款		3. 待核销基建支出	
4. 器材转账拨款		4. 非经营项目转出投资	
5. 煤代油专用基金拨款		二、应收生产单位投资借款	
6. 自筹资金拨款	3 990 000.00	三、拨付所属投资借款	
7. 其他拨款		四、器材	
二、项目资本		其中：待处理器材损失	
1. 国家资本		五、货币资金	999 267.83
2. 法人资本		六、预付及应收款	
3. 个人资本		七、有价证券	
三、项目资本公积		八、固定资产	
四、基建借款		固定资产原价	
五、上级拨入投资借款		减：累计折旧	
六、企业债券资金		固定资产净值	
七、待冲基建支出		固定资产清理	
八、应付款		待处理固定资产损失	
九、未交款			
1. 未交税金			
2. 未交基建收入			
3. 未交基建包干节余			
4. 其他未交款			
十、上级拨入资金			
十一、留成收入			
合　计	3 990 000.00	合　计	3 990 000.00

补充资料：基建投资借款期末余额：_____元；

应收生产单位投资借款期末数：_____元；

基建结余资金：999 267.83 元。

5)大、中型建设项目交付使用资产总表的填写如表9.17所示。

表 9.17 大、中型建设项目交付使用资产总表

表四: 单位:元

| 单项工程项目名称 | 总　计 | 固 定 资 产 | | | | 流动资产 | 无形资产 | 递延资产 |
		建安工程	设备	其他	合计			
教学实习用房	2 990 732.17	2 681 929.00		308 803.17	2 990 732.17			

交付单位:××大学后勤处(盖章)　　　　　接收单位:××大学计划财务处(盖章)

2006 年××月××日　　　　　　　　　　2006 年××月××日

6）小型基本建设项目竣工财务决算总表的填写如表9.18所示。

表9.18 小型基本建设项目竣工财务决算总表

表五：

建设项目名称			建设地址					资金来源		资金运用	
初步设计概算批准文号								项目	金额/元	项目	金额/元
占地面积	计划	实际	总投资/万元	计划		实际		一、基本拨款 其中：预算拨款 二、项目资本 三、项目资本公积 四、基建借款 五、上级拨入投资借款 六、企业债券资金 七、待冲基建支出 八、应付款 九、未交款 其中：未交基建收入 未交包干节余 十、上级拨入资金 十一、留成收入		一、交付使用资产 二、待核销基建支出 三、非经营项目转出投资 四、应收生产单位投资借款 五、拨付所属投资借款 六、器材 七、货币资金 八、预付及应收款 九、有价证券 十、固定资产	
				固定资产	流动资金	固定资产	流动资金				
新增生产能力	能力(效益)名称		设计	实 际							
建设起止时间	计划	从 年 月开工至 年 月竣工									
	实际	从 年 月开工至 年 月竣工									
基建支出	项 目			概算/元	实际/元						
	建筑安装工程 设备工具器具待摊投资 其中：建设单位管理费 其他投资 待核销基建支出 非经营性项目转出投资 合 计										
								合 计		合 计	

7)基本建设项目交付使用资产明细表的填写如表 9.19 所示。

表 9.19　基本建设项目交付使用资产明细表

表六：

单项工程项目名称	建设工程			设备、工具、器具、家具						流动资产		无形资产		递延资产	
	结构	面积/m²	价值/元	名称	规格型号	单位	数量	价值/元	设备安装费/元	名称	价值/元	名称	价值/元	名称	价值/元
教学实习用房	砖混	3 947.33	2 990 732.17												

交付单位:××大学后勤处(盖章)　　　　　　接收单位:××大学计划账务处(盖章)

2006 年××月××日　　　　　　　　　　　2006 年××月××日

第 **10** 章
建筑工程造价综合实训

(1)实训目的

读者在学习和训练了前面的教程内容后,在正确计算分部分项工程人工、材料、机械台班的用量和定额单价的基础上,学会单位估价表的应用;掌握工程量清单的编制及工程量清单计价的理论与方法;工料分析的方法等教学内容以后,可进入实践性很强的教学环节——单位工程工程量清单计价文件编制和工程量清单编制的综合实训阶段。

主要目的:

1)学习建筑工程定额的基本理论后,使学生掌握劳动定额、消耗量定额的具体应用(含定额单价换算)方法;

2)学习建筑工程造价的基本理论及编制的原则、依据、步骤和方法后,训练学生根据施工图纸编制一份一般工业与民用建筑单位工程施工图工程量清单计价的能力。具体包括消耗量定额应用、消耗量定额工程量(时间容许时,计算清单工程量)计算、工程量清单计价编制和工料分析,难点是消耗量定额单价换算、工程量计算及工程量清单计价;

3)培养学生具有应用工程量清单及工程量清单计价软件编制工程造价文件的能力以及应用电子计算机进行定额管理的能力;

4)编制工业厂房或民用建筑的土建单位工程工程量清单计价文件,如编制某住宅楼工程(图纸附后)的土建单位工程工程量清单计价文件;

5)编制工业厂房或民用建筑的土建单位工程工程量清单文件,如编制某住宅楼工程(图纸附后)的土建建筑工程工程量清单文件。

(2)实训要求

学生根据课程设计图纸(见附图);所在地区的《××省(市、区)建筑工程消耗量定额》(现行版);所在地区的《××省(市、区)建筑安装工程造价计价规则(办法)》(现行版);《建设工程工程量清单计价规范》(GB 50500—2003)等有关政策;经济法规、施工合同、现行价格信息、标准图集等编制。

具体要求如下:

1)实训时间:一周。

2)根据所在地区的《××省(市、区)建筑工程消耗量定额》(现行版)的"工程量计算规

248

则"计算工程量和按《建设工程工程量清单计价规范》(GB 50500—2003)计算清单工程量,并在工程量计算表中详细列出计算公式,计算其结果。

3)按工程量清单计价规定填写该单位工程的封面、编制说明、工程量清单报价表、单位工程费汇总表、分部分项工程量清单计价表、措施项目计价表、其他项目清单计价表、零星工作项目计价表、分部分项工程量清单综合单价分析表、措施项目费分析表、主要材料价格表、半成品材料现行单价计算表、钢筋砼构件钢筋计算表、工程量计算表及工料分析表等。

4)按工程量清单编制规定填写该单位工程的封面、填表须知、总说明、分部分项工程量清单、措施项目清单、其他项目清单及零星工作项目表等。

5)按现行消耗量定额,进行主要材料的工料分析,并汇总主要材料的用量。

6)定额换算用计算纸单独列算。

7)应用电算化软件编制本单位工程工程量清单计价文件一份。

8)编制的工程量清单计价文件,要求内容齐全;定额查套有据、正确、不重(漏)项;计算准确;文字通顺,说明扼要,文字书写端正、清楚,并注意系统性。

(3)**实训内容及步骤**

1)内容及时间安排

实训内容及时间安排,如表10.1所示。

表 10.1　实训内容及时间安排

顺序	课　程　内　容	时　间
1	动员:任务、要求;收集资料;熟悉图纸、列项及计算工程量	全天
2	工程量计算	全天
3	工程量计算	全天
4	工程量计算	全天
5	填写工料分析表、清单计价文件及工程量清单相关表格,并计算结果	全天
6	填写工料分析表、清单计价文件及工程量清单相关表格,并计算结果;应用电算化软件编制清单计价文件	全天
7	装订成册、答辩	全天
	合　　计	一周

2)工程量清单计价实训流程图

工程量清单计价实训流程图,如图10.1所示。

3)实训步骤

①收集相关资料:如施工图纸;人工、材料、机械台班单价的价格信息;定额资料;技术规范和标准图集等。

②熟悉图纸:是编制施工图预算的关键。如住宅工程(土建)施工图的识图,其方法是先了解设计说明,再熟悉建筑施工图,然后熟悉结构施工图。特别读懂下列事项:

A.设计说明

a.工程的结构,室内地坪标高为±0.000,室外地坪标高尺寸。

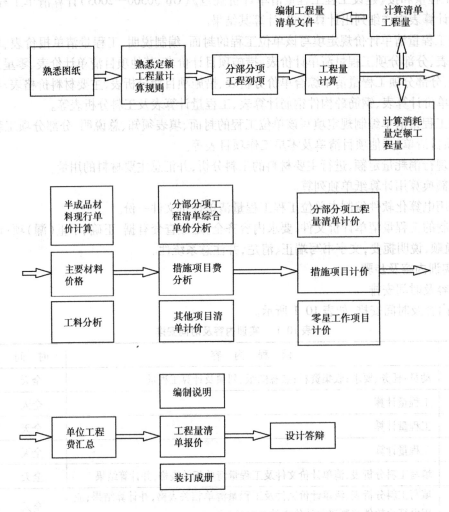

图 10.1　工程量清单计价实训流程图

b. 基础:垫层的材料及厚度多少,用什么强度的水泥砂浆砌砖基础,墙基防潮层做法等。

c. 墙身:用什么强度的混合砂浆砌筑标准砖内、外墙,内、外墙厚度是否相同。

d. 地坪:什么材料做垫层、面层,其厚度尺寸;基层素土回填是否打夯或不打夯。

e. 楼、屋面:面层材料,做法及厚度,屋面防水处理的材料及做法。

f. 散水:材料及做法,其厚度和坡度。

g. 踢脚线:材料做法及高度。

h. 台阶:台阶基层和面层材料及做法。

i. 梁、柱、板:材料及做法,是现浇或预制构件;钢筋图示表示是传统配筋或是平法配筋;表面的装饰材料及做法。

j. 墙面:外墙面、内墙面装饰做法。

k. 天棚:天棚面装饰做法。

l. 门窗:材料及规格。涂刷油漆的材料种类及遍数。

m. 其他:窗台线、挑檐等装饰材料及做法。

n.未尽事宜,按正常的设计和施工方法补充。

B.门窗统计表

门窗统计表(见施工图纸)。

③分部分项工程列项

在熟悉施工图纸以后,还要全面地了解工程概况、设计意图和工程全貌,还应了解现场的实际情况,如自然地面标高与设计标高,再根据施工组织设计或施工方案,土方是采用机械或人工开挖,大型土方如何平衡处理,深基础采用什么施工方法,等等。然后针对施工图纸及消耗量定额的分部分项工程(或工程量清单项目)进行列项。建议初学者,按消耗量定额或清单计价规范逐章或分部列项加以训练。

【案例55】　某工程的基础为带形毛石基础(无垫层),毛石底宽:1.2 m,基础底面标高为
−1.80 m;室内外高差为0.30 m;土质:三类土,干土;该地区挖土不采用挡土板;余土采用人力装车,自卸汽车运土,运至8 km处弃土。按上述条件列出沟槽挖土的工程量清单项目及其消耗量定额子目。

表10.2　土方工程(编码:010101)

项目编码	项目名称	项目特征	计量单位	工程量计算规则	工程内容
0101010010□□	平整场地	土壤类别	m²	按设计图示尺寸以建筑物首层面积计算	1.土方挖填 2.场地找平 3.场地内运输
0101010020□□	挖土方	1.土壤类别 2.挖土平均厚度 3.弃土运距		按设计图示尺寸以体积计算	1.排地表水 2.土方开挖
0101010030□□	挖基础土方	1.土壤类别 2.基础类型 3.底宽、底面积 4.挖土深度 5.弃土运距	m³	按设计图示尺寸以基础垫层底面积乘挖土深度计算	3.挡土板支拆 4.基底钎探 5.运输
0101010040□□	冻土开挖	1.冻土厚度 2.弃土运距		按设计图示尺寸开挖面积乘厚度以体积计算	1.打眼、装药、爆破 2.开挖 3.清理 4.运输

解　(1)沟槽挖土的工程量清单项目

按照题意及表10.2,得

1)项目编码:0101010030 ⊡ ⊡

2)项目名称:挖基础土方

3）项目特征

①土壤类别：三类土；

②基础类型：毛石基础（无垫层）；

③基础底宽：1.2 m；

④挖土深度：1.5 m；

⑤弃土运距：8 km。

（2）沟槽挖土的消耗量定额子目

按照题意及表5.12和表5.16,得

1）排地表水：无此子目

2）土方开挖：有此子目

①定额编号：01010004；

②子目名称：人工挖沟槽、基坑（三类土）；

③挖土深度：2 m以内。

3）挡土板支拆：无此子目

4）截桩头：无此子目

5）基底钎探：无此子目

6）运输：有此子目

①主定额

A.定额编号：01010072；

B.子目名称：人工装车,自卸汽车运土方；

C.运距：1 km以内。

②辅定额

A.定额编号：01010073；

B.子目名称：人工装车,自卸汽车运土方；

C.运距：运距每增1 km。

同样的方法,列出其他的工程量清单项目及其消耗量定额子目。

上述分部分项工程列项完成后,还应针对所使用的消耗量定额和本地区的实际情况,不能漏列项目,如本地区有抗震要求,不能漏列墙体和柱拉接钢筋项目；有的地区消耗量定额中木门窗或铝合金门窗（由承包企业加工厂非现场制作）要考虑门窗的运输项目；有的地区装饰工程消耗量定额将找平层和结合层及面层在定额项目表中编成一个定额项目,而有的地区装饰工程消耗量定额将找平层和结合层及面层在定额项目表中分开编成两个定额项目甚至三个定额项目,等等,列项时要正确地加以区分。

④计算工程量

按照各分项工程的排列顺序计算工程量。

计算工程量,不仅要求认真、细致、准确,而且要按工程量计算规则进行；计算公式力求简单明了和按人们的思维习惯依次排列,如长度×宽度×高度×个（根）数×每层构配件数量×层数。为了防止工程量重算或漏算,可采用从图纸左上角开始,按顺时针方向计算工程量。或从左至右,先横后竖,自上而下地计算工程量。一般要在计算公式的适当位置注明轴线或部位或构件的名称等,便于检查和审核工程量计算情况。

其计算结果按规定保留小数位数。

⑤填写单位工程清单计价格式相关表格,并计算汇总。

当某分项工程不能套用到合适的定额时,应编制补充定额和补充单位估价表。

⑥填写工料分析表,并汇总主要材料量。

⑦填写单位工程工程量清单格式相关表格。

⑧撰写编制说明。

⑨编制依据:

a. 采用的图纸名称及编号;

b. 工程量清单计价规范和采用的地区消耗量定额及其单位估价表;

c. 地区工程造价计价规则;

d. 《建筑工程价格与信息》;

e. 是否考虑设计修改和会审记录,有哪些遗留项目和暂估项目,并说明原因;

f. 钢筋铁件是按定额列入还是按图纸计算,是否已进行调整;

g. 存在的问题及处理方法;

h. 其他。

⑩装订成册。

⑪将施工图计价文件交与指导教师处进行答辩。

(4)成绩考核

本课程考核应注重消耗量定额(单位估价表)的基本概念、基本理论的理解,掌握其实际应用能力。考核应略去定理、公式的繁难推导过程,强调熟练计算工程量、工程量清单计价等知识及其应用能力。考核一份工程量清单计价文件的组成及其编制方法和注意事项等。

成绩考核:平时出勤、工作态度占30%,答辩占20%,预算文件占50%。总成绩按一门课考核,记入学生成绩档案。

(5)实训图纸

1)附图

附图如图 10.2～图 10.10 所示。

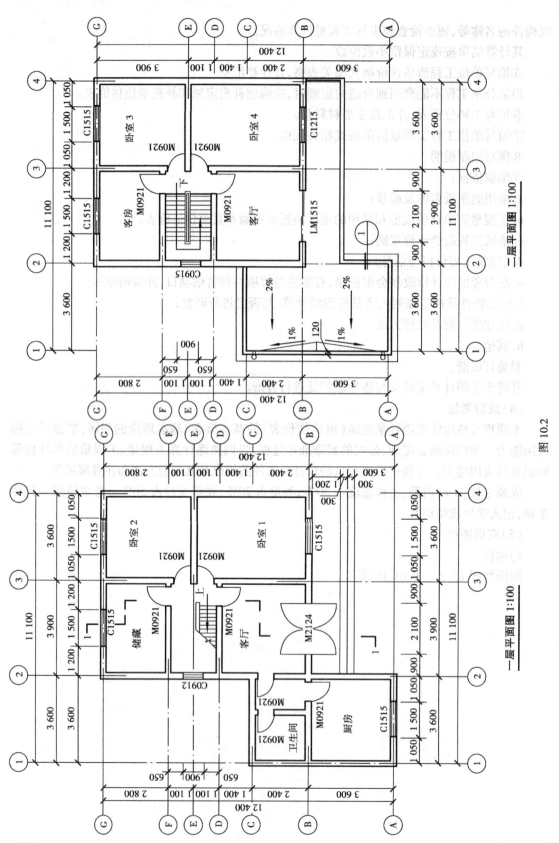

图 10.2

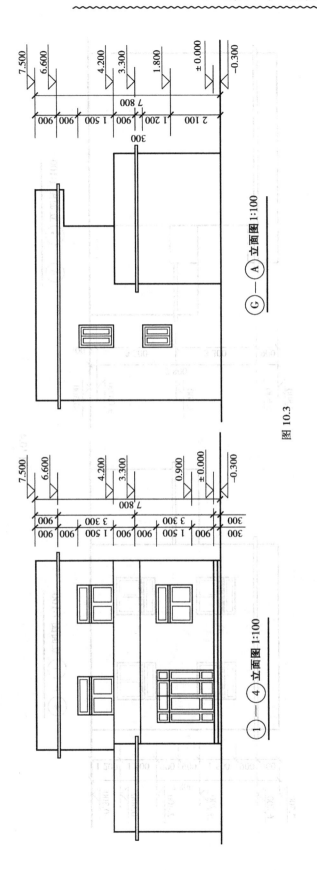

图 10.3

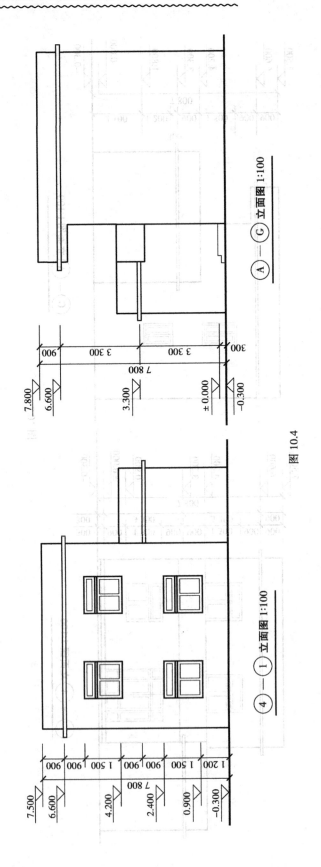

图 10.4

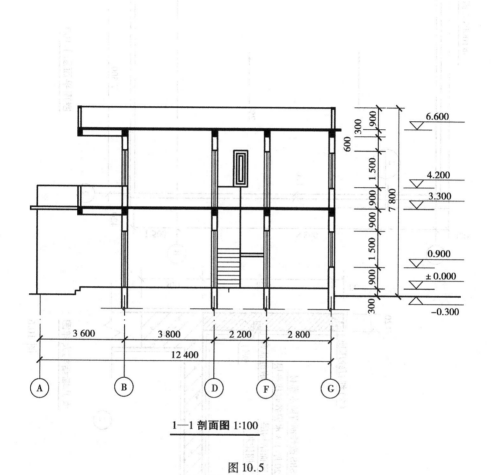

1—1 剖面图 1:100

图 10.5

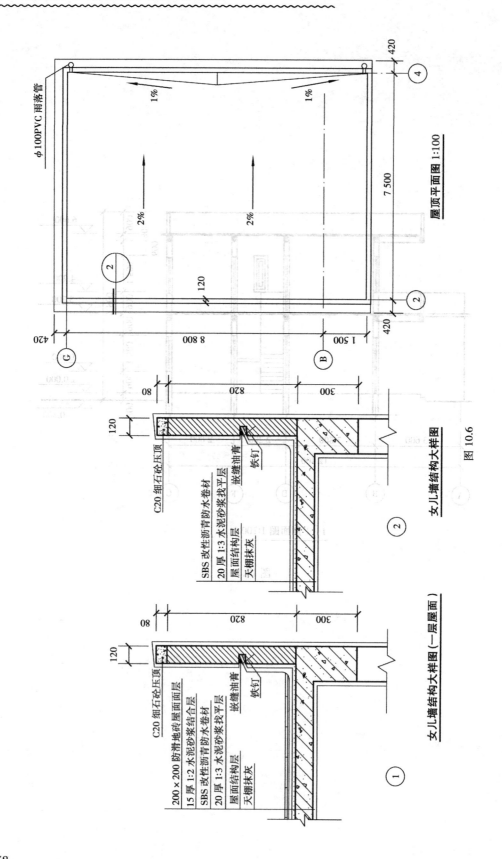

屋顶平面图 1:100

φ100PVC雨落管

图 10.6

女儿墙结构大样图

C20 细石砼压顶

SBS 改性沥青防水卷材
20 厚 1:3 水泥砂浆找平层
屋面结构层
天棚抹灰

嵌缝油膏
铁钉

② 女儿墙结构大样图（一层屋面）

C20 细石砼压顶
200×200 防滑地砖屋面面层
15 厚 1:2 水泥砂浆结合层
SBS 改性沥青防水卷材
20 厚 1:3 水泥砂浆找平层
屋面结构层
天棚抹灰

嵌缝油膏
铁钉

①

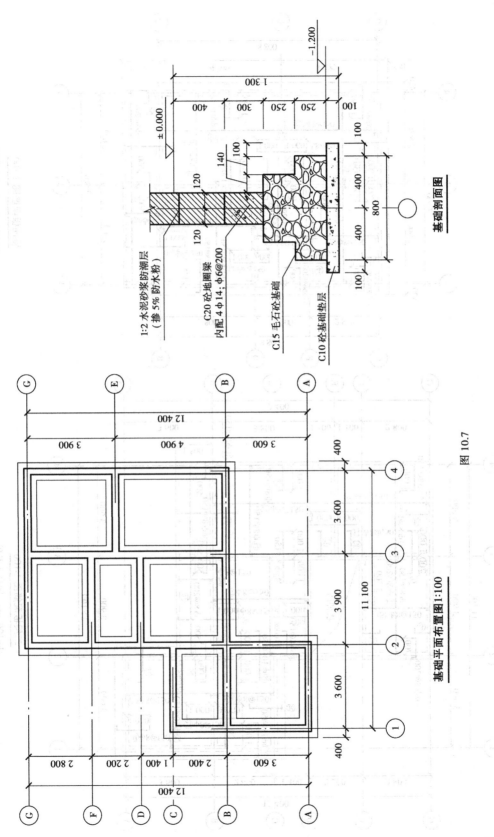

基础剖面图

1:2 水泥砂浆防潮层（掺 5% 防水粉）

C20 砼地圈梁内配 4φ14；φ6@200

C15 毛石砼基础

C10 砼基础垫层

基础平面布置图 1:100

图 10.7

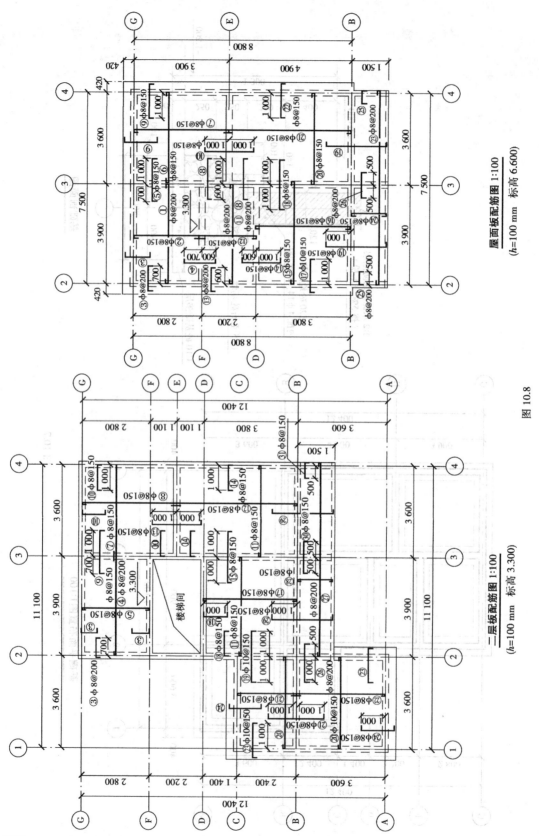

图 10.8

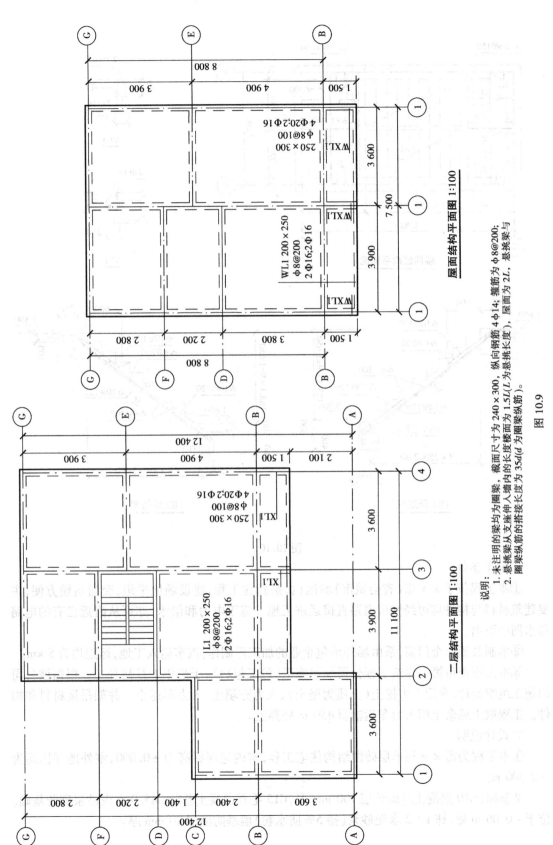

屋面结构平面图 1:100

二层结构平面图 1:100

说明：
1. 未注明的梁均为圈梁，截面尺寸为 240×300，纵向钢筋 4Φ14，箍筋为 Φ8@200；
2. 悬挑梁从支座伸入墙内的长度为 1.5L(L 为悬挑长度)，屋面为 2L，悬挑梁与圈梁纵筋的搭接长度为 35d(d 为圈梁纵筋)。

图 10.9

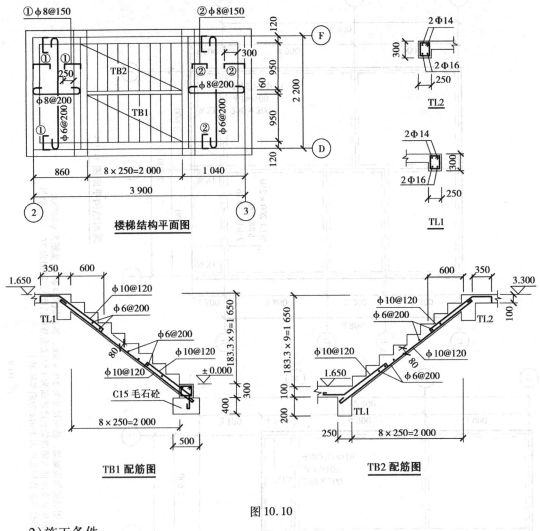

图 10.10

2)施工条件

①本工程位于××市(省会城市)城区内,系新建工程,建设场地平坦,交通运输方便,主要建筑材料与构件均可经城市道路直接运进工地。施工电力和给水,亦可从附近已有的电路和水网中引出。

②木制及铝合金门窗,系由场外承包企业的加工厂制作,汽车运入工地,运距均为 5 km。

③本工程由市第一建筑工程公司承包施工(包工包料),于当年 1 月初开工。根据该公司的施工组织设计,采用人力挖土(土质为坚土),人力夯填土,人力车运土。井架吊运材料和构件。工程取土或余土用人力车运输至 450 m 处弃土。

3)设计说明

①本工程为市××局单层砖混结构住宅工程,室内地坪标高为 ±0.000,室外地坪标高为 −0.300 m。

②基础:C10 混凝土基础垫层 100 mm 厚,C15 毛石混凝土基础,M5.0 水泥砂浆砌砖基础。位于 −0.06 m 处,抹 1:2 水泥砂浆(掺 5% 防水粉)墙基防潮层 20 mm 厚。

③墙身:M2.5 混合砂浆标准砖砌筑内、外墙。

④地坪:面层装饰做法如表 10.3 所示。20 mm 厚 1:2 水泥砂浆找平层;C10 混凝土垫层 60 mm 厚;基层素土回填夯实。

⑤屋面:20 mm 厚 1:3 水泥砂浆找平层;SBS 改性沥青防水卷材;15 mm 厚 1:2 水泥砂浆结合层;面层:200 mm × 200 mm 防滑地砖。

⑥构造柱:墙体转角、交接处均设 C20 砼构造柱与地圈梁连结,其配筋为 4Φ16,箍筋 φ6.5 @200。圈梁:每层楼盖处沿所有纵横墙均设 C20 砼圈梁,截面尺寸 240 mm × 300 mm,纵向钢筋 4φ14,箍筋 8φ@200。

⑦女儿墙压顶 C20 细石砼 80 mm 厚,其中 4φ^{b}通长,竖向 φ^{b}4@200 分布筋。

⑧散水:沿建筑物四周设置,宽度 600 mm,C15 砼 80 mm 厚,3% 坡度,随捣随抹。

⑨踢脚线:材料及做法同地面,150 mm 高。

⑩台阶:C10 砼台阶基层;面层同地面。

⑪梁:现浇梁 C20 砼:XL1,L1,WXL1,WL1。

⑫楼梯:现浇 C20 砼。

⑬板:现浇 C20 砼;未注厚度为 100 mm;分布筋未注明者为 φ6.5@200。

⑭墙面:外墙面抹 1:2 白石子水刷石。

⑮天棚:装饰做法如表 10.3 所示。

⑯门窗:单层白色铝合金玻璃门(外门)窗;室内为单层镶板门;木门刷底油一遍,米黄色调和漆二遍。

⑰其他:窗台线、挑檐抹白石子水刷石。

⑱其他装饰做法如表 10.3 所示。

表 10.3　装饰做法

房间　部位	地　面	墙　面	天　棚
客　厅	300 mm × 300 mm 地面砖	双飞粉	双飞粉
卧室、客房	300 mm × 300 mm 地面砖	双飞粉	铝塑板吊顶
厨　房	防滑地砖	釉面砖	双飞粉
卫生间	防滑地砖	双飞粉	双飞粉
储藏室	水泥砂浆地面	双飞粉	双飞粉
楼　梯	防滑地砖	双飞粉	双飞粉

注:地面装饰均先做 20 mm 厚 1:2 水泥砂浆找平层后,再做面层做法。墙面装饰先做 20 mm 厚 1:2 水泥砂浆打底后,再做面层做法。

⑲未尽事宜(室外工程除外),按正常的设计和施工方法补充。

(6)编制工程量清单计价文件用表

1)工程量清单文件用表

工程量清单文件用表如表 10.4 ～ 表 10.10 所示,包括如下内容:

①封面。

②填表须知。

③总说明。

④分部分项工程量清单。

⑤措施项目清单。

⑥其他项目清单。

⑦零星工作项目表。

表 10.4

_____工程

工 程 量 清 单

招标人(盖章):_____

造价咨询单位(盖章):_____

法定代表人(签字盖章):_____

编制人(签字盖执、从业专用章):_____

审核人(签字盖执业专用章):_____

编制时间: 年 月 日

表 10.5

填 表 须 知

1. 工程量清单格式中所有要求签字、盖章的地方,必须由规定的人员签字、盖章。

2. 工程量清单格式中的任何内容不得随意删除或涂改。

3. 招标人根据拟建工程具体情况的其他要求。

表 10.6

总 说 明

工程名称: 第 页 共 页

一、工程概况
二、工程招标和分包范围
三、工程量清单编制依据
四、工程质量、材料、施工等的特殊要求
五、招标人自行采购材料的名称、规格型号、数量等
六、预留金、自行采购材料的金额数量
七、其他需说明的问题

表 10.7　分部分项工程量清单

工程名称：　　　　　　　　　　　　　　　　　　　　　　　　　　第　页　共　页

序号	细目编码	细目名称	细目特征	计量单位	工程数量

表 10.8　措施项目清单

工程名称：　　　　　　　　　　　　　　　　　　　　　　　　　　第　页　共　页

序号	项　目　名　称

表 10.9　其他项目清单

工程名称：　　　　　　　　　　　　　　　　　　　　　　　　　第　页　共　页

序号	项　目　名　称
1	招标人部分：
2	投标人部分：

表 10.10　零星工作项目表

工程名称：　　　　　　　　　　　　　　　　　　　　　　　　　第　页　共　页

序号	项　目　名　称	计量单位	数　量
1	人工		
2	材料		
3	机械		

2）工程量清单计价文件用表

工程量清单计价文件用表如表 10.11 ~ 表 10.25 所示，包括如下内容：

①编制说明。

②工程量清单报价表。

③单位工程费汇总表。

④分部分项工程量清单计价表。

⑤措施项目计价表。

⑥其他项目清单计价表。

⑦零星工作项目计价表。

⑧分部分项工程量清单综合单价分析表。

⑨措施项目费分析表。

⑩主要材料价格表。

⑪半成品材料现行单价计算表。

⑫钢筋砼构件钢筋计算表。

⑬工程量计算表。

⑭工料分析表。

⑮分部分项工程定额换算表。

表 10.11

_____工程

工程量清单报价表

投标人（单位签字盖章）：_____

法定代表人（签字盖章）：_____

编制人（签字盖执、从业专用章）：_____

审核人（签字盖执业专用章）：_____

编制时间：200　年　　月　　日

表 10.12　编制说明

工程名称：　　　　　　　　　　　　　　　　　　　　　　　　　　　第　页　共　页

表 10.13　单位工程费汇总表

工程名称：　　　　　　　　　　　　　　　　　　　　　　第　页　共　页

序号	项 目 名 称	计 算 方 法	金额/元
1	分部分项工程费	∑（分部分项工程工程量 × 综合单价）	
2	措施项目费	2.1 + 2.2	
2.1	通用措施费	各通用措施项目费用合计	
2.2	专业措施费	各专业措施项目费用合计	
3	其他项目费	其他项目费求和	
4	规　费	4.1 + 4.2 + 4.3	
4.1	工程排污费	按有关规定计算	
4.2	社会保障及劳动保险费	按《本规则》第三章规定计算	
4.3	工程定额测定费	（1 + 2 + 3）× 0.15%	
5	税　金	（1 + 2 + 3 + 4）× 计算系数	
6	单位工程造价	1 + 2 + 3 + 4 + 5	

表 10.14　分部分项工程量清单计价表

工程名称：　　　　　　　　　　　　　　　　　　　　　　第　页　共　页

序号	项目编码	细目名称	计量单位	工程数量	综合单价	其中:人工费	合　价	其中:人工费
合　计								

表 10.15   措施项目计价表

工程名称：   第 页 共 页

序号	项 目 名 称	金额/元	备 注
合 计			

表 10.16   其他项目清单计价表

工程名称：   第 页 共 页

序号	项 目 名 称	金额/元
1	招标人部分：	
小计		
2	投标人部分：	
小计		
合计		

表 10.17　零星工作项目计价表

工程名称：　　　　　　　　　　　　　　　　　　　　　　　　　　　　第 页 共 页

序号	名　称		计量单位	数　量	金额/元	
					综合单价	合　价
1	人工					
小计						
2	材料					
小计						
3	机械					
小计						
合计						

表 10.18　工程量清单综合单价分析表

第　页　共　页

序号	细目编码	细目名称	计量单位	清单数量	细目特征	工程内容			单价/元						合价/元					综合单价/元
						定额编号	分项名称	单位	工程量	人工费	机械费	材料费	管理费率	利润率	人工费	机械费	材料费	管理费	利润	合计

表 10.19 措施项目费分析表

工程名称：   第 页 共 页

序号	定额编码	措施项目名称	单位	数量	金额/元				
					人工费	材料费	机械费	调整额	小计

注：调整额为必须增加的其他开支或要以竞争优惠的金额，以"＋"、"－"表示。

表 10.20 分部分项工程定额换算表

工程名称：   第 页 共 页

序号	定额编号	分部分项工程名称	换算依据	换 算 前				换 算 后				备注
				定额基价	其中：			定额费价	其中：			
					人工费	材料费	机械费		人工费	材料费	机械费	

表 10.21　主要材料价格表

工程名称：　　　　　　　　　　　　　　　　　　　　　　　　　第　页　共　页

序号	材料编码	材料名称	规格、型号等特殊要求	单位	数量	单价/元	合价/元

表 10.22　半成品材料现行单价计算表

第　页　共　页

项目	定 额 编 号						
	半 成 品 名 称						
	半 成 品 规 格						
单价/元							
材料名称	单位	单价	数　　量				
水泥							
水泥							
水泥							
碎石							
碎石							
砂							
水							
石灰膏							

273

表 10.23 工程量计算表

工程名称： 　　　　　　　　　　　　　　　　　　　　　　　　　　　　　　 第 页 共 页

序号	分部分项工程名称	单位	计 算 列 式

表 10.24　工料分析表

第　页　共　页

序号	定额编号	分部分项工程名称	单位	工程量	材　料　名　称															
					定额	数量	定额	数量	定额	数量	定额	数量	定额	数量	定额	数量	定额	数量	定额	数量

表 10.25　钢筋砼构件钢筋计算表

第　页　共　页

序号	构件名称	图号	件数	形状尺寸 /mm	直径	根数	总长 /m	单米质量 /kg	总质量 /kg	备注

参考文献

[1] 中华人民共和国国家标准. GB 50500—2003 建设工程工程量清单计价规范. 北京: 中国计划出版社, 2003

[2] 李洪林. 云南省建设工程消耗量定额. 昆明: 云南科技出版社, 2003

[3] 李洪林. 云南省装饰工程消耗量定额. 昆明: 云南科技出版社, 2003

[4] 李洪林. 云南省建设工程工程造价计价规则. 昆明: 云南科技出版社, 2003

[5] 李洪林. 云南省建设工程工程量清单细目指南. 昆明: 云南科技出版社, 2003

[6] 李洪林. 云南省建设工程措施项目计价办法. 昆明: 云南科技出版社, 2003

[7] 李洪林. 云南省施工机械台班费用计价办法. 昆明: 云南科技出版社, 2003

[8] 中华人民共和国建设部. GB 50010—2002 混凝土结构设计规范. 北京: 中国建筑工业出版社, 2002

[9] 中国建筑标准设计研究院. 混凝土结构施工图平面整体表示方法制图规则和构造详图 (03G101-1), 2004

[10] 建设部标准定额研究所. 中华人民共和国国家标准建设工程工程量清单计价规范宣贯辅导教材. 北京: 中国计划出版社, 2003

[11] 杜葵. 建筑安装工程定额与造价确定. 昆明: 云南科技出版社, 2001

[12] 北京广联达慧中软件技术有限公司工程量清单专家顾问委员会. 工程量清单的编制与投标报价. 北京: 中国建材工业出版社, 2003

[13] 建设行业劳动定额标准化技术委员会. 中华人民共和国劳动和劳动安全行业标准建筑安装工程劳动定额、建筑装饰工程劳动定额: 1994 年版. 合肥: 安徽科学技术出版社, 1995

[14] 中华人民共和国建设部标准定额司. 全国统一建筑工程基础定额编制说明(土建工程). 哈尔滨: 黑龙江科学技术出版社, 1997

[15] 云南省建设工程造价管理协会. 云南省建设工程消耗量定额电子版使用说明. 2003

[16] 中国建筑标准设计研究院. 混凝土结构施工图平面整体表示方法制图规则和构造详图 (现浇混凝土楼面与屋面板)(04G101-4). 中国建筑标准设计研究院, 2004

[17] 中国建筑标准设计研究院. 混凝土结构施工图平面整体表示方法制图规则和构造详图 (现浇混凝土板式楼梯)(03G101-2). 中国建筑标准设计研究院, 2003

[18] 中华人民共和国建设部. GB 50007—2002　建筑地基基础设计规范. 北京:中国建筑工业出版社,2002

[19] 中华人民共和国建设部. GB 50011—2001　建筑抗震设计规范. 北京:中国建筑工业出版社,2001

[20] 中国建筑标准设计研究院. 混凝土构造柱抗震节点详图(03G363). 中国建筑标准设计研究院,2004

[21] 中国建筑标准设计研究院. 建筑物抗震构造详图(03G329-1). 中国建筑标准设计研究院,2004

[22] 中国建筑标准设计研究院. 混凝土结构施工图平面整体表示方法制图规则和构造详图(伐形基础)(04G101-3). 中国建筑标准设计研究院,2004

[23] 李军红,陈德义. 建筑工程概预算教程. 广东科技出版社,2001

[24] 刘宝生. 建筑工程概预算. 北京:机械工业出版社,2001

[25] 胡琼,张明. 工程量清单计价(造价员培训教程)(建筑工程). 北京:中国建筑工业出版社,2004

[26] 上海神机电脑软件有限公司. 神机妙算工程造价管理平台清单专家用户手册

[27] 朱艳. 建筑装饰工程概预算教程. 北京:中国建筑工业出版社,2004

[28] 邸芃,汤建华. 建筑工程概预算. 哈尔滨:黑龙江科学技术出版社,2000

[29] 李宏杨,时现. 建筑装饰工程造价与审计. 北京:中国建材工业出版社,2000

[30] 邢利燕. 工程量清单编制与投标报价. 济南:山东科学技术出版社,2004

[31] 沈祥华. 建筑工程概预算:修订版. 武汉:武汉理工大学出版社,2004

[32] 云南省设计院. 预应力混凝土空心板图集　西南 G221,G222.1994

[33] 王全凤. 快速识读钢筋混凝土结构施工图. 福州:福建科学技术出版社,2004

[34] 张建平. 建筑工程计量与定额应用. 昆明:云南科技出版社,2001

[35] 建设部人事教育司. 钢筋工. 北京:中国建筑工业出版社,2003

[36] 杭育. 技术经济学. 上海:上海世界图书出版公司,1998

[37] 张国栋. 图解建筑工程量清单计算手册. 北京:机械工业出版社,2004

[38] 中国建筑科学研究院. GB 50204—2002　混凝土结构工程施工质量验收规范. 北京:中国建筑工业出版社,2002